AF465970

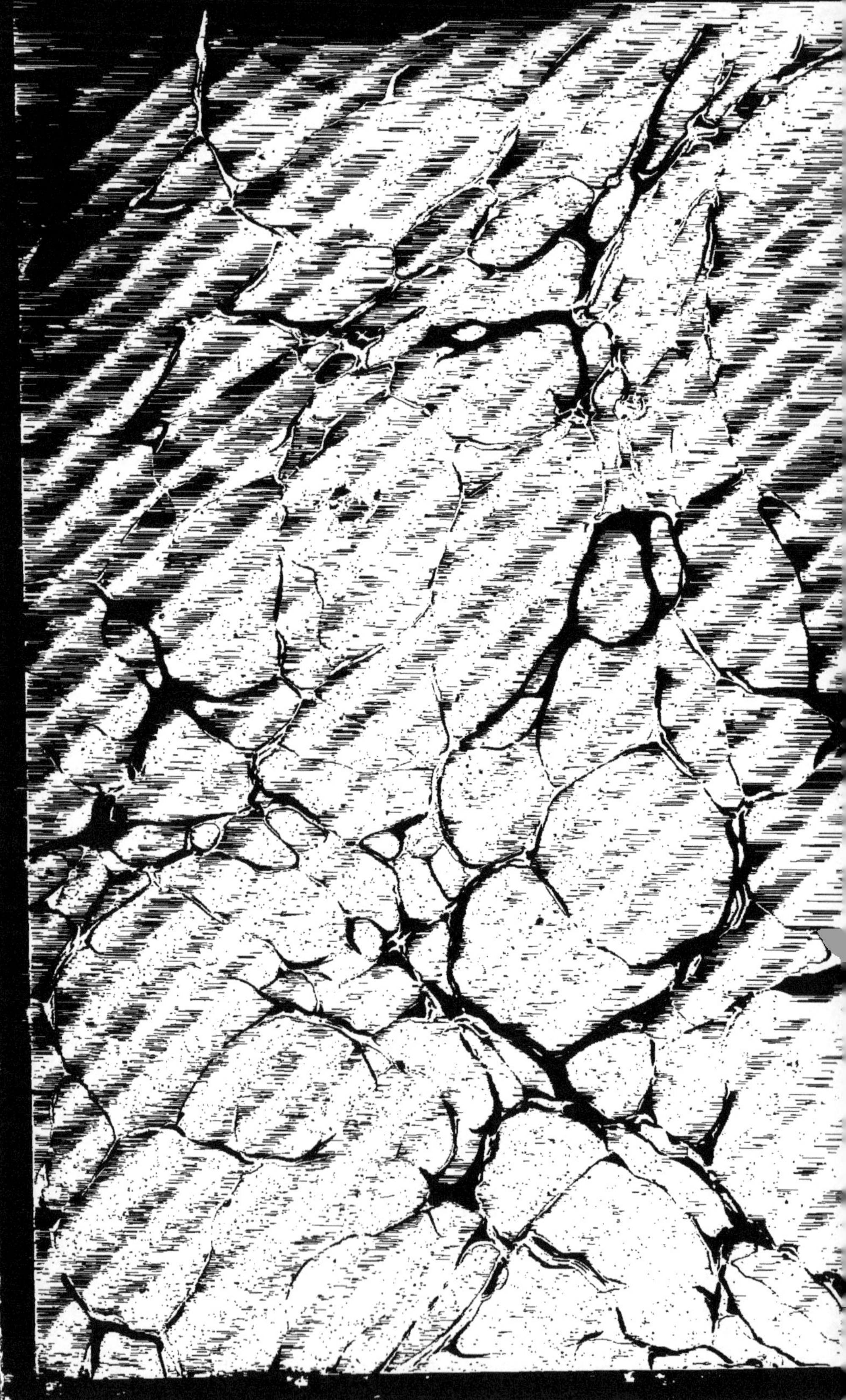

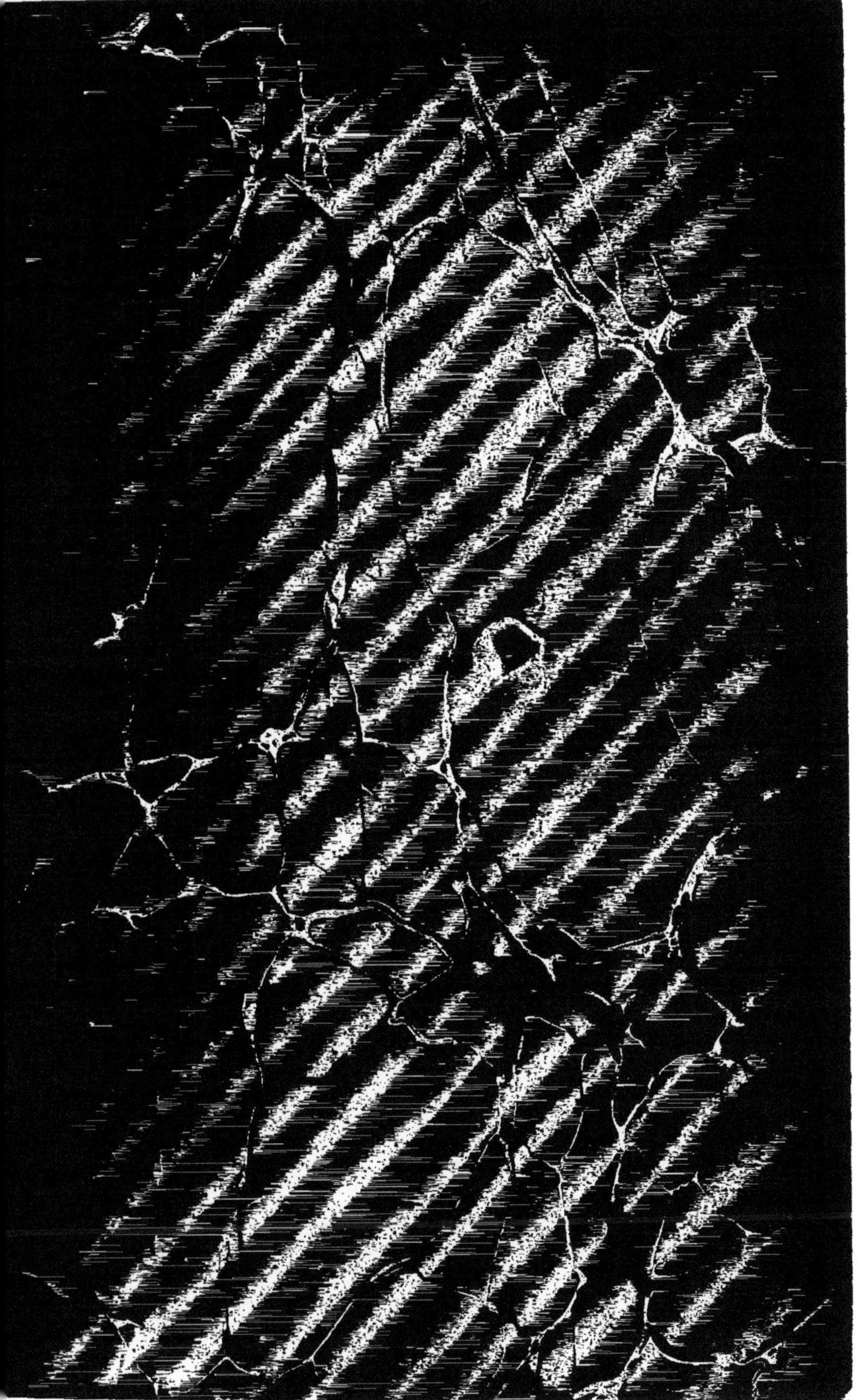

# LES ENCHAINEMENTS
DU
# MONDE ANIMAL
## DANS LES TEMPS GÉOLOGIQUES

## FOSSILES PRIMAIRES

PAR

**ALBERT GAUDRY**

Membre de l'Institut
Professeur de paléontologie au Muséum d'histoire naturelle

… DANS LE TEXTE D'APRÈS LES DESSINS DE …

PARIS
LIBRAIRIE F. SAVY
77, BOULEVARD SAINT-GERMAIN, 77

LES ENCHAINEMENTS

DU

# MONDE ANIMAL

DANS LES TEMPS GÉOLOGIQUES

## FOSSILES PRIMAIRES

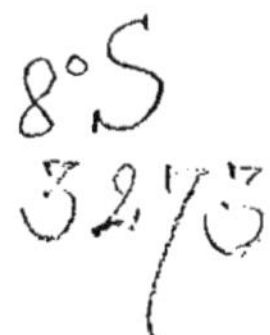

MOTTEROZ, Adm.-Direct. des Imp. réunies, A, rue Mignon, 2, Paris.

LES ENCHAINEMENTS

DU

# MONDE ANIMAL

DANS LES TEMPS GÉOLOGIQUES

## FOSSILES PRIMAIRES

PAR

ALBERT GAUDRY

Membre de l'Institut,

Professeur de paléontologie au Muséum d'histoire naturelle

2832

AVEC 285 GRAVURES DANS LE TEXTE D'APRÈS LES DESSINS DE FORMANT

PARIS

LIBRAIRIE F. SAVY

77, BOULEVARD SAINT-GERMAIN, 77

1883

# INTRODUCTION

L'étude des êtres actuels révèle des merveilles ; mais, si grandes qu'elles soient, ces merveilles sont isolées; vainement leur demanderait-on le secret du plan de la Création. La plupart des naturalistes qui ont spécialement observé les animaux vivants ont rencontré entre eux trop de lacunes pour admettre le passage d'espèces à espèces, de genres à genres, de familles à familles. Si quelques savants ont eu l'intuition d'enchaînements dans la nature organique, ils n'ont pu en trouver la preuve parmi les espèces qui se développent autour de nous.

Il a paru dans ce siècle une science nouvelle qu'on appelle la paléontologie[1]. Elle a appris que les créatures d'aujourd'hui sont peu de chose comparativement à la multitude de celles dont les âges passés ont vu l'épanouissement. Elle a expliqué pourquoi les zoologistes n'avaient pas découvert les enchaînements des êtres actuels : ils n'avaient que des bouts de chaînes, quelques anneaux isolés. En tirant des couches du globe des légions d'espèces

1. Πάλαι ὄντων λόγος, étude des êtres qui ont vécu autrefois. C'est de Blainville qui a proposé le mot de paléontologie.

jusqu'alors inconnues, on a pu avoir l'espérance qu'on surprendrait leurs enchaînements. Mais, avant d'en arriver là, il a fallu faire de grands travaux : dégager les fossiles de la pierre, fixer leur âge géologique, les comprendre et en donner la figure. Dans un rapport sur l'état de la paléontologie en France, d'Archiac a calculé que de 1823 à 1867 les paléontologistes français avaient à eux seuls publié 5852 planches de fossiles; il serait intéressant de faire le calcul des dessins de fossiles qui ont été donnés jusqu'à ce jour dans toutes les contrées du monde. Si l'on réfléchit que la paléontologie date seulement des études de Cuvier, et que par conséquent elle n'a pas un siècle d'existence, on voit que l'histoire de l'humanité ne présente guère d'exemple de progrès intellectuels accomplis aussi rapidement.

Grâce aux recherches de nos prédécesseurs, nous commençons à posséder des matériaux tirés des différents étages du globe; des créatures innombrables sont livrées à notre curieuse admiration; il y a plaisir à pouvoir, par la pensée, leur donner comme une nouvelle vie. Ce n'est pas tout que d'être charmé par la vue de ces ressuscités des anciens jours du monde; ils ont agi sur notre sensibilité, notre entendement se retourne vers eux, et nous ne résistons pas à leur dire : Vieux habitants de la terre, apprenez-nous d'où vous êtes venus. Êtes-vous des productions solitaires, çà et là écloses à travers l'immensité des âges, sans un ordre plus compréhensible pour nous que l'ordre des fleurs de nos prairies? Ou bien avez-vous des liens les uns avec les autres, et, sous l'apparente diversité de la nature, découvrirons-nous les traces d'un plan où l'Être Infini a mis l'empreinte de son unité? La recherche du plan de la Création, voilà le but vers lequel nos efforts peuvent tendre aujourd'hui.

Les paléontologistes ne sont pas d'accord sur la manière dont ce plan a été réalisé; plusieurs, considérant les nombreuses lacunes qui existent encore dans la série des êtres, croient à l'indépendance des espèces, et admettent que l'Auteur du monde a fait apparaître tour à tour les plantes et les animaux des temps géologiques de manière à simuler la filiation qui est dans sa pensée; d'autres savants, frappés au contraire de la rapidité avec laquelle les lacunes diminuent, supposent que la filiation a été réalisée matériellement, et que Dieu a produit les êtres des diverses époques en les tirant de ceux qui les avaient précédés. Cette dernière hypothèse est celle que je préfère; mais, qu'on l'adopte ou qu'on ne l'adopte pas, ce qui me paraît bien certain, c'est qu'il y a eu un plan. Un jour viendra sans doute où les paléontologistes pourront saisir le plan qui a présidé au développement de la vie. Ce sera là un beau jour pour eux, car, s'il y a tant de magnificence dans les détails de la nature, il ne doit pas y en avoir moins dans leur agencement général.

Malgré les voiles sous lesquels se cache notre science encore tout à fait naissante, il m'a paru intéressant de passer en revue les animaux des diverses époques géologiques, en notant les faits qui peuvent commencer à jeter un peu de lumière sur le plan de la Création : cette étude fait l'objet de l'ouvrage que je soumets aujourd'hui aux hommes de science.

Je commencerai par présenter un résumé des progrès

de la paléontologie, pour nous convaincre que le moment est venu de tâcher d'établir quelques liens entre tant de matériaux que le génie de nos prédécesseurs nous a légués.

Je montrerai que l'idée des enchaînements des êtres dans les âges passés est d'accord avec les observations géologiques.

Ensuite, j'aborderai l'étude des animaux primaires ; leur examen occupera la plus grande partie de mon premier livre.

Plus tard je traiterai des êtres secondaires, puis des êtres tertiaires et enfin des êtres quaternaires.

Un artiste de talent, M. Formant, m'a prêté un précieux concours ; il a fait les dessins et dirigé la gravure de toutes les figures de ce volume ; elles sont exécutées si exactement que beaucoup d'entre elles gagnent à être examinées à la loupe. La plupart des échantillons qui ont servi de modèles appartiennent aux collections de paléontologie du Muséum dont j'ai l'administration[1]. M. Edmond Perrier a mis à ma disposition avec une extrême complaisance les collections malacologiques du Muséum confiées à ses soins, notamment les types de polypiers décrits dans les ouvrages de MM. Milne Edwards et Haime. Plusieurs pièces des collections d'entomologie et de géologie du Mu-

1. Dans les légendes qui accompagnent les figures, les échantillons des collections du Muséum qui dépendent du service de la paléontologie portent la simple mention : *Collection du Muséum*. Quoique la collection d'Orbigny appartienne à ce service, j'ai donné aux objets qui en proviennent la mention : *Collection d'Orbigny*, afin qu'on puisse plus facilement les vérifier. Les pièces des collections du Muséum qui dépendent des services de la géologie ou de la zoologie ont une mention à part. Il en est de même pour celles de l'École des Mines et pour celles qui m'ont été communiquées par des particuliers.

séum m'ont aussi été communiquées. MM. Bayle et Douvillé m'ont ouvert la collection de l'École des Mines qu'ils ont rendue célèbre par le talent avec lequel ils en ont préparé les échantillons ; c'est à eux que je dois quelques-uns des plus remarquables fossiles figurés dans ce livre. MM. Roche, Jutier, Œhlert, de Morgan, Dollfus, Louis Bureau, de l'Isle ont eu également la bonté de me procurer des pièces curieuses.

Je prie tous les amis[1] dont les conseils m'ont guidé et les auteurs dont les ouvrages m'ont instruit[2] de recevoir l'expression de ma reconnaissance. S'ils découvrent des fautes dans ce travail, j'espère qu'ils me les pardonneront. A la lumière de la paléontologie, nous voyons que chacun de nous n'est qu'un point dans l'immensité des âges et des espaces ; ce que nous savons n'est rien comparativement à ce que nous ignorons. Mais, si petits que nous soyons, c'est un plaisir et c'est même un devoir pour nous de scruter la nature, car la nature est un pur miroir où se réfléchit la Beauté Divine.

1. L'un des meilleurs, Raoul Tournouër, vient de nous être enlevé ; sa mort est une grande perte pour la paléontologie.

2. Je dois citer particulièrement M. Rütimeyer, car, parmi les livres que j'ai lus, ce sont les siens qui m'ont porté davantage vers l'étude des enchaînements des anciens êtres.

# LES ENCHAINEMENTS

DU

# MONDE ANIMAL

DANS LES TEMPS GÉOLOGIQUES

## CHAPITRE PREMIER

### DES PROGRÈS DE LA PALÉONTOLOGIE[1]

On peut distinguer deux phases dans l'histoire des progrès de la paléontologie : une première phase où les naturalistes ont reconnu qu'il y avait eu, avant la venue des hommes sur la terre, un laps immense de temps pendant lequel avaient vécu des êtres différents des créatures actuelles ; une seconde phase où l'on a établi la chronologie géologique, c'est-à-dire où l'on a montré que les âges passés se sont partagés en de nombreuses époques caractérisées par des espèces spéciales.

*Première phase de l'histoire de la paléontologie.* — A toutes les périodes de l'humanité, quelques esprits ont dû cher-

1. Le tableau que je présente ici des progrès de la paléontologie n'est qu'une esquisse faite à grands traits. Les personnes qui voudront plus de détails devront consulter les belles publications de d'Archiac intitulées : *Histoire des progrès de la géologie, Précis de l'histoire de la paléontologie stratigraphique, Géologie et Paléontologie*. On pourra aussi lire avec intérêt une adresse de M. Marsh à l'Association américaine, intitulée : *History and methods of palæontological discovery*, New Haven, in-8°, 1879.

cher à soulever le voile qui recouvre l'histoire du passé ; cependant on peut affirmer que l'antiquité n'a pas connu la paléontologie.

Il paraît que les prêtres de l'Égypte admettaient qu'il y a eu à la surface de la terre des générations successives d'animaux alternant avec des cataclysmes qui amenaient la destruction des êtres. Hérodote a signalé dans les montagnes de l'Égypte des coquilles dont la présence indique d'anciens séjours de la mer. Strabon a parlé des nummulites qui abondent dans les pierres des pyramides ; il a raconté qu'elles sont semblables pour la forme extérieure à des lentilles, et sont regardées comme les restes pétrifiés de la nourriture des ouvriers qui ont travaillé aux Pyramides. Cette opinion a été combattue par Strabon; néanmoins elle prouve que, vers le commencement de l'ère chrétienne, on n'avait encore en Égypte aucune idée de la science des êtres fossiles.

Les Grecs[1] n'ont pas été à cet égard plus avancés que les Égyptiens. Ils ont vu des coquilles dans les roches de plusieurs pays et notamment à Mégare ; ils ont pensé que la mer les avait apportées ; ceci ne pouvait pas sembler extraordinaire, car il s'agissait de parages qui sont près de la mer. Pausanias a parlé des os fossiles de Téménus en Lydie. Théophraste a cité de l'ivoire trouvé dans la terre. Les fossiles ont sans doute contribué à accréditer quelques-unes des histoires de pétrification ou la croyance aux anciens géants, dont il est question dans la mythologie grecque ; mais ils ne semblent pas avoir été assez bien connus pour inspirer les artistes qui ont représenté plusieurs des animaux de la fable. Ainsi il est difficile de concevoir que le gisement de Pikermi, situé entre Athènes et Marathon, c'est-à-dire dans un endroit qui a dû être fréquenté par les Grecs, ait échappé à leur attention ; ce dépôt d'ossements date d'une époque où les animaux vivaient déjà en troupeaux, de

1. MM. de Hoff, de Lasaulx et Schwarcz ont fait des recherches sur les passages des anciens auteurs qui ont pu avoir trait à la géologie.

sorte que les débris de certaines espèces y sont en profusion. Cependant on n'en trouve aucune mention dans les ouvrages des anciens ; les fossiles de Pikermi, qui ont été signalés par les paléontologistes modernes sous les noms de sanglier d'Érymanthe, chèvre Amalthée, bœuf de Marathon, n'ont eu rien de commun avec le sanglier, la chèvre et le bœuf de la mythologie grecque ; si les artistes de l'antiquité, qui ont représenté le lion de Némée, eussent connu le grand félidé de Pikermi, appelé *Machairodus*, ils n'auraient pas manqué de copier ses immenses dents en forme de lames de poignard. Encore moins peut-on croire que la notion de l'Hydre de Lerne ou du serpent de Laocoon ait été inspirée par des bêtes fossiles.

Comme les Grecs, les Romains ont vu des coquilles de mer et des os enfouis dans le sol, mais ils n'ont tiré de leur examen aucune conclusion précise. On connaît ces mots d'Ovide : « *Croyez-moi, rien ne périt dans ce vaste univers, mais tout varie et change de figure... Je pense que rien ne dure longtemps sous la même apparence...; ce qui fut un terrain solide est devenu une mer; des terres sont sorties du sein des eaux, et des coquilles marines ont été trouvées gisantes loin de la mer.* » Certainement le chantre des métamorphoses ne se serait pas contenté de ces vagues paroles, s'il eût eu des renseignements sur les transformations des êtres des âges géologiques.

Pendant le moyen âge, la connaissance de la paléontologie n'a fait aucun progrès. Même dans les temps modernes, cette science a été bien longue à se constituer. Ses premières lueurs parurent en Italie vers le commencement du seizième siècle. Alessandro signala des coquilles pétrifiées dans les montagnes de la Calabre, et il supposa qu'elles s'y trouvaient, soit par suite d'un exhaussement du fond de la mer, soit par un changement d'axe de rotation de la terre qui aurait amené un déplacement des mers ; il est curieux d'apprendre que l'idée du déplacement des pôles, mise en avant dans ces dernières années, a été imaginée avant que la science géologique fût encore née. Vers 1517, Frascatoro étudia les coquilles fossiles de Vérone et montra qu'elles provenaient d'animaux ayant existé dans les lieux où elles sont enfouies. Mattioli connut les poissons fossiles de Monte Bolca ; mais, au lieu de penser que c'étaient des poissons qui avaient vécu comme ceux d'aujourd'hui, il attribua leur présence dans les pierres à des influences occultes. Mercati décrivit un grand nombre de pétrifications qui avaient été rassemblées dans le musée du Vatican. Colonna apprit à distinguer les fossiles d'origine marine d'avec les coquilles de terre et d'eau douce. Sténon fit voir que les terrains stratifiés proviennent de matériaux déposés dans les eaux horizontalement, et que, si beaucoup de ces terrains sont inclinés, c'est qu'ils ont été dérangés de leur position primitive. Campini sut reconnaître que les prétendus hommes géants dont on avait réuni des ossements dans plusieurs musées d'Italie n'étaient que des éléphants. Beccari, Plancus et Soldani fondèrent la microgéologie, c'est-à-dire l'étude des fossiles microscopiques.

Pendant que les savants italiens acquéraient quelques notions de paléontologie, en Suisse Scheuchzer réunissait des collections de fossiles dont il donnait des descriptions et des figures ; en 1712, Fontenelle, présentant à l'Académie un des ouvrages de Scheuchzer sur les fossiles, dit ces mémorables paroles : « *Voilà de nouvelles espèces de médailles dont les dates sont plus importantes et plus sûres que celles de toutes les médailles grecques et romaines.* »

C'est en 1756 qu'eut lieu la première tentative pour établir la chronologie des temps géologiques ; cette tentative se produisit en Allemagne : Lehmann montra que l'écorce du globe comprend deux sortes de terrains : 1° les terrains primaires qui ont été le résultat de la solidification de sa surface, et ont été constitués à une époque où la chaleur ne permettait pas les manifestations de la vie ; 2° les terrains secondaires qui ont été formés aux dépens de ceux-ci, et dans lesquels on trouve des débris fossiles. Bientôt après, on s'aperçut que les terrains secondaires pouvaient être partagés en trois : un savant italien, Arduino, vit que leur partie supérieure était formée de marnes, de sables, d'argiles qui contrastaient par leur faible endurcissement avec les roches compactes placées au-dessous ; il imagina pour cette partie supérieure le nom de tertiaire. Werner distingua la partie inférieure du secondaire sous le titre de terrain de transition, c'est-à-dire de terrain qui marque le passage de l'état inorganique à l'état organique ; la portion moyenne conserva seule le nom de secondaire.

En même temps qu'on jetait les bases de la partie de la science géologique connue sous le nom de stratigraphie[1], on commençait à étudier attentivement les fossiles. De nombreux traités furent consacrés à leur description, notamment le fameux *Lapides diluvii universalis testes* de Walch et Knorr, en quatre volumes in-folio enrichis de 275 planches. Dans les diverses parties de l'Allemagne, en Russie, en Scandinavie, en Angleterre comme en Suisse et en Italie, de sérieux efforts furent faits par les naturalistes du dix-huitième siècle ; cependant, sans avoir trop de partialité pour mon pays, je crois pouvoir dire qu'ils ne suffirent pas pour constituer la paléontologie ; c'est en France que cette science a été fondée.

Déjà, en 1580, Bernard Palissy, dont le nom est resté célèbre parmi les amateurs de céramique, et qui, dit-on, était un potier de terre ne sachant ni latin, ni grec, avait publié un ouvrage intitulé : « *Discours admirables de la nature des eaux et fontaines, tant naturelles qu'artificielles, des métaux, des sels et salines, des pierres, des terres, du feu et des émaux, avec plusieurs autres excellents secrets des choses naturelles... Le tout dressé par dialogues ès quels sont introduits la théorique et la practique.* » Dans cet ouvrage, *Practique* donnait à *Théorique* de nombreuses indications sur les superpositions des terrains et sur les fossiles qu'ils renferment ; il lui disait : « *Si tu avais bien considéré le grand nombre de*

1. *Stratum*, couche ; *graphis*, dessin.

*coquilles pétrifiées qui se trouvent en la terre, tu connoistrais que la terre ne produit gueres moins de poissons portant coquilles que la mer... Je maintiens que les poissons armés et lesquels sont pétrifiez en plusieurs carrieres ont esté engendrez sur le lieu mesme pendant que les rochers n'estoyent que de l'eau et de la vase.... J'ay trouvé plus d'espèces de poissons ou de coquilles d'iceux pétrifiées en terre, que non pas des genres modernes qui habitent en la mer Océane.* »

Le génie primesautier de Bernard Palissy s'était épanoui à une époque qui ne pouvait le comprendre. Jusqu'à Buffon, l'histoire de la nature n'attira l'attention que d'un petit nombre de personnes; l'élévation des pensées de ce grand naturaliste, le charme de son style amenèrent un changement dans les idées. Toutefois il faut avouer que la *Théorie de la terre* de Buffon qui parut en 1714 et ses *Époques de la nature* ne firent pas avancer beaucoup la paléontologie : ces ouvrages étaient trop théoriques; dans la science, les idées doivent être précédées par l'observation des faits. Bien que Guettard ait fait connaître un grand nombre de fossiles, il ne saurait non plus être considéré comme ayant créé la paléontologie. C'est Cuvier qui en a été le fondateur.

En considérant les débris des êtres fossiles, ce grand observateur a été frappé de leurs différences avec les êtres actuels, et il a entrepris de mettre ces différences en relief. Pour être certain que les animaux fossiles se distinguaient des vivants, il fallait commencer par connaître ces derniers. C'est pourquoi, avant d'être un paléontologiste, Cuvier voulut être un anatomiste; il réunit au Jardin des Plantes de nombreuses collections de quadrupèdes actuels qu'il étudia patiemment; et, une fois qu'il les connut bien, il n'eut pas de peine à montrer que les êtres enfouis dans l'intérieur de la terre en étaient différents.

Si Cuvier se fût borné là, il aurait fait admirer la lucidité de son esprit, mais il n'aurait point passé pour un génie inventif, car, longtemps avant lui, les naturalistes avaient appris que la terre est vieille, et que des animaux l'ont habitée dans des époques très reculées; on supposait même qu'il y avait eu autrefois quelques espèces différentes des espèces actuelles. Cela n'empêchait pas d'admettre une création unique, et prouvait seulement que plusieurs animaux avaient disparu. Ce qu'il importait d'apprendre, c'est qu'il y a eu tout un monde primitif, différent du monde actuel. Une multitude d'ossements avait été recueillie dans la pierre à plâtre de Paris : Cuvier les fait dégager pour mettre à nu tous leurs caractères; ensuite il réunit les pièces qui peuvent appartenir à une même espèce; et, comparant les squelettes fossiles dont il a rassemblé les os avec les squelettes des bêtes vivantes, il parvient à reconnaître qu'ils appartiennent à de nombreux genres distincts des genres actuels; ainsi le *Palæotherium* ressemble au tapir par ses membres, il s'en écarte par ses molaires; il se rapproche du rhinocéros par ses molaires, il s'en distingue par ses incisives; l'*Anoplotherium* s'éloigne de tout ce qui existe aujourd'hui; quoique le *Xiphodon* tende vers les ruminants, les os de ses pattes ne sont pas aussi soudés, ses prémolaires sont plus tranchantes, sa mâchoire supérieure porte des incisives; le *Chæropotamus* est très voisin des cochons, cependant ses molaires ont leurs denticules disposées autrement; le *Dichobune* aussi est peu éloigné des cochons, mais ses dents ont des mamelons moins compliqués. Aucun animal de la pierre à plâtre ne se montre identique avec ceux qui sont les compagnons de l'homme. Qu'est-ce à dire? Cela signifie qu'avant l'humanité, il y a eu un monde d'êtres qui ont eu leur physionomie propre. Devant les regards des naturalistes charmés surgissent des horizons nouveaux, immenses, que l'esprit humain n'avait jamais embrassés, et où maintenant on voit la vie jaillir, se multiplier de toute part : la paléontologie est fondée.

*Seconde phase de l'histoire de la paléontologie.* — Le but de Cuvier avait été de montrer qu'avant notre époque il y a eu des êtres différents des espèces actuelles. Mais il s'est peu occupé de marquer l'ordre d'apparition de ces êtres dans les temps géologiques. D'Archiac s'est élevé contre les assertions de quelques écrivains, qui, dans leur admiration pour Cuvier, ont voulu voir en lui un géologue aussi bien qu'un paléontologiste; comme le savant auteur de l'*Histoire des progrès de la géologie* l'a dit très justement : *Cuvier était assez riche de son propre fonds pour n'avoir pas besoin qu'on lui attribuât un mérite d'emprunt.* Il ne pouvait pas révéler l'histoire de la succession des animaux dans les temps passés. C'est aux stratigraphes et non aux anatomistes qu'il appartenait d'établir les fondements de cette merveilleuse histoire, car, pour découvrir l'ordre d'apparition des êtres à la surface du globe, il faut commencer par connaître les superpositions des terrains dans lesquels ils sont enfouis.

Le collaborateur de Cuvier, Alexandre Brongniart, a été un des premiers qui ont soulevé le voile sous lequel était cachée l'histoire de la succession des animaux ; il a particulièrement étudié ceux de l'époque tertiaire. C'est surtout William Smith qui a porté la lumière sur la succession des animaux secondaires. Quant aux terrains primaires, la distinction de leurs étages a été due à Murchison et à Sedgwick. De nombreux savants ont développé l'œuvre de ceux que je viens de nommer.

En 1850, Alcide d'Orbigny, tenant compte des travaux de ses prédécesseurs, et y ajoutant ses observations personnelles, a divisé les terrains fossilifères en 27 étages[1]. Dans sa pensée, 27 fois des êtres nouveaux ont apparu à la surface de la terre, 27 fois les êtres créés ont disparu. Chacun des 27 étages représente une époque qui a eu son unité, aussi bien que l'époque actuelle, et a été caractérisée par des espèces spéciales. L'histoire du monde est comme une pièce

1. M. Fischer a publié dans le bulletin de la Société géologique de France une intéressante étude sur l'œuvre d'Alcide d'Orbigny (3e série, vol. VI, p. 434, 1878).

de théâtre avec de nombreux changements de décors où chaque acte, chaque scène sont marqués par l'arrivée de nouveaux personnages. Voici le tableau de la classification de d'Orbigny.

| Terrains | Systèmes | Étages |
|---|---|---|
| Terrains tertiaires |  | Subapennin, étage étudié d'abord au pied des versants de l'Apennin. |
|  |  | Falunien, étage des faluns (nom donné au sable coquillier dans la Touraine). |
|  |  | Parisien, étage de Paris. |
|  |  | Suessonien, étage de Soissons (Suessones). |
| Terrains secondaires. | Crétacé... | Danien, étage de Faxoé dans le Danemark (Dania). |
|  |  | Sénonien, étage de Sens (Senones). |
|  |  | Turonien, étage de Tours (Turones). |
|  |  | Cénomanien, étage du Mans (Cenomanum). |
|  |  | Albien, étage développé sur les bords de l'Aube (Alba). |
|  |  | Aptien, étage d'Apt (Apta Julia). |
|  |  | Néocomien, étage de Neuchâtel en Suisse (Neocomum). |
|  | Jurassique. | Portlandien, étage de l'île de Portland, au sud de l'Angleterre. |
|  |  | Kimmeridgien, étage de Kimmeridge, dans le sud de l'Angleterre. |
|  |  | Corallien, étage des coraux. |
|  |  | Oxfordien, étage d'Oxford. |
|  |  | Callovien, étage de Kelloway (Callovium). |
|  |  | Bathonien, étage de Bath. |
|  |  | Bajocien, étage de Bayeux (Bajocæ). |
|  |  | Toarcien, étage de Thouars (Toarcium), dans les Deux-Sèvres. |
|  |  | Liasien, étage moyen du lias (le nom de lias est donné par les carriers du sud de l'Angleterre à une pierre argileuse noirâtre). |
|  |  | Sinémurien, étage de Semur (Sinemurus), dans la Côte-d'Or. |
|  | Triasique.. | Saliférien, étage du sel (sal, fero). |
|  |  | Conchylien, Muschelkalk des Allemands. |
| Terrains primaires |  | Permien, étage du gouvernement de Perm en Russie. |
|  |  | Carbonifère, étage du charbon. |
|  |  | Dévonien, étage du comté de Dévon, dans le sud de l'Angleterre. |
|  |  | Silurien, étage du pays des Silures. |

La classification de d'Orbigny a été adoptée par la plupart des géologues; d'abord parce qu'elle représentait un grand progrès de la science, et puis parce qu'elle s'appuyait sur un ensemble imposant de travaux : dans son *Cours élémentaire de paléontologie et de géologie stratigraphiques*, d'Orbigny avait établi la délimitation de chacun de ses 27 étages; dans son *Prodrome de paléontologie*, il avait mentionné environ 18000 espèces de fossiles, et réparti chacune d'elles dans l'un de ses 27 étages; en outre, son ouvrage en 16 volumes, intitulé *Paléontologie française* renferme la description détaillée et la figure d'une multitude de fossiles. On peut ajouter que ses longs voyages dans l'Amérique méridionale devaient disposer en sa faveur; un homme qui avait appris à suivre la marche des êtres à travers le monde actuel était bien préparé à étudier leur marche à travers le monde passé.

Non seulement les paléontologistes ont jeté de la lumière sur l'histoire de la succession des êtres, mais encore ils ont ajouté de précieux documents pour la connaissance de la plupart des classes dont se compose le monde animal.

Les ingénieuses recherches de Fichtel et Moll, Ehrenberg, d'Orbigny, Reuss, Schultze, d'Archiac et Haime, de La Harpe, de MM. Willamson, Carpenter, Rupert Jones, Parker, Brady, Terquem, Carter, Rütimeyer, de Hantken, Sequenza, Karrer, de Moeller, van den Broeck, Berthelin, de Schlicht, Borneman, Munier Chalmas, Schlumberger[1], etc., ont révélé les variations multiples des foraminifères dont les dépouilles microscopiques contribuent à former plusieurs des assises du globe.

1. Dans cette liste et celles qui suivent, je mets les noms des savants qui sont morts avant ceux des savants qui vivent; ensuite, je fais les énumérations de noms à peu près suivant l'ordre des dates auxquelles les paléontologistes que e cite ont publié leurs principaux ouvrages. Je mentionne seulement ici les hommes qui se sont plus spécialement occupés de la paléontologie proprement dite. C'est pourquoi je n'ai pas inscrit les noms de d'Omalius d'Halloy, de la Beche, Murchison, Sedgwick, Elie de Beaumont, Lyell, Logan, Haidinger, Escher de la Linth, André Dumont, Rogers, MM. Studer, Merian, Prestwich, Alphonse Favre, Ramsay, Raulin, Lory, Lesley, Marcou, de Rouville, A. Geikie, Hayden, Judd, Hughes, Gümbel, Whitaker, Liversidge, Omboni, Gosselet, Falsan, Rames, de Lapparent, Mourlon, Torell, Charles Barrois, Arnaud, Toucas, Stanislas Meunier, Medlicott, Blanford, Hull, Clarence King et d'autres éminents géologues qui ont fait des travaux de stratigraphie basés sur la paléontologie.

Ehrenberg, MM. Haeckel, Zittel, Stöhr, Pantanelli ont fait connaître les jolies coquilles siliceuses des radiolaires fossiles.

Lamouroux, Mantell, Goldfuss, Michelin, Etallon, Toulmin Smith, Bowerbank, Reuss, MM. Roemer, de Fromentel, Pomel, Sollas, Zittel, Steinmann ont entrepris la difficile tâche d'établir des groupes parmi les éponges fossiles dont les espèces sont si mobiles qu'elles semblent insaisissables.

MM. Henry Milne Edwards et Jules Haime ont jeté de la lumière sur le monde des polypes qui, avant eux[1], semblait l'image du chaos; le grand naturaliste Dana, Reuss, Meek, Worthen, Wyville et James Thomson, MM. Duncan, de Koninck, Hall, de Fromentel, Nicholson, Lindström, Koby, Dybowsky, Rominger, Lapworth, Steinmann, Verril, Becker, Milaschewitsch, d'Achiardi, de Koch, Fritsch ont continué leurs recherches.

Les caractères si précis des échinodermes ont rendu ces animaux des types précieux pour la détermination des terrains sédimentaires; comprenant leur importance, Miller, des Moulins, Agassiz, Forbes, Desor, Angelin, Billings, MM. de Koninck, Hall, Cotteau, Wright, de Loriol, Wachsmuth, Springer, R. Etheridge, H. Carpenter, etc., ont consacré à l'étude de leurs espèces fossiles une partie de leur existence. On dresserait une longue liste, si l'on voulait indiquer tous les auteurs qui ont parlé des échinodermes.

Un des plus grands chefs-d'œuvre de patience accomplis par les naturalistes a été l'arrangement de la collection des bryozoaires de d'Orbigny; ces petits êtres si élégants et si variés ont aussi été bien étudiés par Goldfuss, Lonsdale, M'Coy, Haime, Reuss, King, de Hagenow, Stoliczka, MM. Quenstedt, Roemer, Busk, Hall, Manzoni, Novak, Vine, Waters, Shrubsole.

Chacun sait quelles admirables publications M. Davidson a

1. Il y avait eu des travaux très utiles, tels que ceux de Goldfuss, de Lamarck, Lamouroux, de Blainville et surtout de Michelin; mais on se rendait si imparfaitement compte de l'organisation intime des polypiers fossiles qu'on les confondait avec les spongiaires et les bryozoaires.

faites sur les brachiopodes. Comme, il y a peu de temps encore, on rangeait ces animaux parmi les mollusques, les naturalistes qui ont écrit sur les mollusques fossiles ont aussi écrit sur les brachiopodes.

Entreprendre de citer tous les savants qui ont parlé des mollusques, ce serait vouloir nommer la plupart des géologues, car c'est surtout d'après les différences des coquilles fossiles que l'on distingue les étages ou sous-étages; parmi les paléontologistes qui se sont plus particulièrement occupés de mollusques, je mentionnerai pour la conchyliologie des temps primaires : Sowerby, Goldfuss, de Verneuil, M'Coy, Salter, d'Archiac, Nilsson, Angelin, Eichwald, King, Billings, Bigsby, Meek, MM. Barrande, Hall, de Koninck, Geinitz, Roemer, Sandberger, Beyrich, Worthen, Meneghini, Etheridge, Œhlert, Novak, Holzapfel, Branco, Whitfield, Blake, Noetling, etc.; pour la conchyliologie des temps secondaires : Schlotheim, Parkinson, de Lamarck, Sowerby, Zieten, Goldfuss, de Münster, Klipstein, de Blainville, de Buch, Woodward, Mantell, Eudes Deslongchamps, d'Orbigny, Louis Agassiz, Phillips, des Moulins, Sharpe, Pictet, Reuss, Leymerie, Bronn, Eichwald, Oppel, Dumortier, Giebel, Stoliczka, Coquand, Buvignier, de Binkhorst, Angelin, A. Dollfus, Tombeck, Schloenbach, Meek, Lycett, MM. Quenstedt, Roemer, Matheron, Terquem, Geinitz de Hauer, Suess, Meneghini, Morris, Hébert, Bayle, Stoppani, Renevier, Laube, Dewalque, de Loriol, Piette, Eugène Deslongchamps, de Mojsisovics, Etheridge, Pillet, Pellat, Schlüter, Zittel, Waagen, Hyatt, Ernest Favre, Fontannes, Moesch, Wright, Gabb, White, Fischer, Neumayr, Lundgren, de Alth, Wiltshire, Pirona, Douvillé, Munier Chalmas, Vilanova, Gardner, de Uhlig, Branco, Dames, Wähner, Hudleston, Gottsche, Schlosser, Boehm; pour la conchyliologie des temps tertiaires et quaternaires : Brocchi, de Lamarck, Defrance, Sowerby, de Basterot, Bronn, Deshayes, Philippi, Grateloup, Nyst, Dujardin, Hörnes, Conrad, Searles Wood, Sismonda, d'Archiac, de Koenen, Woodward, F. Edwards, Meek, Tournouër, Tate, MM. Bellardi,

Michelotti, Noulet, Bourguignat, Briart, Cornet, Fischer, Mayer, Sandberger, Sequenza, Vilanova, Neumayr, de Stefani, de Raincourt, Fontannes, Locard, Fuchs, Rutot, Morlet, Vasseur, Hyatt, Böttger, Speyer, Pantanelli, Martin, Pohlig, etc. En dressant ces listes, je suis bien frappé de voir que la plupart des hommes auxquels la science des fossiles doit ses principaux progrès se sont attachés particulièrement à quelqu'une des grandes époques géologiques; ces spécialisations révèlent l'immensité des études qu'embrasse la paléontologie.

Les trilobites ont attiré l'attention de nombreux naturalistes : Alexandre Brongniart, Hisinger, Dalman, Salter, Angelin, MM. Barrande, Hall, Burmeister, Henry Woodward, Walcott, Schmidt, Novak, etc.; les caractères des curieux mérostomes ont été mis en lumière par Salter, Hall, Woodward; les petits entomostracés n'ont pas échappé aux regards scrutateurs de Bosquet, MM. Rupert Jones, Barrande, Terquem, Brady, Cornuel, Kirkby; Charles Darwin s'est occupé des cirrhipèdes; les crustacés plus élevés ont été étudiés par Desmarest, de Münster, Hermann de Meyer, Bell, MM. Henry et Alphonse Milne Edwards, Boas, Morière, etc.

Une des étranges choses de la paléontologie a été de découvrir dans les pierres des restes nombreux d'êtres aussi ténus que le sont les insectes, les myriapodes et les arachnides; il faut être reconnaissant à Marcel de Serres, Curtis, de Münster, Germar, Berendt, Pictet, Brodie, MM. Oswald Heer, Geinitz, Koch, Oustalet, Scudder, Ch. Brongniart d'avoir eu le courage d'entreprendre l'examen de créatures dont l'étude offre tant de difficultés aux paléontologistes.

Ce sont les vastes ouvrages de Louis Agassiz qui ont fondé l'ichthyologie fossile; à côté de lui, je citerai : Volta, Hugh Miller, Heckel, Dixon, de Münster, Kner, Giebel, Pander, Pictet, M'Coy, Thiollière, Gibbes, Le Hon, Egerton, MM. Huxley, Newberry, Sauvage, Humbert, Powrie, Ray Lankester, Winkler, Günther, Cope, Cocchi, Bassani, Traquair, Gill, Lütken, Hancock, Atthey, Miall, Davis, Kramberger-Gorjanovic, van den

Marck, Steindachner. Il faut ajouter que plusieurs travaux faits sur les ganoïdes vivants, tels que ceux de Jean Müller, MM. Vogt, Kölliker, Hyrtl, Owen, Günther, Alexandre Agassiz, ont aidé à comprendre l'organisation des poissons fossiles.

M. Richard Owen est de tous les naturalistes celui qui a le plus étudié les étonnants reptiles des temps passés; ces animaux ont été aussi l'objet des recherches de Sœmmering, Camper, Home, de la Beche et Conybeare, Buckland, Faujas de Saint-Fond, Cuvier, Fischer de Waldheim, de Münster, Mantell, Goldfuss, Wagner, H. de Meyer, Hawkins, Giebel, Tschudi, Plieninger, Eichwald, Bronn, Eudes et M. Eugène Deslongchamps, Phillips, MM. Jäger, Quenstedt, Burmeister, Leidy, Newberry, Rütimeyer, Dawson, Hancock, Winkler, Geinitz, Roemer, Vaillant, Sauvage, Hulke, Wiedersheim, Fritsch, Atthey, Deichmuller, Miall, Credner, Dollo. Dans ces dernières années, d'ingénieux travaux de MM. Huxley, Seeley, Marsh, Cope, etc. sur certains reptiles de caractères intermédiaires ont soulevé d'intéressantes questions d'anatomie philosophique.

M. Alphonse Milne Edwards nous a révélé le monde des oiseaux fossiles. M. Richard Owen a décrit l'oiseau à longue queue de Solenhofen, et M. Marsh a découvert des oiseaux qui avaient des dents. M. Lemoine a donné de curieux détails sur le *Gastornis*. Les gigantesques oiseaux de Madagascar et de la Nouvelle-Zélande ont aussi fourni d'intéressantes pages à l'histoire de l'ornithologie.

Les mammifères fossiles ont été l'objet de nombreuses recherches; parmi les auteurs qui s'en sont occupés, je citerai : en France, Cuvier, Laurillard, de Blainville, de Christol, Croizet, Marcel de Serres, Bravard, Lartet, Gervais, Duvernoy, Jourdan, Nodot, MM. Pomel, Aymard, Hébert, Delfortrie, Filhol, Lemoine, Emile Rivière, Lortet, Chantre, Pommerol, Trutat, Thomas; en Angleterre, Falconer, Leith Adams, MM. Owen, Flower, Busk, Boyd Dawkins, Huxley, Sanford, Newton; en Belgique, Schmerling, MM. Van Beneden, de Paw; en Russie, Brandt, Nordmann, M. Kowalevsky; en Allemagne,

Blumenbach, Kaup, André Wagner, Hermann de Meyer, Goldfuss, MM. Jäger, Burmeister, Peters, Fraas, Hensel, Maak, Vacek, Nehring, Naumann, Lepsius; en Suisse, Pictet et Humbert, MM. Rütimeyer, Biedermann, Bachmann; en Italie, Nesti, Cortesi, Gastaldi, MM. de Zigno, Guiscardi, Forsyth Major, Capellini, Portis; dans l'Inde, Cautley, Falconer, MM. Lydekker, Bose; dans l'Amérique du Sud, Lund, MM. Burmeister, Ameghino; dans l'Amérique du Nord, Harlan, MM. Leidy, Warren, Allen, Marsh et Cope; les surprenantes découvertes de ces derniers ont beaucoup augmenté la connaissance des mammifères fossiles.

Enfin, l'homme lui-même a été suivi jusque dans les temps géologiques; parmi les savants qui se sont voués aux études préhistoriques, je nommerai : en France, Boucher de Perthes, Tournal, de Christol, Edouard Lartet, Broca, Gervais, de Vibraye, Bourgeois, Reboux, MM. Desnoyers, de Quatrefages, de Mortillet, Aymard, Pruner Bey, Hamy, Piette, Bourguignat, Filhol, Garrigou, Parrot, Emile Rivière, Cazalis de Fondouce, Louis Lartet, de Mercey, Arcelin, Ducrost, Chantre, Cartailhac, Topinard, Ollier de Marichard, d'Acy, Noulet, Chouquet, Massenat, Chapelain Duparc; en Angleterre, Lyell, MM. Evans, Prestwich, Flower, Huxley, Lubbock, Busk, Franks, Boyd Dawkins, James Geikie; en Suisse, Keller, Troyon, Morlot, Desor, MM. Vogt, Rütimeyer, Gosse; en Belgique, Schmerling, Spring, M. Dupont; en Suède, MM. Nilsson, Retzius; en Danemark, Thomsen, MM. Worsaae, Steenstrup; en Allemagne, MM. Schäffhausen, Wirchow, Fraas; en Italie, Gastaldi, MM. Capellini, Scarabelli, Pigorini, Belluci; en Portugal, Ribeiro, M. Delgado; au Brésil, Lund; à Buenos-Ayres, MM. Ameghino, Moreno; en Californie, M. Whitney. Ces savants et un grand nombre d'autres ont étudié ou étudient encore avec tant d'activité les débris des hommmes fossiles ou des objets de leur industrie qu'ils sont en voie de former une nouvelle branche de la science qui sert de couronnement à la paléontologie.

Quoique les listes précédentes renferment plus de cinq cents citations, elles sont loin d'être complètes; j'ai omis des noms de savants qui pourraient être cités avec honneur. Pour m'excuser auprès d'eux, je leur répéterai ces mots que je prononçais, il y a plusieurs années, en ouvrant à la Sorbonne un cours de paléontologie : « *Je n'en finirais pas, si je voulais énumérer tout ce qui a été dépensé de génie depuis la mort de Cuvier pour ressusciter les êtres des générations antiques. On ne peut s'empêcher d'être saisi d'admiration en présence des travaux de ces naturalistes qui d'une main si assurée ont rétabli les linéaments de ce qui eut vie autrefois.* » Grâce aux découvertes des paléontologistes, l'histoire naturelle devient de l'histoire dans le sens propre de ce mot ; elle retrouve les titres de généalogie d'une multitude d'êtres qui autrefois semblaient des enfants perdus. « *Les découvertes des paléontologistes*, a dit M. Fischer[1], *ont été si rapides, si étendues, elles nous promettent dans un avenir peu éloigné une telle quantité de documents qu'on peut prévoir aujourd'hui le moment où la vie d'un homme suffira à peine pour acquérir une connaissance complète des fossiles d'une formation géologique.* »

Pour les monuments de la pensée comme pour les monuments faits de pierres et de ciment, il faut d'abord apporter des matériaux, il faut ensuite les agencer. Nos prédécesseurs ont réuni des matériaux ; nous devons en réunir encore, mais en même temps nous pouvons travailler à les assembler. Les ouvrages de Darwin ont entraîné un nouveau courant d'idées dans les sciences naturelles ; ils ont porté les esprits vers les travaux de synthèse. L'union de la synthèse avec l'analyse représente la troisième phase de l'histoire des progrès de la paléontologie ; par suite des efforts des savants de tous les pays, nous voici déjà entrés dans cette troisième phase.

1. *Manuel de conchyliologie*, 1881.

# CHAPITRE II

## DE L'ACCORD DE LA GÉOLOGIE AVEC L'ÉTUDE DES ENCHAINEMENTS DES ÊTRES

L'idée des enchaînements des êtres est compatible avec les enseignements de la géologie. Pour le montrer, je vais examiner un certain nombre des résultats acquis par les hommes qui étudient la répartition des êtres dans les couches du globe[1].

*Des grands changements du monde animal pendant les temps géologiques.* — Personne ne conteste plus que la nature organique a subi des modifications considérables depuis son apparition. Chaque grande époque a eu des formes qui lui ont été spéciales. Si quelqu'un en doutait, il n'aurait qu'à apporter à une réunion de paléontologistes un lot de fossiles, plantes, invertébrés ou vertébrés ; pourvu que ces fossiles aient été tirés d'Europe, on pourrait presque toujours lui apprendre s'ils ont été trouvés dans un terrain primaire ou dans un terrain secondaire ou dans un terrain tertiaire ; souvent même on lui dirait s'ils sont de la base, du milieu ou de la partie supérieure d'un de ces terrains.

J'ai indiqué dans le tableau suivant plusieurs des groupes d'animaux dont le degré de développement nous permet de distinguer les principales époques géologiques :

1. Quelques-unes des remarques qui sont réunies dans ce chapitre ont paru dans des résumés de mes leçons à la Sorbonne et au Muséum.

| | |
|---|---|
| Période quaternaire. | Règne de l'homme. — Toutes les espèces des animaux actuels ont apparu. — Quelques espèces et plusieurs races diffèrent de celles qui existent aujourd'hui. |
| Période tertiaire. | Pliocène. — Diminution du nombre des grands quadrupèdes terrestres. — Règne des mammifères marins. — Les genres des animaux actuels sont déjà formés.<br>Miocène. — Apogée du monde animal. — Les mammifères placentaires arrivent à leur plus grande perfection et se multiplient au point de former des troupeaux; les marsupiaux vont disparaître. — Règne des oiseaux.<br>Éocène. — Disparition d'une grande partie des formes des époques précédentes. — Affaiblissement des brachiopodes, des céphalopodes, des reptiles. — Règne des insectes, des gastropodes siphonostomes et pulmonés, des bivalves orthoconques. — Oiseaux nombreux et gigantesques. — Mammifères placentaires et marsupiaux. |
| Période secondaire. | Crétacé. — Continuation de la plupart des genres jurassiques. — Règne des rudistes. — Les poissons passent à l'état téléostéen. — Règne des reptiles mosasauriens. — Commencement des vrais crocodiliens. — Oiseaux avec des dents.<br>Jurassique. — Les formes primaires ont diminué de plus en plus. — Règne des coralliaires, des oursins, des ammonitidés, des bivalves pleuroconques, des gastropodes holostomes. — Les poissons commencent à perdre un peu leurs caractères de ganoïdes. — Règne des reptiles. — Les mammifères continuent à être petits et rares. — Oiseaux avec vertèbres caudales non soudées.<br>Trias. — Disparition de la plupart des formes primaires. — Le règne des madréporaires succède à celui des rugueux, le règne des oursins à celui des crinoïdes, le règne des mollusques lamellibranches à celui des brachiopodes, le règne des ammonitidés à celui des nautilidés. — Les poissons deviennent homocerques. — Les reptiles ganocéphales deviennent labyrinthodontes. — Les dinosauriens et les énaliosauriens apparaissent. — Traces d'oiseaux. — Mammifères petits et rares. |
| Période primaire. | Carbonifère et permien. — Continuation du règne des crinoïdes. — Abondance des pentrémites. — Les trilobites vont disparaître. — Les crustacés macroures et les araignées commencent. — Premiers reptiles; plusieurs sont notocordaux.<br>Dévonien. — Continuation de la plupart des genres d'invertébrés siluriens. — Règne des mérostomes. — Les trilobites diminuent, les insectes apparaissent, les poissons sont très nombreux et variés, mais la plupart sont notocordaux.<br>Silurien. — Nombreux polypes. — Les échinodermes sont représentés surtout par les cystidés et les crinoïdes. — Règne des brachiopodes, des nautilidés et des trilobites. — Mérostomes. — Apparition de quelques poissons.<br>Cambrien. — Nombreux trilobites. — Mollusques. — Brachiopodes. — Vers. — Bryozoaires. — Un cystidé. — Polypes. — Protospongia. |

Dans le tableau qui précède, je n'ai mentionné que les animaux. Les personnes qui étudieront les travaux des botanistes paléontologistes et surtout les admirables ouvrages de M. de Saporta verront que le monde végétal a éprouvé aussi de grands changements dans les temps géologiques.

*De la multiplicité des époques où des espèces nouvelles ont apparu.* — J'ai rappelé qu'Alcide d'Orbigny, en se basant sur les différences présentées par les espèces fossiles, avait admis vingt-sept étages géologiques. Comme il a subdivisé cinq de ces étages, on peut dire qu'en réalité il a compté trente-deux renouvellements des êtres à la surface de la terre. Ce chiffre paraît insuffisant aux géologues actuels; ils sont unanimes à reconnaître que les étages se partagent en sous-étages qui eux-mêmes comprennent de nombreuses zones fossilifères. En faisant le relevé de celles de ces zones qui sont admises par les hommes les plus compétents, j'obtiens les chiffres suivants dont on trouvera le détail dans le courant de cet ouvrage.

| | | INDICATION DU NOMBRE DES ZONES QUI ONT ÉTÉ DISTINGUÉES DANS CHAQUE TERRAIN. |
|---|---|---|
| Terrains quaternaires | | 2 en France. |
| Terrains tertiaires | pliocène | 3 en France. |
| | miocène | 5 en France. |
| | éocène | 11 en France et en Belgique. |
| Terrains secondaires. | crétacé | 15 en France et en Suisse. |
| | jurassique | 34 en France et en Angleterre. |
| | triasique | 5 en Allemagne. |
| Terrains primaires | carbonifère et permien. | 10 en Angleterre et en Belgique. |
| | dévonien | 9 aux États-Unis et en Europe. |
| | silurien | 14 en Angleterre |
| | cambrien | 6 en Angleterre. |
| | Total | 114 zones. |

Toutes ces zones sont caractérisées par l'apparition d'espèces nouvelles. Si élevé que soit le chiffre de 114, il est loin de nous donner l'idée du nombre des changements que l'on a constatés dans le monde animal; on a déjà établi de bien plus nombreuses subdivisions. D'Archiac qui, en composant l'*Histoire des progrès de la géologie*, avait eu occasion de bien se rendre compte des travaux faits sur les différents pays, excellait dans son cours du Muséum à démontrer la multiplicité des époques où de nouveaux êtres ont apparu. Ainsi il nous faisait remarquer qu'Edouard Forbes et d'autres stratigraphes habiles s'étant mis à fouiller l'étage de Purbeck, épais seulement de 52 mètres, avaient su y reconnaître onze zones distinguées par des espèces spéciales ; il admirait de Binkhorst découvrant à Fauquemont, près de Maestricht, dans un étage de craie haut de 50 mètres, une dizaine de bandes dont il a décrit les fossiles. M. de Lapparent vient de publier un *Traité de géologie* qui est l'exposé très exact des derniers progrès de la stratigraphie ; on ne peut le parcourir sans être frappé de la multiplicité des divisions qui ont été reconnues dans toutes les régions soigneusement étudiées.

Alors que l'on admettait seulement quelques époques géologiques, les différences des êtres caractéristiques de ces époques semblaient très tranchées ; les espèces de l'âge des *Ichthyosaurus* ne pouvaient se confondre avec celles de l'âge des *Palæotherium* ou de l'âge du Mammouth. Mais, si les fossiles sont disséminés dans 114 étages successifs, il est manifeste que les différences étant réparties entre ces 114 étages ou sous-étages, les grandes barrières que l'on croyait autrefois exister entre les époques géologiques sont changées en de nombreuses petites barrières ; et, si un jour on distingue une multitude de couches, les séparations seront encore bien plus affaiblies. Lorsque je cherche à me rendre compte des tendances actuelles de notre science, je tire de mon examen les deux conclusions suivantes :

1° A mesure que les géologues dissèquent avec plus d'habileté l'écorce terrestre, ils la voient se décomposer en un grand nombre d'assises caractérisées chacune par quelques espèces particulières.

2° A mesure que les paléontologistes, profitant des travaux des géologues, séparent avec plus de soin les animaux fossiles suivant l'âge auquel ils ont vécu, ils trouvent plus rarement des formes identiques ; mais, au lieu de formes identiques, ils rencontrent des formes analogues ou représentatives. La plupart d'entre eux croient devoir établir un nom spécial pour chaque différence; nous assistons ainsi à ce qu'on peut appeler l'*émiettement du genre et la pulvérisation de l'espèce*.

Quand nous constatons dans les couches terrestres la preuve de la multiplicité des changements des êtres, ceux d'entre nous qui croient à l'indépendance des espèces sont obligés de supposer le Créateur se remettant sans cesse à l'œuvre. Il me semble bien difficile d'établir une limite entre la production de l'espèce et sa conservation. J'ai de la peine à me représenter l'Auteur du monde comme une force intermittente, qui, tour à tour, agit et se repose ; un tel mode d'opérer est bon pour nous, pauvres êtres humains que le travail d'un jour épuise; j'aime mieux me représenter un Dieu qui ne connaît ni nuits, ni réveils, et développe toute la nature d'une manière continue, de même que, sous nos yeux, il fait sortir lentement d'une humble graine un arbre magnifique.

*Du sens qu'il faut attacher au mot étage géologique.* — Souvent en passant d'un étage à un autre, nous observons un brusque changement ; nous voyons tout à coup disparaître des espèces que nous trouvions en abondance dans l'étage précédent, et en même temps nous y découvrons des espèces nouvelles; ce qui caractérise l'*étage géologique*, c'est justement l'apparition d'espèces qui lui semblent propres. Plusieurs géologues ont conclu de là que chaque étage représente une création indépendante des créations précédentes.

Une telle opinion est résultée de la manière dont le sens du mot *étage géologique* a été compris. De très habiles paléontologistes ont pensé que les étages géologiques correspondaient à des époques qui avaient été caractérisées par les mêmes espèces d'animaux sur toute la surface de la terre. Ils n'ignoraient pas que de nos jours, diverses régions ont une faune et une flore spéciales, que par exemple l'Europe, l'Amérique, l'Afrique australe, la Nouvelle-Hollande renferment des productions particulières. Mais ils supposaient qu'autrefois la température ayant été plus égale, les mêmes espèces d'animaux avaient pu se répandre partout pendant la même époque géologique ; on admettait qu'à un moment donné, les êtres avaient disparu et avaient été remplacés par d'autres qui s'étaient de même répandus partout, que ceux-ci à leur tour s'étaient éteints, et ainsi de suite un grand nombre de fois.

Ce système des apparitions et des destructions universelles ne manque pas de grandeur ; je conçois bien qu'il ait charmé le génie de Cuvier et d'Alcide d'Orbigny. Mais des remarques faites dans ces dernières années semblent montrer que les séparations brusques des étages géologiques ont pu être des phénomènes locaux, et que la vie, interrompue sur un point, s'est continuée sur un autre.

Comme exemples, je citerai d'abord les études de M. Barrande sur les colonies des terrains anciens de la Bohême. M. Barrande a séparé en trois les faunes de ces terrains : la faune primordiale, la faune seconde, la faune troisième. Or, à divers niveaux du terrain caractérisé par la faune seconde, il a observé des bandes qui renferment des fossiles de la faune troisième. Pour expliquer ces intercalations, il a supposé qu'à l'époque où la faune seconde existait dans la mer de la Bohême, la faune troisième existait déjà quelque part en dehors de cette région, et que, de temps en temps, elle lui envoyait des colonies.

L'annonce de ces colonies a eu un grand retentissement dans la science. Lorsque de Verneuil avait trouvé en Amérique des couches primaires caractérisées par les mêmes êtres qu'en Europe, il avait dit : voilà des couches d'Europe et d'Amérique qui renferment les mêmes êtres, donc elles ont été formées en même temps. Si les idées de M. Barrande étaient vraies, il faudrait dire au contraire : voilà des couches qui contiennent les mêmes espèces, il est donc probable qu'elles ne sont pas strictement du même âge, car ces espèces n'ont point passé en un instant d'Amérique en Europe [1].

Je prendrai maintenant un exemple de migrations des animaux secondaires. Dans une adresse à la Société géologique de Londres, M. Ramsay a formulé le *principe de migration et retour*, pour expliquer plusieurs réapparitions d'espèces constatées par les paléontologistes. Ainsi, dans l'étage calcaire de l'oolite inférieure, on voit beaucoup de mollusques; dans l'étage de l'argile à foulon, ils disparaissent; dans l'étage calcaire de la grande oolite, on les rencontre de nouveau. Faut-il supposer que les mollusques de l'oolite inférieure ont tous péri, quand est venue l'époque pendant laquelle l'argile à foulon fut formée, et qu'au moment où le calcaire de la grande oolite se déposa, plusieurs mollusques exactement semblables à ceux de l'oolite inférieure furent de nouveau créés? Cela est possible; cependant il est plus vraisemblable de dire avec M. Ramsay [2] : « *La majorité des formes qui ont passé du calcaire de l'oolite inférieure par-dessus la terre à foulon paraissent avoir fui le fond vaseux de la mer du fullers's earth et être retournées dans la même place, quand l'époque de la grande oolite commença.* »

Enfin je citerai un exemple emprunté à la période crétacée. Pictet a publié avec le docteur Campiche un vaste ouvrage sur le terrain crétacé de Sainte-Croix dans le Jura suisse; il a observé

1. Plusieurs fois M. Barrande a vu attaquer ses travaux sur les colonies. Pour les défendre, il a composé de curieux mémoires où il a réuni de nombreux matériaux sur l'histoire des migrations des anciens êtres. Dernièrement, M. John Marr, M. Lapworth et d'autres savants très habiles ont de nouveau contesté les colonies de la Bohême, en disant que leur conception reposait sur des illusions stratigraphiques. M. Barrande a annoncé un mémoire dans lequel il donnerait des preuves complètes de l'exactitude de ses observations géologiques ; avant de se prononcer, il est juste d'attendre sa publication.

2. *Quarterly journal of the geol. soc. of London*, vol. XX, p. LV, 1864.

les divisions d'étages admises par d'Orbigny. « *Il faut,* a-t-il dit [1], *constater que, dans le bassin de Sainte-Croix, les faunes crétacées sont remarquablement distinctes, et sont le fruit d'un renouvellement presque intégral des espèces. Ce fait important est plus fréquent qu'on ne le croit, et en général, quand on étudie les faunes successives d'une région peu étendue, on trouve très peu d'espèces qui passent de l'une à l'autre.* » Mais Pictet ne s'est pas contenté d'étudier les espèces de Sainte-Croix à Sainte-Croix; en les suivant dans les autres pays, il a pu constater que les étages ne commencent point partout au même point; les séparations ne se correspondent pas dans les diverses régions : « *Les mélanges d'espèces d'étages différents sont d'autant plus fréquents que la distance géographique des couches comparées est plus grande.* » Les beaux travaux de M. Barrois sur le crétacé du nord de la France et de M. Choffat sur le jurassique du Jura ont révélé des faits du même genre.

Ce sont là de profondes atteintes aux lois que les paléontologistes ont admises autrefois. On nous avait appris que les séparations des étages géologiques sont quelquefois si nettes qu'on peut placer entre eux une lame de couteau; on nous avait enseigné qu'à certains moments les êtres ont disparu et que d'autres ont apparu. Maintenant nous répondons : cela est vrai, mais vrai seulement pour une petite étendue de pays; les apparitions et disparitions n'ont été que locales.

Nous voyons partout des étages superposés, parce que rien n'est stable sur notre terre. Les régions mêmes qui ont semblé le plus à l'abri des grandes secousses, ont ressenti de fréquentes oscillations; les fonds de mer, ainsi que les continents, se sont tour à tour élevés ou abaissés; les courants ont varié; ils ont apporté à un moment de la boue calcaire, à un autre moment du sable, à un autre moment de l'argile, etc. En même

1. Pictet, *Note sur la succession des mollusques gastéropodes pendant l'époque crétacée dans la région des Alpes Suisses et du Jura* (Extrait de la *Bibliothèque universelle de Genève,* vol. XXI, p. 24, septembre 1864).

temps que le monde physique changeait, le monde organique changeait aussi ; parmi les animaux, quelques-uns périssaient, quelques-uns émigraient et d'autres venaient à leur place.

Les derniers travaux des expéditions sous-marines, notamment ceux du *Challenger* et du *Travailleur*, ont fourni à la paléontologie de curieuses informations. On a reconnu que, dans les régions chaudes, il y a des différences considérables entre la température de l'eau qui est près de la surface et celle de l'eau qui est dans les grandes profondeurs. Il en résulte que, sur un même point, on trouve deux niveaux d'animaux très distincts, le niveau supérieur avec des espèces qui aiment une température élevée, le niveau inférieur avec des espèces propres aux eaux froides. Ce qui se passe aujourd'hui a dû se passer autrefois ; supposons que, dans une mer profonde des temps géologiques, il y ait eu un exhaussement ; sur le fond où vivaient des animaux de la zone froide, ce sont des animaux de la zone chaude qui se seront propagés. Si ensuite il s'est produit un abaissement, les espèces de la zone froide seront revenues. Il n'est pas improbable que ces changements aient eu lieu plusieurs fois, de telle sorte que tour à tour les mêmes animaux seront retournés et seront partis, donnant lieu à ce que les géologues appellent des colonies.

Lorsque les mouvements physiques se seront opérés dans un court laps de temps, les êtres qui seront revenus n'auront pas sensiblement changé ; au contraire, lorsque ces mouvements se seront produits de très loin en très loin, les êtres qui seront revenus après une longue absence, ayant quelquefois voyagé à travers des régions lointaines, auront pu changer, et, au premier abord, être devenus assez méconnaissables pour que les naturalistes soient excusables de les inscrire sous des noms différents.

Si véritablement les séparations brusques des étages géologiques ne sont que les résultats de phénomènes locaux, nous ne trouvons plus dans l'étude de la stratigraphie des raisons de repousser la doctrine de l'évolution. Ce qui est brusque, c'est le phénomène physique qui modifie sur un point les conditions de la vie. Mais la vie prise dans son ensemble se continue toujours. Ses changements se font avec une infinie lenteur, reflet de l'infinie durée d'un Créateur qui n'a point besoin de se presser.

*De la longueur des temps géologiques.* — Les études paléontologiques ne nous portent pas à admettre l'éternité du monde organique, car, en nous enfonçant dans les couches anciennes, nous trouvons des types moins variés, moins élevés, et nous en concluons qu'il y a eu un moment où leur simplicité, étant de plus en plus grande, a abouti à des points d'origine. Mais, si la doctrine de l'évolution est opposée à l'idée de l'éternité du monde organique, elle entraîne la croyance à une grande longueur des temps géologiques.

En effet, depuis que l'humanité a des annales, les espèces laissées dans l'état de nature ont peu varié; celles de la vieille Égypte qui nous ont été conservées à l'état de momies ressemblent à celles qui existent actuellement. Louis Agassiz, en visitant les récifs de polypiers dans le golfe du Mexique, a vu qu'ils datent pour le moins de soixante-dix mille ans, et que, dans ce laps de temps, leurs espèces sont restées les mêmes[1]. Il faut donc, pour expliquer les changements considérables qui ont eu lieu depuis les premiers âges géologiques jusqu'à l'époque actuelle, supposer une immense durée du monde organique. L'idée de cette immensité choque un grand nombre

1. Louis Agassiz s'exprime ainsi : « *Que nous apprennent ces récifs au sujet de la permanence des espèces dont ils ont été formés? En soixante-dix mille ans y a-t-il eu quelque changement dans les coraux vivant dans le golfe de Mexico? Je réponds avec toute l'énergie possible : non; astréens, porites, méandrines, madrépores étaient représentés, il y a soixante-dix mille ans, par des espèces qui sont exactement les mêmes que maintenant.* » (*Methods of study in Natural history*, 1863. — *Memoirs of the Museum of comparative zoology at Harvard College*, vol. VII, 1880).

d'esprits; êtres éphémères que nous sommes, nous avons une tendance à marchander le temps à l'Être infini. Quand un homme qui a toujours été pauvre parle de richesse, il ne fait pas grande différence entre une centaine de mille francs ou un million; il n'a pas plus la notion de l'un que de l'autre. De même, quand nous parlons des âges géologiques, nous n'avons pas plus la notion de ce que représentent cent mille années que de ce que représente un million d'années. Mais, quelque difficulté que nous ayons à saisir l'idée de la durée du monde organique, les observations géologiques nous forcent à l'accepter. Pour nous en convaincre, nous pouvons considérer ce qui suit :

| | | |
|---|---|---|
| Le tertiaire d'Europe a une épaisseur d'environ..... | 3000 | mètres. |
| Le secondaire d'Europe a........................ | 4000 | — |
| Le permien, en Allemagne, a.................... | 1200 | — |
| Le carbonifère, en Angleterre, a.................. | 3500 | — |
| Le dévonien, en Allemagne, a.................... | 3500 | — |
| Le silurien, en Angleterre (y compris le groupe de Trémadoc), a environ.......................... | 6500 | — |
| Les couches fossilifères du cambrien d'Angleterre ont | 2700 | — |
| Épaisseur totale................ | 24400 | mètres. |

Les couches qui renferment des restes organiques ont donc en Europe plus de six lieues d'épaisseur. Ce chiffre n'est pas un maximum. Les épaisseurs maxima des couches tertiaires, suivant les tableaux de M. Charles Mayer, donneraient un total de plus de 8000 mètres. Alcide d'Orbigny a attribué aux terrains secondaires une puissance de 5000 mètres. Dans son *Traité de géologie*, M. de Lapparent dit que, selon M. Stur, le carbonifère de Moravie et de Silésie n'a pas moins de 14 000 mètres. Le vieux grès rouge d'Écosse a plus de 4500 mètres. Dans son *Esquisse géologique du nord de la France et des contrées voisines*, M. Gosselet compte 8900 mètres de terrain dévonien. Les couches d'Angleterre qui ont été attribuées au cambrien ont 8000 mètres de puissance [1]. Ainsi en choisissant les divers

1. Suivant M. Dana, le carbonifère américain (y compris le permien) aurait une puissance maximum de 4500 mètres, le dévonien atteindrait 4200 mètres, le silurien 6600 mètres.

points où on a trouvé les plus grandes épaisseurs de couches, on aurait en Europe un total de près de treize lieues. Des calculs dans lesquels on comprendrait les terrains archéens de l'Amérique du Nord donneraient un chiffre encore plus élevé, car d'éminents géologues ont signalé au-dessous du cambrien des terrains sédimentaires épais de 20000 mètres où ils supposent qu'on doit trouver des traces organiques. On arriverait ainsi à un chiffre de dix-huit lieues pour l'épaisseur maximum des terrains sédimentaires susceptibles de renfermer des fossiles.

Dans l'état actuel de nos connaissances, une telle évaluation est contestable. Je ne veux donc pas ici la prendre pour base, et je me contente de tenir compte des 24 400 mètres d'épaisseur en Europe. Ce chiffre, qui sera jugé très modéré par toutes les personnes compétentes, représente une durée énorme. En effet, depuis l'époque où les derniers mammouth ont vécu, de faibles dépôts d'argile, de limon, de sable, de cailloux se sont formés dans nos vallées; les dépôts qui ont eu lieu sur les plateaux ont une épaisseur insignifiante. Il est également probable qu'au fond des océans, les couches augmentent avec une extrême lenteur. Transportons-nous sur leurs rivages : si le sol est soulevé, les dépôts marins cessent de s'effectuer ; s'il ne se produit aucun mouvement du sol, les éboulis des falaises et les apports des fleuves exhaussent bientôt les rivages au-dessus du niveau des eaux, de sorte que les dépôts marins cessent encore de se former. Pour que des couches puissantes se constituent, il faut que les mouvements du sol abaissent les rivages aussi rapidement que les éboulis des falaises et les apports des fleuves les exhaussent [1].

Quand on a ces remarques présentes à la mémoire et que l'on chemine au pied des escarpements des couches sédimentaires, on comprend l'immensité des temps que leur formation a exigée. De tous les terrains placés sous le quaternaire, le

1. Lyell, dans ses *Principes de géologie*, et Darwin, dans l'*Origine des espèces*, ont présenté sur ce sujet d'intéressantes considérations.

tertiaire supérieur est celui qui paraît avoir eu la plus courte durée ; c'est du moins celui qui a la plus faible épaisseur ; les animaux qu'on y trouve fossiles ont subi pendant son dépôt de moindres changements que ceux des autres terrains. Pourtant, lorsqu'on le voit près de Sienne former des monticules de plus de 300 mètres de puissance, lorsqu'on examine ses sédiments fins qui semblent avoir dû être déposés lentement, et lorsqu'on y compte, avec Pareto, MM. de Mortillet, de Stefani, Pantanelli et d'autres géologues habiles, plusieurs alternances de couches terrestres, lacustres, saumâtres et marines, on est saisi par la pensée du temps qu'une telle formation a demandé. Si nous voyons dans un livre qu'un terrain a une épaisseur de 300 mètres, nous n'en sommes nullement impressionnés ; mais, si nous contemplons dans la nature ce terrain, en comparant avec lui notre petitesse, alors nous comprenons que l'époque humaine est peu de chose dans l'océan des âges. En vérité, ce n'est pas le temps qui a manqué pour les transformations des êtres fossiles.

Comme on le voit par ces considérations, le moment est venu où nous pouvons, en marchant d'accord avec les géologues, supposer que l'histoire du monde organique a offert le spectacle de lentes mutations et de grandioses enchaînements. Nous chercherons si l'examen des fossiles confirme l'idée de ces enchaînements.

# CHAPITRE III

## TEMPS PRIMAIRES

### DIVISION DES TERRAINS

Les terrains stratifiés sont ainsi divisés :

- Terrains stratifiés
  - fossilifères
    - quaternaires.
    - tertiaires.
    - secondaires.
    - primaires.
  - azoïques[1].

Les terrains qui sont ici désignés sous le titre de primaires comprennent ceux que les disciples de Werner ont appelés terrains de transition ; beaucoup de géologues les nomment terrains paléozoïques[2]. Le nom de terrains primaires est un nom de convention comme la plupart de ceux qui sont imaginés par les naturalistes obligés de délimiter ce qui n'est pas délimitable. Si les plus anciens terrains primaires méritent leur nom parce qu'ils ont vu les premières manifestations de la vie, les derniers terrains primaires ne le méritent pas, car ils représentent une époque où la vie était déjà à une distance incommensurable de son point de départ.

1. 'Α privatif, et ζῶον, animal.
2. Παλαιὸς, ancien, et ζῶον.

Les terrains primaires se divisent de la manière suivante :

| | |
|---|---|
| Terrains primaires | permien.<br>carbonifère.<br>dévonien.<br>silurien.<br>cambrien.<br>archéen. |

*Terrain archéen*[1]. — Les couches du globe placées au-dessous du cambrien sollicitent en ce moment toute l'attention des géologues ; c'est dans leurs vieux replis que s'enveloppe la mystérieuse histoire des origines de la vie. Pendant longtemps, on avait cru que le cambrien des géologues anglais était la plus ancienne des formations fossilifères ; mais, en 1859, une commission géologique composée de MM. Logan, Murray, Billings et Sterry Hunt découvrit dans le Canada des terrains d'une beaucoup plus grande antiquité. Au-dessous d'un grès épais de 215 mètres qu'on appelle en Amérique grès de Potsdam et que l'on considère comme l'équivalent du cambrien d'Europe, on trouva un étage de plus de 5 kilomètres d'épaisseur qui fut nommé huronien, à cause de son développement sur les bords du lac Huron. On vit dans le Labrador des couches épaisses de 3 kilomètres, que l'on supposa plus anciennes, et auxquelles on donna la désignation de labradoriennes. Plus bas encore que ces couches, les savants canadiens rencontrèrent dans les montagnes Laurentides, au nord du fleuve Saint-Laurent, un étage qu'ils appelèrent le laurentien ; ils crurent constater qu'il avait plus de 12 kilomètres de puissance verticale ; ce chiffre représente un laps de temps qui confond toute imagination. Or Logan découvrit dans le laurentien des masses mamelonnées qui lui semblèrent avoir été organisées ; M. Dawson les décrivit sous le nom d'*Eozoon*[2] ; le même

1. Ἀρχή, commencement.
2. Ἕως, aurore ; ζῷον, animal.

paléontologiste crut aussi reconnaître des trous de vers et des matières charbonneuses [1].

Chacun sait quel retentissement a eu la découverte de l'*Eozoon ;* on a pensé qu'on avait trouvé le commencement de la vie ; on a cru assister au moment où la nature s'organisait : c'était bien l'époque de transition rêvée par les géologues du siècle dernier, c'était le passage de l'état inorganique à l'état organique. Mais aujourd'hui il se produit une vive réaction contre la croyance à l'origine organique de l'*Eozoon ;* plusieurs savants ne voient plus en lui qu'une simple roche ayant un mode d'agrégation particulier. Quand même ces derniers auraient raison, les géologues canadiens auraient toujours l'honneur d'avoir montré qu'au-dessous du cambrien, il y a de puissantes assises d'apparence sédimentaire où l'on peut espérer trouver des fossiles. Voici les superpositions des plus anciens terrains de l'Amérique que M. Hunt a admises dans ses publications les plus récentes :

Étage de Montalban.
Huronien.
Étage du pétrosilex.
Labradorien [2].
Laurentien { Couches supérieures de Grenville (niveau des Eozoon).
Couches inférieures d'Ottawa.

En Angleterre aussi il y a eu, dans ces derniers temps, de curieuses recherches qui ont jeté quelques lumières sur les plus anciens terrains sédimentaires. Après avoir découvert des assises du cambrien qui renferment des fossiles d'une plus grande ancienneté que tous ceux jusqu'à présent observés en Europe, M. Hicks a porté son attention sur les terrains placés au-dessous du plus vieux cambrien ; comme en Amérique, il a cru voir en eux des terrains métamorphiques qui avaient à

1. M. Dawson a signalé également des grains arrondis qu'il a décrits sous le nom d'*Archæosphærina* (ἀρχαῖος, ancien; σφαῖρα, sphère).

2. M. Hunt adopte pour ce terrain le nom de norien, parce qu'il est en partie formé de norites.

l'origine été déposés dans les eaux; il les a nommés précambriens, et les a classés ainsi :

| | |
|---|---|
| Terrain archéen (précambrien) de la Grande-Bretagne | Pébidien. — Etudié d'abord à Pébidiauc, près de Saint-David, dans le sud du pays de Galles. Il correspond, suivant M. Hunt, au groupe de Montalban et à l'huronien du Canada. |
| | Arvonien. — Il emprunte son nom à Carnarvon, dans la partie septentrionale du pays de Galles qui est l'ancienne Arvonia. |
| | Dimétien. — Il tire son nom de son développement dans la partie du pays de Galles qu'on appelait anciennement la Dimétie. Il est l'équivalent des couches du laurentien, dites couches de Grenville. |
| | Lewisien. — Ainsi nommé par Murchison de Lewis, une des îles Hébrides. Il correspond aux couches inférieures du laurentien du Canada, appelées couches d'Ottawa. |

On n'a pas encore trouvé de traces de fossiles dans l'archéen d'Angleterre.

*Terrain cambrien.* — Ce terrain tire son nom du pays de Galles qui était autrefois appelé *Cambria ;* c'est là qu'il a été étudié pour la première fois par le révérend Sedgwick. La partie supérieure du cambrien, qui est connue sous le nom d'étages des *Lingula flags*, a fourni de nombreux fossiles ; mais les épaisses assises qui sont au-dessous avaient semblé, jusqu'à ces dernières années, presque dépourvues de restes organiques. On avait seulement signalé dans le Longmynd des trous d'origine problématique décrits sous le nom d'*Arenicolites*, et un débris de trilobite (*Palæopyge Ramsayi*) ; dans le cambrien inférieur de l'Irlande (comté de Wicklow), on avait découvert les vagues impressions appelées *Oldhamia*. Quant au pays de Galles, on n'y avait jamais trouvé de fossiles dans le cambrien inférieur; les géologues qui visitaient les grès d'Harlech, les dalles de Llanberis, avaient la jouissance d'admirer des roches grandioses, des paysages magnifiques ; ils ne rapportaient aucun débris du monde organique. On a réfléchi que, si les immenses assises du cambrien inférieur ne révèlent pas de fossiles dans le nord du pays de Galles, cela doit provenir du mode de leur clivage ; en effet, le clivage des roches y étant le plus souvent perpendiculaire à la direction des couches, les fossiles qui sont déposés dans le sens de la stratification ont dû se trouver fendillés en nombreux morceaux, et sont ainsi devenus méconnaissables. Alors on a eu la pensée d'explorer les régions dans lesquelles le clivage a été moins marqué ou bien a été parallèle au plan des couches, et bientôt Salter, Hicks et Harkness ont obtenu de nombreux fossiles dans le cambrien très inférieur [1]. Ces découvertes ont montré combien notre science est encore provisoire et combien il faut se garder de tirer des conclusions des faits négatifs.

En réunissant les données acquises dans ces dernières années, on peut dresser la liste qui suit des couches cambriennes :

| | | |
|---|---|---|
| Cambrien supérieur (étages des Lingula flags), divisé par Belt en trois parties : | Étage de Dolgelly [2]. Environ 180 mètres d'épaisseur. Trilobites spéciaux : Parabolina, Peltura, Sphærophthalmus, Dikelocephalus. | |
| | Étage de Festiniog. Environ 600 mètres d'épaisseur. Lingulella Davisii, Hymenocaris vermicauda. | |
| | Étage de Maentwrog. Environ 800 mètres d'épaisseur. Olenus. | |
| Cambrien inférieur, divisé, suivant M. Hicks, de la manière suivante : | Étage ménevien [3], 220 mètres de puissance. | Grès et schiste avec Orthis Hicksii.<br>Schiste tabulaire et ardoisier avec Paradoxides Davidis.<br>Dalle grise avec Paradoxides Hicksii. |
| | Étage de Solva [4], 550 mètres de puissance. | Roches grises avec Paradoxides aurora.<br>Roches grises et pourpres avec Paradoxides solvensis, Conocoryphe solvensis et grands fucoïdes.<br>Grès jaunâtre et dalle avec Paradoxides Harknessii, Plutonia Sedgwickii, Eophyton. |
| | Étage de Caerfai, 480 mètres de puissance. | Grès pourpré avec annélides.<br>Schiste rouge avec Leperditia cambrensis, Lingulella primæva, Discina caerfaiensis.<br>Conglomérat et grès tabulaire avec annélides. |

1. C'est surtout dans le sud du pays de Galles, à Saint-David, qu'on a trouvé les fossiles du cambrien inférieur; mais on en a aussi découvert dans le Nord; M. Humfray m'a montré près de Maentwrog des schistes méneviens où abonde le *Paradoxides Davidis*.

2. Dolgelly, Festiniog et Maentwrog sont des localités du nord du pays de Galles.

3. Menevia, ancien nom du pays où se trouve le promontoire de Saint-David (sud du pays de Galles).

4. Ce nom et celui d'étage de Caerfai sont également tirés du sud du pays de Galles.

Le terrain cambrien a été retrouvé dans un grand nombre de contrées. On l'a découvert dans l'ouest de la France, en Espagne et en Bavière. MM. Dewalque et Malaise l'ont indiqué en Belgique ; suivant M. Malaise, le terrain nommé ardennais par Dumont est du cambrien. En Scandinavie, le cambrien a été l'objet d'importantes publications ; MM. Lundgren et Linnarsson y ont reconnu de nombreux horizons de fossiles. M. Barrande l'a décrit en Bohême sous le nom d'étage de la faune primordiale ; les travaux de cet éminent paléontologiste ont rendu célèbres les gisements de Skrey et de Ginetz. Dans l'Amérique du Nord, le grès de Potsdam et le taconique[1] semblent les équivalents du cambrien. Suivant M. Gorceix, les couches diamantifères du Brésil seraient cambriennes.

*Terrain silurien*[2]. — A la même époque où Sedgwick entreprenait l'étude des terrains qui bordent les rivages du pays de Galles et y découvrait le cambrien, un autre géologue qui allait devenir encore plus illustre, Rodrigue Murchison, s'arrêtait dans les comtés de Shrop, de Radnor, d'Hereford, et y découvrait les couches siluriennes ; ce ne fut pas chose facile que de déchiffrer ces feuillets de l'histoire du monde déchirés et noircis par le temps. Pour en voir l'ensemble, il faut aller à Church Stretton ; là on gravit le Longmynd formé par le cambrien au pied duquel s'étend le silurien ; on aperçoit à très peu de distance un monticule appelé Caer Caradoc, ce qui veut dire le camp de Caractacus ; c'est là que, sous la conduite de Caractacus, les anciens Silures combattirent les Romains pour garder leur indépendance. Murchison a voulu rappeler le souvenir de ces nobles aïeux en proposant le nom de silurien. Voici les étages dont se compose le silurien de l'Angleterre :

1. Du nom des montagnes Taconiques dans l'État de Vermont.

2. Murchison et, à son exemple, plusieurs autres géologues ont réuni le cambrien supérieur au silurien. Je ne vois pas de motifs pour donner au silurien une telle extension.

| | | |
|---|---|---|
| Silurien supérieur....... | Tilestone, lits de passage entre le silurien et le dévonien. | |
| | Étage de Ludlow....... | Ludlow supérieur. |
| | | Calcaire d'Aymestry. |
| | | Ludlow inférieur. |
| | Étage de Wenlock..... | Calcaire de Wenlock. |
| | | Calcaire de Woolhope. |
| | | Grès du Denbigshire. |
| | | Schiste de Tarannon. |
| Silurien moyen (Passage du silurien inférieur au silurien supérieur). | Étage de Llandovery... | Grès de May-Hill. |
| | | Schiste de Llandovery. |
| Silurien inférieur..... | Étage de Caradoc et de Bala. | |
| | Étage de Llandeilo..... | Schiste de Llandeilo. |
| | | Couches d'Arenig. |
| | Étage de Trémadoc, passage du cambrien au silurien (pays de Galles). | |

Si les Anglais peuvent revendiquer l'honneur d'avoir établi l'histoire chronologique de la période silurienne, c'est surtout à notre compatriote, M. Barrande, qu'appartient le mérite d'avoir fait connaître la paléontologie de cette période. Dans son immense ouvrage sur la Bohême, M. Barrande a reconnu de nombreuses divisions dans le silurien; avec une réserve bien louable, il s'est abstenu de donner des noms à ces étages, et s'est contenté de les désigner au moyen de lettres. Voici sa classification :

| | | |
|---|---|---|
| Faune troisième (Silurien supérieur). | Étage H.... | Sous-étage $h^3$. |
| | | Sous-étage $h^2$. |
| | | Sous-étage $h^1$. |
| | Étage G..... | Sous-étage $g^3$. |
| | | Sous-étage $g^2$. |
| | | Sous-étage $g^1$. |
| | Étage F..... | Sous-étage $f^2$. |
| | | Sous-étage $f^1$. |
| | Étage E..... | Sous-étage $e^2$. |
| | | Sous-étage $e^1$. |
| Faune seconde (Silurien moyen et inférieur). | Étage $D^5$. | |
| | Étage $D^4$. | |
| | Étage $D^3$. | |
| | Étage $D^2$. | |
| | Étage $D^1$. | |

Le silurien a été retrouvé dans d'autres parties de l'Allemagne, en Scandinavie, en Russie, en Sardaigne, en Espagne, dans le Portugal. MM. Malaise, Gosselet et Dewalque l'ont signalé en Belgique. En France, il a été étudié surtout par de Verneuil, Marie Rouault, MM. de Tromelin, Lebesconte, Charles Barrois, Louis Bureau. C'est ce terrain qui renferme les mines d'or du Mont Alexandre en Australie; il s'étend aussi dans la Nouvelle-Zélande, en Asie au centre de l'Himalaya, dans l'Amérique du Sud et surtout dans l'Amérique du Nord. Les terrains anciens de cette dernière contrée offrent pour l'étude des conditions plus favorables que ceux de la plupart des autres pays, car ils sont à nu sur de vastes surfaces, et souvent leurs couches ont été peu dérangées de leur position primitive. Grâce surtout aux travaux de M. Hall, on distingue dans le terrain silurien d'Amérique les nombreuses assises dont voici les noms :

- Silurien supérieur..
  - Étage inférieur d'Helderberg.
    - Calcaire supérieur à pentamères.
    - Calcaire schisteux.
    - Calcaire inférieur à pentamères.
    - Calcaire à tentaculites.
  - Étage du calcaire hydraulique.
  - Étage salifère d'Onondaga.
  - Étage du Niagara.
- Silurien moyen.....
  - Étage de Clinton.
  - Grès de Médina.
- Silurien inférieur...
  - Étage d'Hudson River.
  - Schiste d'Utica.
  - Étage de Trenton.
    - Calcaire de Trenton.
    - Calcaire de Black River.
    - Calcaire de Bird's eye.
  - Calcaire de Chazy.
  - Étage de Québec.
    - Sillery.
    - Lauzon.
    - Levis.
  - Grès calcifère supérieur.

*Terrain dévonien.* — Le terrain dévonien a été ainsi appelé par Sedgwick et Murchison à cause de son développement au sud de l'Angleterre dans le comté de Devon. Il comprend trois étages :

- Dévonien...
  - supérieur, étage de Petherwyn.
  - moyen, étage de Plymouth.
  - inférieur, étage de Lynton.

Quelquefois, au lieu du nom de dévonien, on emploie celui de vieux grès rouge ; cela provient de ce que le dévonien est représenté dans le comté d'Hereford et dans une grande partie de l'Écosse par des couches de grès rouge qui ont attiré l'attention des géologues bien avant qu'on ait étudié les couches du comté de Devon.

La France possède plusieurs gisements de fossiles dévoniens tels que Ferques dans le Boulonnais, Néhou dans le Cotentin, Brûlon dans la Sarthe, la Baconnière dans la Mayenne. Un habile paléontologiste, M. Œhlert, se livre spécialement à leur étude.

Les importantes recherches qui ont été faites en Belgique et dans les régions avoisinantes par d'Omalius d'Halloy, Dumont, de Dechen, Schloenbach, MM. Roemer, Dewalque, Gosselet, Mourlon, Kayser, Koch, etc., ont permis d'y reconnaître de nombreuses assises :

| | |
|---|---|
| Dévonien supérieur (Étage famennien). | Calcaire d'Etrœungt.<br>Schiste de la Famenne.<br>Sous-étage frasnien. |
| Dévonien moyen (Étage eifélien). | Sous-étage givétien.<br>Schiste de Couvin. |
| Dévonien inférieur (Étage rhénan). | Partie inférieure de l'eifélien de Dumont.<br>Sous-étage ahrien.<br>Sous-étage coblentzien.<br>Sous-étage gédinnien. |

Goldfuss, d'Archiac, de Verneuil et MM. Sandberger ont soigneusement décrit les fossiles de la Prusse rhénane ; Paffrath auprès de Cologne et Gerolstein dans l'Eifel sont d'admirables gisements de fossiles. Le dévonien se montre fossilifère sur d'autres points de l'Allemagne, en Espagne, en Russie, dans la Turquie d'Europe et d'Asie, en Sibérie, au Thibet, en Chine, aux îles Malouines, dans l'Amérique du Sud et surtout dans l'Amérique du Nord. L'État de New-York est le pays du monde où l'on distingue le plus nettement les étages du terrain dévonien ; voici la classification qu'en a donnée M. Hall :

| | |
|---|---|
| Étage de Catskill. | |
| Étage de Chemung. | |
| Étage de Portage. | |
| Étage de Hamilton............ | Schiste de Genesée.<br>Couche d'Hamilton.<br>Schiste de Marcellus. |
| Étage de l'Helderberg supérieur. | Calcaire de l'Helderberg.<br>Grès calcaire de Schoharie.<br>Grès à Cauda Galli. |
| Étage du grès d'Oriskany, intermédiaire entre le silurien et le dévonien. | |

*Terrain carbonifère.* — La houille ou charbon de terre a un intérêt si grand pour tous les peuples qu'on a publié de nombreux travaux sur les formations carbonifères. Il y a quelques années, M. Burat a calculé que les terrains qui renferment du charbon de terre occupent en France 330 000 hectares, en Prusse (Saxe) 300 000, dans la Grande-Bretagne 1 570 000. Cela est peu de chose comparativement à l'étendue des couches charbonneuses situées hors de l'Europe. Dans une note présentée récemment à l'Association britannique, M. Ball dit que ces couches ont une surface de 240 000 milles carrés en Australie, de 400 000 milles en Chine, de 500 000 milles aux États-Unis et, suivant M. Hughes, de plus de 30 000 milles dans l'Inde. Mais il s'en faut que toutes ces formations appartiennent uniquement à la période dite carbonifère ; le charbon de terre, étant le résultat de l'accumulation des végétaux, a dû se former dans tous les temps. Ainsi M. Pumpelly rapporte aux terrains secondaires les principaux gisements houillers de la Chine[1]. Les plantes que MM. Fuchs et Saladin viennent de recueillir dans les gîtes de combustibles du Tong-King sont attribuées par M. Zeiller au terrain secondaire. MM. Medlicott et Blanford ont publié un excellent ouvrage[2] qui est le résumé des travaux du Geological Survey

1. *Geological Magazine*, juillet 1867. Plus récemment M. Carruthers a signalé une *Annularia longifolia* trouvée dans une houillère de la Chine ; il en a conclu qu'outre les gisements houillers d'époque secondaire, la Chine devait en avoir qui remontent, comme en Europe, à l'époque carbonifère.

2. *A manual of the geology of India*, en 2 volumes grand in-8°. Calcutta, 1879.

de l'Inde ; on y voit que les couches houillères connues dans ce pays sous le nom de Gondwana rocks appartiennent pour la plupart à des terrains moins anciens que les terrains primaires.

Dans l'Europe occidentale et dans l'Amérique du Nord, la période carbonifère a compris deux principales phases : une première pendant laquelle se sont formés les dépôts marins qui constituent le carbonifère proprement dit, et une seconde pendant laquelle se sont formés les dépôts continentaux qui constituent l'étage houiller (coal-measures des Anglais). Entre ces deux étages se trouve dans plusieurs pays un grès qu'on a appelé le Millstone grit (grès à meule). En Belgique, M. Dupont a reconnu dans le terrain carbonifère marin plusieurs assises distinctes dont les fossiles sont en ce moment l'objet d'un grand ouvrage de M. de Koninck. Voici les assises admises par M. Dupont :

Carbonifère marin
- Assise de Visé (Productus cora et giganteus).
- Assise de Namur (Grands Euomphalus et Syringopora catenata).
- Assise de Waulsort (Spirifer striatus et cuspidatus).
- Assise d'Anseremme (Spirifer mosquensis et Orthis resupinata).
- Assise de Dinant (Pecten intermedius).
- Assise des Écaussines (Spirifer octoplicatus et distans, mélange de fossiles dévoniens et carbonifères).

M. Gosselet, qui a fait de très beaux travaux sur les terrains primaires de la Belgique et du nord de la France, reconnaît dans le carbonifère marin un nombre encore plus considérable de divisions ; il en admet dix.

Le houiller étant bien plus riche en fossiles végétaux qu'en débris d'animaux, c'est en se basant sur l'étude des plantes qu'on a cherché à établir ses subdivisions. Les remarquables recherches de M. Geinitz en Allemagne[1] et de M. Grand'Eury

1. M. Geinitz a divisé ainsi le carbonifère d'Allemagne :

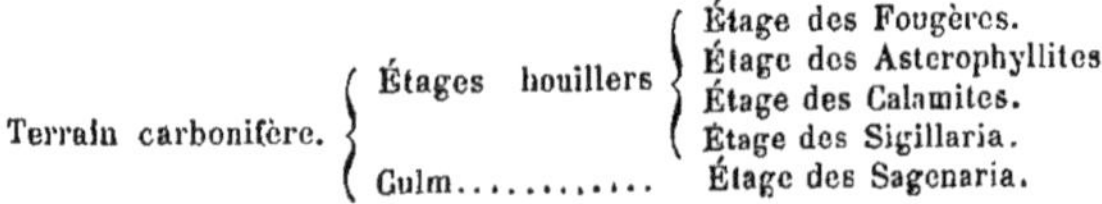

Terrain carbonifère.
- Étages houillers
  - Étage des Fougères.
  - Étage des Asterophyllites.
  - Étage des Calamites.
  - Étage des Sigillaria.
- Culm............ Étage des Sagenaria.

en France[1] ont montré que, par l'examen des plantes, on pouvait y établir plusieurs sous-étages.

Si l'Amérique du Nord et l'Europe occidentale ont été abaissées au-dessous des eaux de la mer pendant la première partie de la période carbonifère et ont été exondées pendant la seconde partie, il n'a pu en être de même partout; il n'est pas concevable que toute la surface de la croûte terrestre ait été abaissée d'abord, puis exhaussée. En effet, M. de Moeller, au congrès international de géologie tenu à Paris en 1878, a annoncé que, dans la Russie où le terrain carbonifère occupe un espace immense, on ne trouve pas, comme dans nos pays, un grand étage d'origine terrestre superposé à un grand étage d'origine marine : « *dans le bassin du Donetz*, a dit M. de Moeller[2], *le système carbonifère du haut jusqu'en bas nous offre des alternances presque infinies de dépôts terrestres avec ceux de la mer.* »

*Terrain permien.* — Ce terrain a été ainsi nommé à cause de son développement en Russie, dans le gouvernement de Perm. Plusieurs personnes pensent qu'il serait juste de lui restituer le nom de pénéen[3] qui lui avait été donné d'abord par d'Omalius d'Halloy. Les Anglais l'appellent le magnesian limestone; MM. Marcou et Geinitz l'ont décrit sous le nom de dyas[4].

1. M. Grand'Eury a reconnu en France les divisions suivantes :

| | |
|---|---|
| Terrain carbonifère | Houiller supérieur. Types dans le centre de la France, en Bohême. Prédominance des Calamodendron, des Cordaites, des Pecopteris et des Odontopteris. |
| | Houiller moyen. Types dans le nord de la France, en Angleterre, en Allemagne. Prédominance des Sigillaria, des Sphenopteris et des Neuropteris. |
| | Culm. Types dans le Roannais, en Écosse, dans l'Oural. Prédominance des Lepidodendron, des Bornia, des Palæopteris. |

2. *Compte rendu du congrès international de géologie* de 1878 par M. Alexis Delaire. Note de M. de Moeller, p. 121. Paris, 1880.

3. Πένης, pauvre, parce que la couche de grès rouge à laquelle d'Omalius d'Halloy a donné le nom de pénéen est pauvre en minerais.

4. Ce mot est tiré de δύο, deux, parce que le permien est formé de deux étages principaux : le schiste cuivreux et le zechstein.

En Angleterre, Binney a exprimé l'opinion que le permien devait être regardé simplement comme l'étage supérieur du carbonifère; M. Dawson, par ses études dans le Canada, a confirmé cette opinion. D'autre part, une intéressante note de M. Lesley nous a appris que, dans le permien de Pensylvanie, MM. White et Fontaine venaient de trouver un grand nombre d'espèces qui sont spéciales à ce terrain.

En Allemagne où le permien est bien développé, il se montre formé de six assises :

Stinkstein (pierre puante).
Rauhwacke (pierre âpre au toucher, cargneule) et dolomite.
Zechstein (pierre de mine).
Kupferschiefer (schiste cuivreux).
Rothes todtliegende (couche rouge morte, c'est-à-dire couche où les mineurs qui exploitent le Kupferschiefer ne trouvent plus de métal).
Brandschiefer (schiste bitumineux).

En Angleterre, William King, auquel on doit une importante monographie du permien, a également partagé ce terrain en six assises principales.

Dans le centre de la France, le permien inférieur est composé de couches lacustres ou terrestres qui, d'après les recherches de M. Émile Roche, se divisent en trois sous-étages :

Sous-étage du boghead de Millery. — Protriton petrolei.
Sous-étage de Muse. — Actinodon Frossardi.
Sous-étage d'Igornay, base du permien. — Stereorachis dominans.

Le terrain permien a fourni jusqu'à présent peu de restes d'animaux marins; il a surtout attiré l'attention des géologues par les nombreux fossiles terrestres ou d'eau douce qu'on y a découverts en Allemagne, en Russie, en Angleterre, en France et aux États-Unis.

Le résumé très rapide donné dans les pages qui précèdent, montre combien de changements se sont accomplis pendant le dépôt des terrains primaires. L'étude de ces terrains a révélé une multitude immense d'espèces. Pour s'en faire une idée, il faut parcourir l'ouvrage où Bigsby a indiqué toutes les espèces de plantes et d'animaux qui ont été trouvées dans les terrains cambriens, siluriens, dévoniens et carbonifères [1]. On pourra aussi consulter le catalogue que M. Miller a donné des fossiles primaires américains [2]. M. Etheridge, dans une adresse à la Société géologique de Londres [3], a réuni les détails les plus circonstanciés sur chacune des populations qui se sont succédé, dans la Grande-Bretagne, durant les âges primaires. Ce savant paléontologiste a montré que chaque assise a son histoire ; elle a vu apparaître des êtres qui la distinguent de l'assise précédente ; elle en a vu mourir d'autres qui la distinguent de l'assise suivante ; enfin plusieurs espèces se sont continuées, servant de lien entre les âges plus anciens et les âges plus récents. La force créatrice ou modificatrice semble avoir été toujours en exercice.

1. Cet ouvrage comprend deux volumes : l'un appelé *Thesaurus siluricus*, publié en 1868, et l'autre appelé *Thesaurus devonico-carboniferus*, publié en 1878.

2. *The american palæozoic fossils*, in-8°. Cincinnati, 1877.

3. *On the analysis and distribution of the british palæozoic fossils* (*Anniversary address of the president*, *Quarterly journal of the geological Society of London*, 18 février 1881).

# CHAPITRE IV

## LES FORAMINIFÈRES PRIMAIRES

Comme je pense que l'histoire du monde organique doit présenter le spectacle d'évolutions où la vie a marché du simple au composé, je commence mes études par l'examen des êtres les plus rudimentaires pour passer successivement à des êtres de plus en plus élevés.

A leur début, tous les animaux, ceux mêmes dont l'organisation est la plus perfectionnée, ne forment qu'une réunion de granules; cette réunion de granules, étant le siège primitif de la vie, on l'appelle vitellus [1]. Après la fécondation, les granules se serrent les uns contre les autres; c'est ce qu'on nomme la condensation du vitellus. Le vitellus, après s'être condensé, se segmente (fig. 1), et, lorsque la segmentation est achevée, on trouve, au lieu de granules non adhérents, un tissu formé de cellules.

Il y a des êtres chez lesquels cette mystérieuse fabrication de cellules ne se produit pas, ou se produit très incomplètement; ils sont, dès leur début, frappés d'un arrêt de développement; ils restent dans un état analogue à celui du vitellus condensé, tantôt non segmenté, tantôt incomplètement segmenté (fig. 2). La substance qui demeure dans cet état s'appelle du sarcode,

1. *Vita*, vie.

et les êtres qui sont formés de sarcode[1] sont nommés des sarcodaires.

Ce sont de curieuses créatures que ces sarcodaires, car beaucoup d'entre eux exercent des fonctions, sans avoir d'organes apparents pour les accomplir; ils n'ont pas de nerfs, et pourtant ils marquent quelque sensibilité; pas de muscles, et ils se meuvent; pas d'estomac, et ils se nourrissent; pas de vaisseaux, et ils sécrètent des coquilles de la plus admirable structure; pas d'organes de génération, et ils se reproduisent avec rapidité. C'est merveille de voir les êtres supérieurs dont les

FIG. 1. — Vitellus d'Eolidie, vu au microscope, segmenté en 4 grandes sphères et 4 petites (d'après M. Gerbe). — Concarneau.

FIG. 2. — *Globigerina bulloides*, d'après un modèle très grandi fait par Reuss. — Faluns de Vienne.

fonctions s'harmonisent avec des organes compliqués; c'est merveille plus grande encore de voir les sarcodaires, ouvriers qui travaillent sans instruments. Les philosophes se demandent si la fonction a précédé l'organe, ou si c'est l'organe qui a fait la fonction; la découverte que les sarcodaires sont les plus anciens êtres de notre planète serait intéressante, car elle apprendrait que la fonction a précédé l'organe. Malheureusement beaucoup de sarcodaires sont des êtres mous dont les premiers progéniteurs n'ont pu se conserver dans les couches terrestres.

*Foraminifères.* — Parmi les sarcodaires, ce sont les foraminifères[2] qui ont particulièrement occupé les paléontologistes,

1. Σὰρξ, σαρκὸς, chair; εἶδος, apparence.

2. Le sarcode des foraminifères offre de nombreux prolongements appelés pseudopodes (faux-pieds); lorsqu'ils ont une coquille, cette coquille a des trous pour le passage des pseudopodes; c'est ce qui a fait imaginer le nom de foraminifères (foramen, fero).

parce que la plupart ont une coquille. Ceux des plus anciennes formations primaires ont été jusqu'à présent peu étudiés[1]; on voit ici les dessins d'une espèce silurienne (fig. 3) et d'une espèce dévonienne (fig. 4); ces dessins ont été faits par M. Terquem sur des pièces de la collection du Muséum. Les foraminifères des terrains carbonifères sont beaucoup mieux connus grâce aux beaux mémoires de M. Brady et de M. de

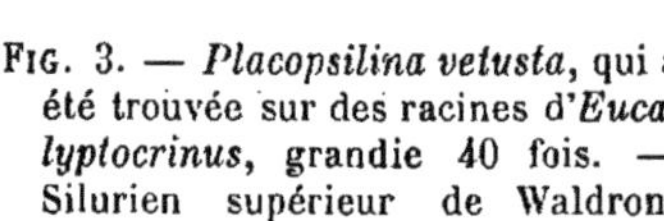

FIG. 3. — *Placopsilina vetusta*, qui a été trouvée sur des racines d'*Eucalyptocrinus*, grandie 40 fois. — Silurien supérieur de Waldron, Indiana. Collection du Muséum.

FIG. 4. — *Placopsilina costata*, qui a été trouvée adhérente à une *Atrypa reticularis*, grandie 3 fois. — Dévonien de Gérolstein, Eifel. Collection du Muséum.

Moeller. La *Fusulina*[2] est particulièrement vulgaire; M. de Moeller[3] dit qu'en Russie des couches puissantes de milliers de pieds sont en grande partie constituées par des coquilles de ce genre; aussi le calcaire carbonifère supérieur est quelquefois désigné sous le nom de calcaire à fusulines. On voit ici (fig. 5) la gravure d'un fragment de ce calcaire dont M. Schlumberger a eu la bonté de me faire le dessin.

Quelques-uns des genres du carbonifère méritent par excellence leur nom de foraminifères, car leur coquille a une multitude de petits trous pour le passage des pseudopodes. Ces foraminifères perforés sont très variables dans leur forme; on

1. M. Blake a signalé une *Dentalina* dans le grès de Caradoc (silurien inférieur).

2. Diminutif de *fusus*, fuseau.

3. Valerian von Moeller, *Die spiral-gewundenen Foraminiferen des Russischen Kohlenkalks* (*Mém. de l'Acad. des sciences de Saint-Pétersbourg*, VIIe série, vol. XXV, 1878).

a représenté ici une *Lagena*[1] qui n'a qu'une chambre (fig. 6), et une *Dentalina*[2] qui n'en a que huit (fig. 7). La *Fusulina*

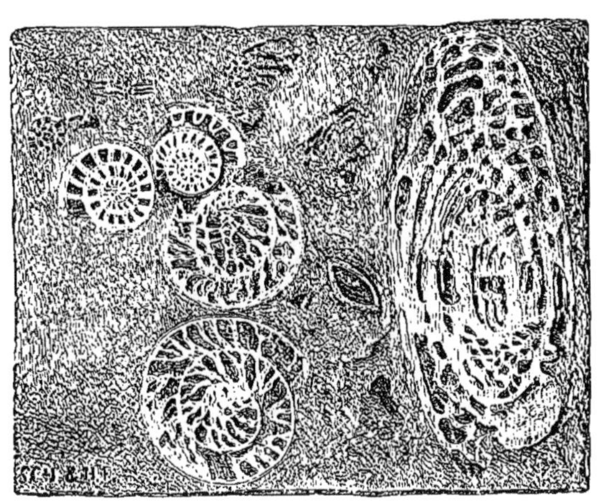

FIG. 5. — Coupe d'un fragment de calcaire à *Fusulina*, grandie 9 fois. Carbonifère de Russie. Collection du Muséum.

dont on voit le dessin figure 5, et la *Nummulites*[3] qui est représentée dans la figure 8, montrent au contraire une grande

FIG. 6. — *Lagena Parkeriana*, grandie 30 fois (d'après M. Brady). — Carbonifère d'Angleterre.

FIG. 7. — *Dentalina multicostata*, grandie 20 fois (d'après M. Rupert Jones). — Permien d'Angleterre.

complication; elles ont une multitude de chambres disposées en spirale.

Il y a des foraminifères qui ont des caractères très différents,

1. *Lagena*, flacon.
2. *Nodosus*, noueux.
3. *Nummulus*, petite pièce de monnaie.

car leurs pseudopodes, au lieu d'être répandus sur toute la surface du corps, sont rassemblés sur un point; la coquille n'a plus une multitude de perforations, elle n'a qu'une seule grande ouverture par laquelle passent les pseudopodes; on donne à ces foraminifères le nom d'imperforés pour les distin-

Fig. 8. — *Nummulites pristina.* — *a.* vue en dessus, grandie 20 fois. — *c.* vue de côté, grandie 20 fois. — *b.* fendue par le milieu et montrant la disposition des murailles des chambres, grandie 50 fois (d'après M. Brady). — Carbonifère de Belgique.

guer de ceux dont toute la coquille est perforée. Chez plusieurs de ces imperforés, la coquille n'est pas sécrétée par l'animal, mais, à sa périphérie, le sarcode a la curieuse propriété d'agglutiner les grains de sable au milieu desquels il est placé; en

Fig. 9. — *Lituola nautiloidea*, grandie 5 fois (d'après M. Brady). — Carbonifère d'Angleterre.

Fig. 10. — *Nodosinella concinna*, grandie 20 fois (d'après M. Brady). — Carbonifère d'Angleterre.

Fig. 11. — *Endothyra Bowmani*, grandie 20 fois (d'après M. Brady). — Carbonifère d'Angleterre.

regardant la coquille au microscope, on reconnaît qu'elle a une structure grossière, formée de parties hétérogènes; on appelle ces foraminifères des arénacés. M. Paul Fischer, qui a pris une part très active aux dragages du *Travailleur*, m'a dit que dans les profondeurs de l'Atlantique les foraminifères arénacés paraissent être aujourd'hui extrêmement abondants. Les recherches de M. Brady ont montré qu'à l'époque carbonifère ils ont été nombreux et variés; je donne ici comme spécimens les gravures de la *Lituola*[1] (fig. 9), de la *Nodosinella* (fig. 10), de l'*Endothyra*[2] (fig. 11), de la *Trochammina*[3] (fig. 12). On voit en outre un morceau de pierre rempli de *Saccamina*[4] (fig. 13) ; il y a, en Angleterre, une couche où ces

FIG. 12. — *Trochammina gordialis*, grandie 40 fois (d'après M. Brady). — Carbonifère d'Angleterre.

FIG. 13. — Morceau rempli de *Saccamina Carteri*, grandi 2 fois (d'après M. Brady). — Carbonifère d'Angleterre.

foraminifères sont assez nombreux pour qu'on la désigne sous le nom de couche à *Saccamina*.

*Rareté relative des foraminifères dans les terrains les plus anciens.*— Bien que les *Saccamina* et les *Fusulina* aient été très répandues dans certains pays, il semble, d'après les recherches faites jusqu'à présent, qu'en général les foraminifères ont été moins abondants autrefois qu'ils ne le sont aujourd'hui. M. Brady, dont j'ai déjà cité l'important ouvrage sur les foraminifères du terrain carbonifère, déclare qu'il a eu beaucoup de peine à réunir les matériaux de ce travail, la plupart des genres de foraminifères étant rares dans les roches anciennes. A mesure que les temps se sont écoulés, non seulement les grands animaux se sont développés, mais encore les êtres inférieurs se sont multipliés. M. Schlumberger, étudiant des vases du fond de l'Atlantique recueillies dernièrement dans

1. Diminutif de *lituus*, clairon.
2. Ἔνδον, en dedans; θύρα, ouverture.
3. Diminutif de τροχὸς, roue, anneau.
4. Diminutif de σάκκος, sac.

les dragages du *Travailleur*, y a constaté 116 000 coquilles de foraminifères par centimètre cube ; aujourd'hui, les infusoires sont partout ; les polypes construisent des récifs plus étendus que jamais ; l'oxygène et l'hydrogène qui autrefois faisaient de l'eau, l'oxygène et l'azote qui faisaient de l'air, le carbone, le phosphore, la chaux, la silice qui faisaient des pierres, servent en partie à former des êtres vivants : la silice se dispose en squelettes de radiolaires ou d'éponges ; la chaux et le carbone deviennent coquilles de foraminifères ou de mollusques, squelettes de polypes ou d'échinodermes, carapaces de crustacés, ou bien, s'unissant au phosphore, ils se changent en os de vertébrés. La vie a succédé au primitif silence de la matière inerte ; elle envahit la surface du globe ; de toute part le monde minéral se change en monde organique : il y a là un progrès immense. Loin donc de nous l'idée que la plus grande rareté des êtres inférieurs dans les temps primaires élève une objection contre la doctrine du développement progressif ! Elle lui donne au contraire une éclatante confirmation.

On peut encore tirer un autre enseignement de la rareté relative des foraminifères dans les époques anciennes. Plusieurs philosophes, suivant la doctrine de Leibnitz, pensent que le monde est un composé de forces. Ces forces sont appelées monades ; tout être est monade ou réunion de monades ; l'animal supérieur comprend une multitude de monades ; l'animal moins élevé en a moins. Sans doute, si Leibnitz eût connu les foraminifères, il aurait pensé que ces êtres représentent la monade telle qu'il l'avait imaginée. Or, à l'exemple de ce grand penseur, quelques personnes pourraient être portées à supposer qu'il y a eu une création primitive unique : toutes les monades auraient été produites en même temps ; seulement elles ne se seraient agrégées que successivement, de manière à devenir des êtres de plus en plus élevés : polypes, vers, mollusques, poissons, reptiles, mammifères. Si cela était vrai, il y aurait eu dans les époques anciennes beaucoup de monades libres qui n'avaient pas encore été agrégées pour former des animaux supérieurs. On devrait donc s'attendre à trouver dans les terrains primaires des multitudes de foraminifères qui sont les êtres les plus rapprochés de l'idée qu'on s'est faite de la monade. Or, dans ces terrains où nous constatons soit l'absence, soit la rareté des vertébrés supérieurs, nous constatons aussi la rareté relative des foraminifères. Nous ne pouvons donc pas croire que toutes les forces du monde organique aient existé dès son origine ; elles ont apparu successivement. Il faut supposer, non une primitive et unique création, mais plutôt une création continue pendant tous les âges.

*Remarques sur la classification des foraminifères.* — La classification des foraminifères présente de grandes difficultés. En France, Alcide d'Orbigny et M. Terquem l'ont basée sur la morphologie. D'Orbigny a appelé monostègues[1] (fig. 14) les

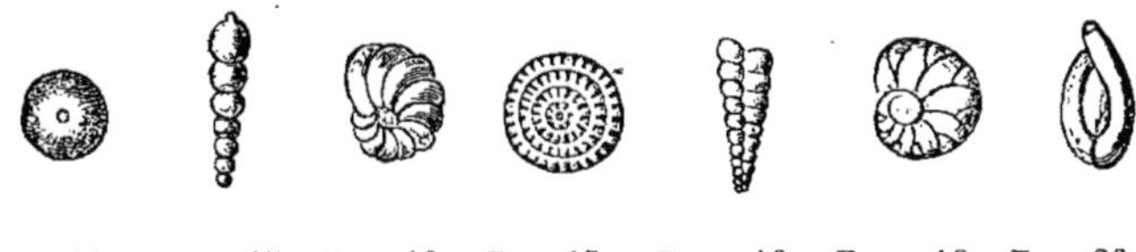

FIG. 14. Monostègue. FIG. 15. Stichostègue. FIG. 16. Hélicostègue. FIG. 17. Cyclostègue. FIG. 18. Énallostègue. FIG. 19. Entomostègue. FIG. 20. Agathistègue.

foraminifères qui ont une seule loge ; les stichostègues[2] ont plusieurs loges disposées sur une ligne droite (fig. 15), les hélicostègues[3] les ont disposées en spirale (fig. 16) ; chez les cyclostègues[4], elles sont en cercles concentriques (fig. 17) ; les énallostègues[5] ont leurs loges placées alternativement sur deux rangs en ligne droite (fig. 18) ; les entomostègues[6] ont deux

1. Μόνος, seul ; στέγη, loge.
2. Στὶξ, ιχὸς, rangée, et στέγη.
3. Ἥλιξ, ικος, hélice.
4. Κύκλος, cercle.
5. Ἔναλλος, alterne.
6. Ἔντομος, segmenté.

rangs de loges en spirale (fig. 19); enfin les agathistègues[1] ont leurs loges pelotonnées (fig. 20).

Il est arrivé pour la classification de d'Orbigny ce qui arrive rapidement pour toutes les classifications qui sont basées sur des caractères faciles à saisir; on a vu ces caractères présenter d'insensibles transitions; on a reconnu que souvent deux modes de groupement sont réunis dans le même individu, l'un se présentant dans la jeunesse et l'autre dans l'âge adulte.

Alors on a rejeté la classification établie d'après la forme; Williamson, Reuss, MM. Carpenter, Parker, Rupert Jones, Brady, etc., ont formé des groupes d'après la texture. On a divisé les foraminifères en deux grandes sections : les imperforés et les perforés. Ce mode de division a été adopté par presque tous les naturalistes. Cependant il est difficile de nier que ce soit là aussi un système artificiel, car, dans le système des familles naturelles, on doit tenir compte de tous les caractères ; or, dans la nouvelle classification des foraminifères, on s'occupe beaucoup de la texture et peu de la forme. Dans son mémoire sur les espèces carbonifères, M. Brady a montré que les foraminifères arénacés qui appartiennent à la grande division des imperforés présentent la répétition des formes qui se voient dans les perforés :

L'arénacée *Nodosinella* répond à la perforée *Nodosaria ;*
L'arénacée *Endothyra* répond à la perforée *Rotalina ;*
L'arénacée *Saccamina* répond à la perforée *Lagena;*
L'arénacée *Trochammina* répond à la perforée *Spirillina.*

Il semble ainsi qu'un foraminifère d'une même forme, tantôt sécrète une coquille calcaire, tantôt rassemble tous ses pseudopodes vers une seule ouverture, et, au lieu de sécréter une coquille, s'en forme une d'emprunt en s'agrégeant les sables au milieu desquels il se trouve placé. Il n'est pas trop hardi de croire qu'une même espèce de foraminifère a pu tantôt sécréter une coquille, tantôt agglutiner des grains de

1. Ἀγαθὶς, peloton.

sable, car M. Brady[1] s'exprime ainsi : « *La Valvulina est rapportée au sous-ordre des imperforés plutôt qu'à celui des perforés avec cette réserve qu'il serait peut-être mieux de lui assigner une position indépendante comme lien entre les deux..... C'est un fait bien connu que les chambres nouvellement formées dans la Valvulina paraissent quelquefois hyalines et perforées, quoique subséquemment elles s'épaississent par une incrustation arénacée.* » Et ailleurs : « *Le genre carbonifère Endothyra et le genre liasique Involutina sont aussi intermédiaires entre les perforés et les imperforés.* » Ces remarques me semblent intéressantes, et, quand plus tard j'aurai à parler des beaux travaux de M. Terquem sur les foraminifères secondaires, on verra que le savant paléontologiste français a donné aussi des preuves de la variation des textures.

En vérité, je ne conçois pas pourquoi le fait qu'un corps organique est formé de tels ou tels éléments est plus important que la manière dont ces éléments sont groupés. Descartes avait regardé l'étendue comme la propriété essentielle de l'être organisé ; il supposait qu'il est inerte par lui-même, et que c'est Dieu qui est son moteur. Mais aujourd'hui la plupart des philosophes ont substitué à l'idée de Descartes celle de Leibnitz qui regarde la force comme la propriété essentielle de l'être ; la matière que nous touchons et voyons est quelque chose de secondaire. Si un être est une force, cette force peut s'agréger de la matière qui a telle ou telle forme, mais aussi qui a telle ou telle structure intime, telle ou telle essence chimique ; ainsi je ne pense pas que les divisions établies d'après la notion de substance doivent être beaucoup plus importantes que celles établies d'après la notion de forme.

C'est parmi les foraminifères que les *Eozoon* ont été rangés par toutes les personnes qui les ont regardés comme des pro-

1. *A monograph of carboniferous and permian foraminifera* (*Palæont. society*, vol. de 1876, p. 82).

duits organiques. Ces corps ont donné lieu à un singulier débat; les zoologistes les ont pris pour des animaux, les minéralogistes les ont pris pour des minéraux. Je suis pour ma part bien frappé de voir que des observateurs aussi habiles que Logan, Schultze, Murchison, d'Archiac, MM. Dawson, Sterry Hunt, Carpenter, Rupert Jones, Brady, Gümbel, Nicholson, etc., ont considéré les *Eozoon* comme des animaux, et je ne peux m'empêcher de leur trouver quelque ressemblance avec la disposition des fossiles appelés *Stromatopora*. Cependant, en présence des affirmations de MM. King, Rowney, Carter, Otto Hahn, Möbius, et de plusieurs lithologistes qui prétendent que les minéraux donnent de semblables apparences, je crois prudent d'attendre de nouveaux faits pour formuler une opinion dans un sujet d'une si grande importance.

*Radiolaires.* — Les sarcodaires à coquille siliceuse qu'on appelle des radiolaires égalent ou même surpassent en beauté les foraminifères; il semble que la silice se prête encore mieux que le calcaire aux fines découpures des coquilles microscopiques. On connaît encore très peu les radiolaires des temps anciens; M. Rothpletz en a cité dans le silurien de Langenstriegis en Saxe.

*Spongiaires.* — Les spongiaires se placent entre les sarcodaires et les polypes; c'est donc ici qu'il conviendrait d'en traiter. Je connais trop mal leurs types primaires pour pouvoir parler de leur évolution. On trouvera un résumé de ce qu'on sait à leur égard dans une importante publication de M. Ferdinand Roemer[1]. MM. Nicholson et Zittel s'en sont aussi occupés dans leurs excellents traités de paléontologie.

1. Ce savant paléontologiste publie en ce moment un second traité de paléontologie intitulé *Lethæa geognostica*, dont il a fait paraître une première partie sous le titre de *Lethæa palæozoica*.

# CHAPITRE V

## LES POLYPES PRIMAIRES

Les polypes méritent l'attention des philosophes qui étudient les problèmes de la personnalité et de la collectivité[1]. A toutes les époques de l'histoire du monde, il y a eu des êtres auxquels on a pu dire : es-tu un ou êtes-vous plusieurs? et ils n'ont pas donné de réponse. Quand je regarde un foraminifère tel qu'une *Orbulina*, j'aperçois clairement que c'est un être unique; si je considère une *Globigerina*, je crois encore que c'est un être unique, un vitellus qui se segmente; si je passe à l'éponge, je vois que ce qui était petit devient grand, mais dans une masse spongieuse j'ai en général de la peine à reconnaître des distinctions d'individus : c'est la vie à l'état diffus. Dans le monde des polypes, non seulement ce qui était petit devient grand, mais le plus souvent ce qui était un devient plusieurs; néanmoins, comme on le verra dans ce chapitre sur les polypes primaires, il n'y a pas toujours une séparation complète des individus.

La substitution de l'existence personnelle des polypes à l'existence diffuse des éponges est un fait considérable; il serait

1. M. Edmond Perrier a publié récemment un ouvrage où il a abordé ces problèmes. Pour lui les êtres supérieurs ne seraient que des agrégations d'êtres inférieurs; les animaux à organismes compliqués seraient des colonies dont les individus se sont différenciés (*Les colonies animales et la formation des organismes*, in-8°, Paris, 1881).

bon de ne pas faire disparaître du vocabulaire de la science le mot de rayonné, si bien imaginé pour représenter ces masses vivantes où l'on surprend les éléments rayonnant vers des points qui vont devenir autant d'êtres distincts; car les rayons des animaux rayonnés ne sont pas autre chose que le résultat de la tendance à former des centres d'activité, c'est-à-dire des individualités. Il est curieux de noter que les polypes non rayonnés sont les premiers qui ont apparu; les polypes rayonnés ont eu leur règne dans des époques plus récentes.

Les polypes vivent quelquefois isolés; mais plus fréquemment, soit par gemmation, soit par fissiparité, ils produisent de grandes agglomérations d'êtres; à certains moments des âges primaires, ils ont constitué, au sein des mers, des masses comparables aux atolls et aux récifs frangés qui se forment maintenant dans l'océan Pacifique[1]. S'ils ont la puissance de produire beaucoup de forces avec une seule force, ils n'ont pas encore celle de les diversifier; quand un polype s'est séparé par gemmation ou fissiparité en mille individus, ces mille individus sont les mêmes. La *nature*, a-t-on dit autrefois, *se plaît ès diversité;* pour les polypes, il vaudrait mieux dire : *nature se plaît ès uniformité.* M. Henry Milne Edwards a fait un livre[2] où il a mis en lumière deux lois du monde organique : la loi des répétitions pour les êtres inférieurs, la loi de la division du travail pour les êtres supérieurs; la première est la loi du monde des polypes.

Les polypes sont aujourd'hui nommés cœlentérés[3] par la plupart des naturalistes. On veut par là indiquer qu'ils représentent le stade embryonnaire appelé *gastrula*, dans lequel la cavité digestive n'est autre chose que la cavité générale du

1. On pourra voir notamment les renseignements que M. Dupont a donnés sur les récifs des océans dévoniens formés par des polypiers (*Sur l'origine des calcaires dévoniens de la Belgique*, extrait des *Bulletins de l'Ac. roy. de Belgique*, 3e série, vol. II, 1881).

2. *Introduction à la zoologie générale*, in-12. Paris.

3. Κοιλία, creux; ἔντερον, entrailles.

corps, formée par le feuillet interne du blastoderme. Je ne vois pas grand avantage à abandonner le nom de polype ; il faut adopter facilement les idées nouvelles, mais tâcher de garder le plus possible les vieux noms qui maintiennent parmi nous le souvenir des fondateurs de la science.

Chez tous les polypes, le blastoderme[1] est séparé en deux feuillets[2] : l'extérieur ou ectoderme[3], l'intérieur ou endoderme[4]. Mais chez beaucoup d'entre eux (hydraires) l'endoderme reste encore rapproché de la paroi de l'ectoderme; d'autres (coralliaires) ont des organes qui se développent entre les deux feuillets. Chez les coralliaires appelés alcyonaires, qui ont pour type le corail, l'endoderme se resserre en avant pour former une sorte d'œsophage comme chez les animaux supérieurs. D'autres différences accompagnent celles que je viens de rappeler; aussi on a l'habitude de diviser ainsi les polypes :

| | | |
|---|---|---|
| Polypes | Coralliaires | Alcyonaires (alcyon, corail, gorgone). |
| | | Zoanthaires (zoanthe, madrépore, astrée) |
| | Hydraires (hydre, sertulaire, méduse). | |

Pour comprendre l'histoire de l'évolution des polypes, il serait nécessaire de commencer par connaître quels sont ceux qui sont des hydraires, ceux qui sont des zoanthaires et ceux qui sont des alcyonaires. Malheureusement, comme on le verra dans les pages qui vont suivre, il est encore impossible de fixer avec certitude la place zoologique de la plupart des anciens polypes.

1. Βλαστὸς, germe; δέρμα, peau.

2. M. Kowalevsky a montré que l'endoderme se formait quelquefois, non par dédoublement, mais par invagination de l'ectoderme. C'est une chose étrange de voir l'emploi de procédés très différents pour arriver au même résultat, comme si le but à atteindre était tout, et comme si les procédés de transformation importaient peu. Les polypiers nous présentent un autre fait du même genre qui est très frappant; la formation par gemmation est bien différente de celle par fissiparité, et pourtant les résultats de ces deux modes de formation se ressemblent extrêmement.

3. 'Εκτὸς, dehors, δέρμα, peau.

4. Ἔνδον, dedans, et δέρμα.

*Graptolitidés.* — Parmi les polypes les plus caractéristiques des terrains anciens, il faut citer les graptolitidés. Les parties solides de ces animaux n'étaient pas formées de calcaire, mais seulement de chitine, de sorte qu'ils n'ont laissé que de légères empreintes. Ainsi qu'on le voit dans la figure 21, ils ont été

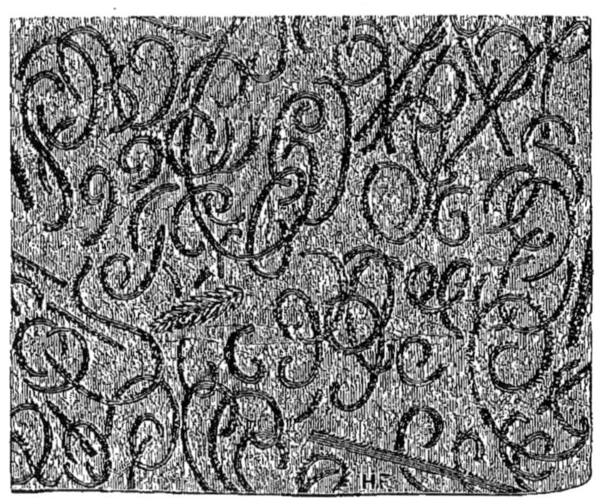

Fig. 21. — Schiste ampéliteux couvert de *Graptolithus convolutus* (enroulés), de *Gr. Sedgwickii* (droits) et de *Diplograptus.* — Silurien supérieur de Poligné, Ille-et-Vilaine. Échantillon donné au Muséum par M. Louis Bureau.

très abondants sur certains points, et, comme ils n'ont pas encore été trouvés dans des terrains plus récents que le silurien, ils fournissent aux géologues un précieux point de repère. Plusieurs naturalistes, notamment Hisinger, Salter, MM. Barrande, Hall, Nicholson, Hopkinson, Carruthers, Lapworth ont fait sur eux des recherches approfondies.

Les formes de ces fossiles ont été variées. Leurs hydrothèques[1] étaient disposées sur une tige (*Graptolithus*[2] proprement dit), qui était droite (fig. 22), ou courbe (fig. 21),

1. On appelle ainsi les calices chitineux des hydraires (θήκη, urne).

2. Γραπτὸς, écrit; λίθος, pierre. C'est le même genre qui a été nommé *Monoprion* par M. Barrande, et *Monograptus* par M. Geinitz.

ou enroulée en spirale (fig. 23). Elles occupaient souvent

FIG. 22. — *Graptolithus priodon*, grandeur naturelle. — Silurien supérieur de Feuguerolles, Calvados. Collection d'Orbigny.

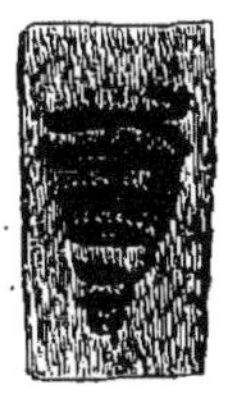

FIG. 23. — *Graptolithus turriculatus*, grandeur naturelle. — Silurien de Bohême. Collection géologique du Muséum.

non pas une branche, mais deux branches (*Didymograptus*[1],

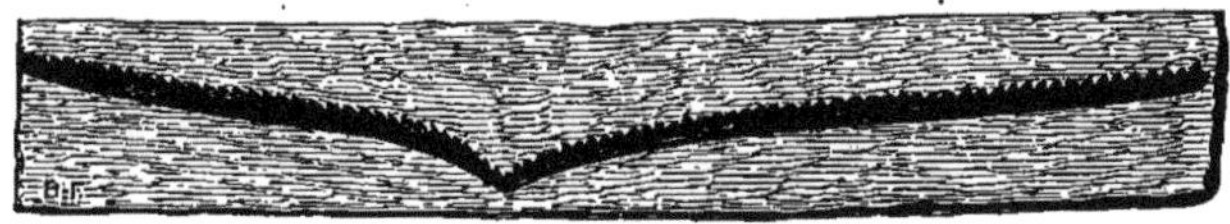

FIG. 24. — *Didymograptus geminus*, grandeur naturelle. — Silurien de Victoria, Australie. Collection géologique du Muséum.

fig. 24, 25 et 26), ou trois branches (*Trichograptus*[2]), ou

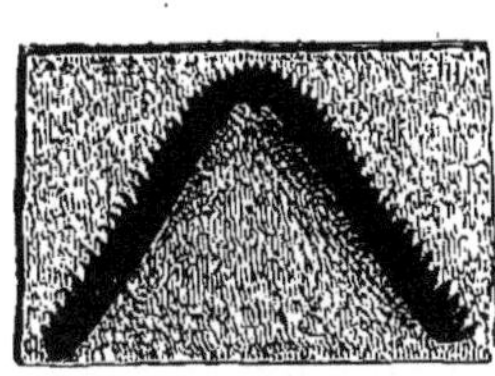

FIG. 25. — *Didymograptus geminus* qui s'est renversé, grandeur naturelle. — Silurien de Victoria. Collection géologique du Muséum.

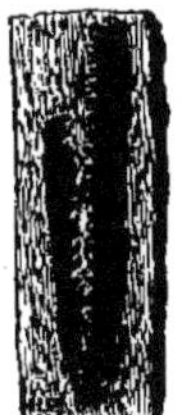

FIG. 26. — *Didymograptus Murchisoni*, grandeur naturelle. — Silurien de Bohême. Collection géologique du Muséum.

quatre branches (*Tetragraptus*[3]), ou un grand nombre de

1. Δίδυμος, jumeau, et γραπτὸς; on a l'habitude de donner aux graptolites la terminaison *graptus*.
2. Τρίχα, triplement.
3. Τέσσαρες, quatre.

branches, s'insérant les unes sur les autres de diverses manières (*Dichograptus*[1], *Cœnograptus*[2], etc.). Les hydrothèques, au lieu d'être disposées sur un seul rang, ainsi que dans les genres précédemment cités, pouvaient être sur deux rangées, soudées soit dans une partie de la longueur (*Dicranograptus*[3]), soit dans toute la longueur (*Diplograptus*[4], fig. 21); il y en avait quelquefois quatre rangées (*Phyllograptus*[5]). Non seulement la manière dont les hydrothèques s'agençaient ensemble offrait des différences, mais les hydrothèques elles-mêmes en présentaient de très considérables dont on s'est servi pour établir des genres et des espèces. On observe des gradations insensibles entre ces différences, et même entre celles qui forment les extrêmes, telles que le *Graptolithus priodon* (fig. 22), dont les hydrothèques ont l'apparence d'urnes courbées, serrées les unes contre les autres, et le *Rastrites*, que ses hydrothèques droites, éloignées les unes des autres, ont fait comparer à un râteau[6].

On a beaucoup discuté sur la place zoologique des graptolitidés. En apparence, ils se rapprochent des hydraires du groupe sertularien. On s'est demandé si, malgré cette apparence, ils ne représenteraient pas un état antérieur, comparable à celui des sarcodaires. Cette question a été soulevée par suite d'une découverte curieuse qui a été faite par M. Busk sur les hydraires du genre *Plumularia;* cet éminent naturaliste a constaté qu'une partie des hydrothèques des *Plumularia* renferme un simple protoplasma, susceptible, comme le sarcode des foraminifères, de s'étirer en forme de pseudopodes; il les a appelées pour cette raison des nématophores[7]. M. Allman, auquel on doit les plus importants travaux qui aient été faits

1. Δίχα, en deux parties.
2. Κοινὸς, commun.
3. Δίκρανος, qui a deux têtes.
4. Διπλοῦς, double.
5. Φύλλον, feuille.
6. *Rastrum*, râteau.
7. Νῆμα, filament; φορέω, je porte.

sur les hydraires, a pensé que les hydrothèques des graptolites avaient pu être des nématophores; il a été appuyé par MM. Huxley et Edmond Perrier. La supposition de ces habiles zoologistes a été inspirée surtout par le fait que, chez certains graptolitidés, les ouvertures des hydrothèques sont si ténues qu'elles semblent n'avoir pu laisser passer autre chose que du sarcode. Cependant il faut admettre que les graptolitidés avaient des organes de reproduction qui indiquent un perfectionnement supérieur à celui des sarcodaires, car MM. Hall, Nicholson et Hopkinson ont trouvé chez eux des capsules ovariennes analogues à celles des sertulaires actuelles; je reproduis ici quelques-unes des figures qui ont été données par M. Nicholson (fig. 27). En outre, M. Hop-

Fig. 27. — *Graptolithus Sedgwickii, grandis*; on voit en *c* leurs capsules ovariennes (d'après M. Nicholson). — Terrain silurien.

kinson [1] vient de découvrir à la base des hydrothèques des graptolitidés une cloison; c'est là un caractère qui établit une ressemblance avec les vraies hydrothèques des sertulariens et une différence avec les nématophores.

*Malacodermés.* — Les animaux mous auxquels on donne le nom d'actinies ou anémones de mer, et pour lesquels les zoologistes ont établi le groupe des malacodermés, ne semblent pas avoir été destinés à être conservés par la pétrification. Néanmoins un ingénieux géologue, M. Dollfus, a observé dans le cambrien des Moitiers-d'Allone (Manche) des corps arrondis, déprimés dans le milieu, qu'il a cru devoir considérer comme

1. *Geological Magazine*, octobre 1881, p. 448.

des moulages d'actinies[1]; on voit dans la figure 28 le dessin d'un de ces échantillons.

Fig. 28. — *Palæactis*[2] *vetula*, grandeur naturelle. A. vue de profil, B. vue en dessus. — Cambrien des Moitiers-d'Allone. Échantillon donné au Muséum par M. Dollfus.

*Tubuleux.* — L'ordre des tubuleux a été établi par MM. Edwards et Haime pour les polypiers calcaires qui ont la plus grande simplicité possible; ils consistent en un cornet. Parfois la paroi interne de ce cornet porte quelques stries verticales qui indiquent une tendance vers la disposition rayonnée; d'autres fois il y a des rudiments de lames horizontales propres aux polypiers tabulés[3]. On voit, figure 29, la gravure d'un

Fig. 29. — *Cladochonus* (*Pyrgia*) *Michelini*, grandeur naturelle. A. échantillon un peu brisé, montrant l'intérieur dépourvu de cloisons; B. et C. échantillons vus en dehors. — Carbonifère de Tournay. Collection du Muséum.

tubuleux qui a été décrit tantôt sous le nom de *Cladochonus*[4], tantôt sous celui de *Pyrgia*[5]; quand, au lieu d'être droit, il

1. On pourra lire les motifs donnés par M. Dollfus dans les *Mémoires de la Société nationale des sciences naturelles de Cherbourg*, vol. XIX, 1875.

2. Παλαιὸς, ancien; ἀκτὶς, rayon.

3. M. Nicholson a publié récemment un ouvrage sur les tabulés primaires, rempli de détails intéressants (*On the structure and affinities of the tabulate corals of the palæozoic period*, in-8°, Edimbourg, 1879). A la page 220 de cet ouvrage, il a donné des figures où l'on voit des rudiments de tables dans le *Cladochonus*.

4. Κλάδος, branche; χώνη, creuset, entonnoir.

5. Πύργιον, petite tour.

rampe sur un corps étranger, on l'appelle *Aulopora*[1] (fig. 30). Plusieurs naturalistes pensent que les tubuleux ont été des

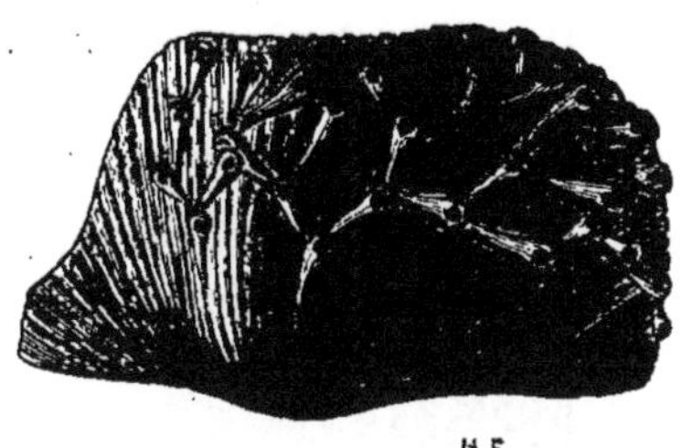

FIG. 30. — *Aulopora repens* sur un *Spirifer disjunctus*, grandeur naturelle. Dévonien de Ferques. Collection d'Orbigny.

alcyonaires; il y a autant de raisons pour croire qu'ils ont été des hydraires.

*Tabulés.* — Beaucoup de polypiers ont la forme de tubes dont l'intérieur est interrompu de distance en distance par des lames horizontales qu'on est convenu d'appeler tables (*tabulæ*);

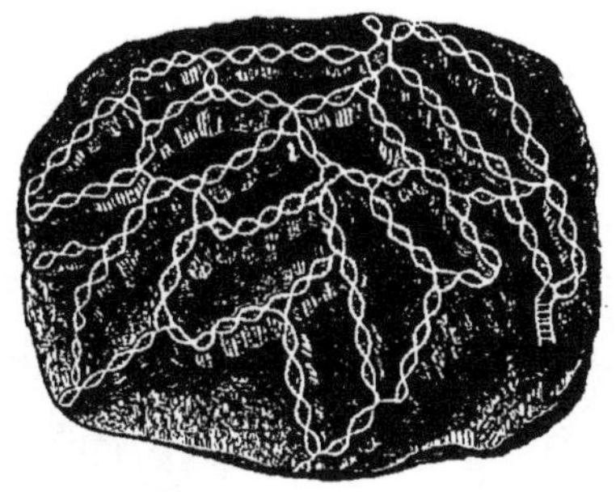

FIG. 31. — *Halysites labyrinthica*, grandeur naturelle. — Silurien supérieur de l'Ohio. Collection géologique du Muséum.

MM. Edwards et Haime ont proposé le nom de tabulés pour les animaux dont les polypiérites[2] ont des tables. Tous les tabulés

1. Αὐλὸς, flûte; πόρος, pore.
2. On appelle polypiérites chacun des petits polypiers dont est formé un polypier composé; les Anglais leur donnent la désignation de corallites.

sont des polypes agrégés. Leurs modes de groupements ont été très variables dans les temps primaires. Chez l'*Halysites*[1] (fig. 31), les polypiérites s'unissent sur les côtés, et semblent former des chaînes. Dans les *Syringopora*[2], les polypiérites

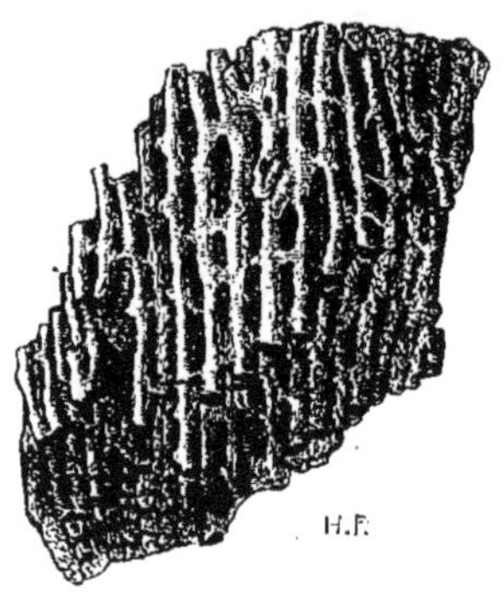


FIG. 32. — *Syringopora (Harmodites) verticillata*, grandeur naturelle. — Marquée dans la collection d'Orbigny comme venant du silurien supérieur de Cincinnati.

sont écartés et communiquent ensemble par des petits tubes transverses (fig. 32). Le plus souvent les polypiérites des tabu-

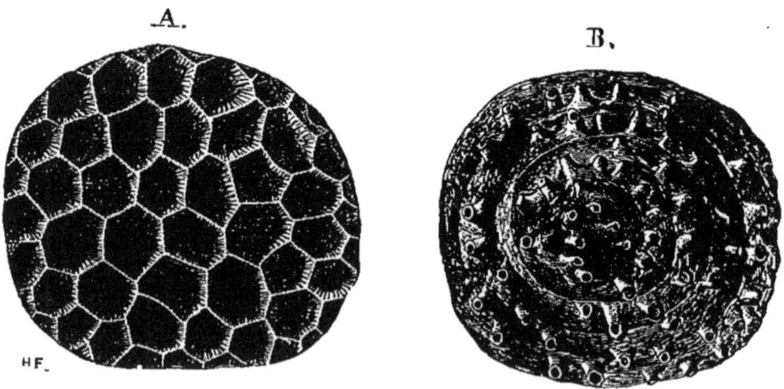


FIG. 33. — *Michelinia favosa*, de grandeur naturelle; A, vue en dessus; B, vue en dessous. — Carbonifère de Tournay. Collection d'Orbigny.

lés sont serrés les uns contre les autres, comme on le voit dans

1. Ἅλυσις, chaîne; le nom de *Catenipora* qui a été appliqué aux *Halysites* même signification.

2. Σύριγξ, ιγγος, flûte, et πόρος, pore; on les connaît aussi sous le nom d'*Harmodites* tiré d'ἁρμόδιος, bien ajusté, à cause des tubes qui les unissent.

la *Michelinia*[1] (fig. 33 et 34); ce polypier est vulgairement connu sous le nom de nid de guêpes fossile. Le *Favosites*[2], qui présente la même disposition, est appelé gâteau de miel (fig. 35); il diffère de la *Michelinia* parce qu'il a des tables régulières comme la plupart des tabulés, au lieu que la *Michelinia* a des tables très irrégulières, d'un aspect souvent vésiculeux; on se rendra compte de la différence en comparant les figures 35 et 36 qui représentent des *Favosites* avec la

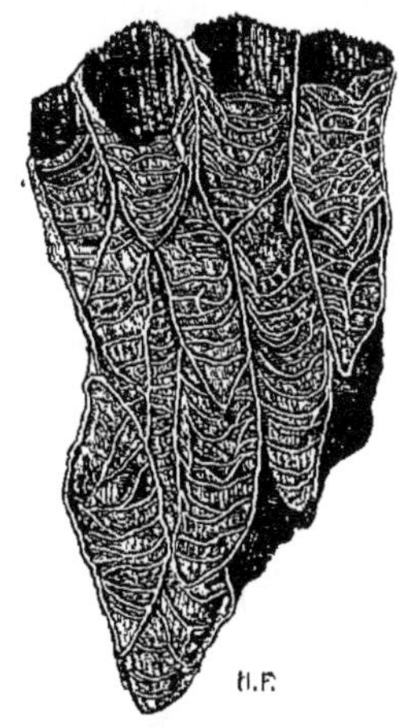

Fig. 34. — Coupe de *Michelinia favosa*, montrant la disposition irrégulière des tables, grandeur naturelle. — Carbonifère de Tournay. Collection zoologique du Muséum.

figure 34 qui a été faite sur une coupe de *Michelinia*. Beaucoup de tabulés ont leurs murailles percées de trous qui mettent les individus en communication les uns avec les autres; ces trous se voient dans les figures 35 et 36.

La grandeur des individus qui composent une masse de polypiers varie suivant le moment et suivant l'endroit où ils ont vécu; d'après ces changements, on a établi des noms d'espèces dont les limites sont parfois insaisissables, comme M. Nichol-

1. Nommé ainsi en l'honneur de Michelin qui a fait d'importants travaux sur les polypiers.

2. *Favus*, gâteau de miel.

son l'a bien montré par ses recherches sur les *Favosites*. Dans les *Chætetes*, les tubes sont si fins qu'à l'œil nu on croirait voir des crins; de là est venu leur nom [1].

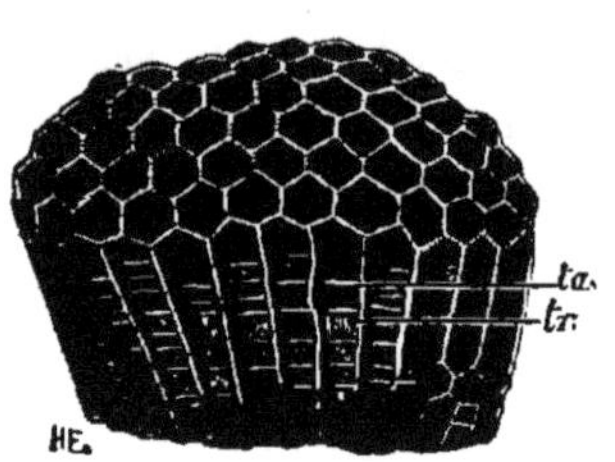


FIG. 35. — *Favosites gothlandica* (*F. Goldfussi*), grandeur naturelle; *ta*. tables; *tr*. trous des murailles. — Dévonien de l'Amérique du Nord. Collection d'Orbigny.

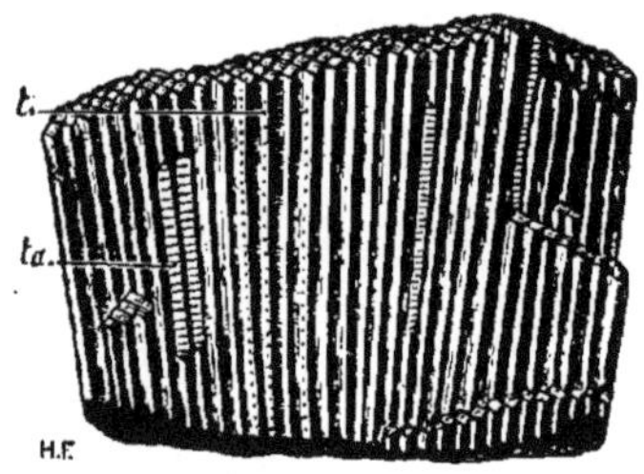


FIG. 36. — *Favosites punctata* [2], grandeur naturelle : *ta*. tables; *t*. trous; la petitesse des pans de murailles n'a pas permis au graveur de montrer qu'il y a deux rangs de trous. — Dévonien de la Baconnière (Mayenne). Donné par M. Œhlert au Muséum.

*Heliolites* [3] (fig. 37) est très différent des formes que je viens de citer; entre chacun de ses polypiérites, il se développe une

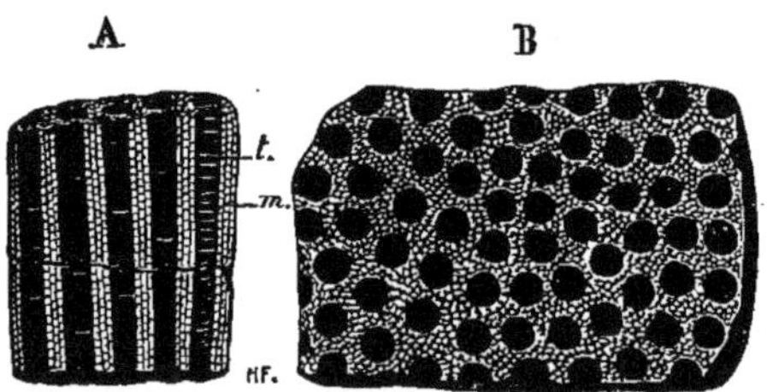


FIG. 37. — *Heliolites megastoma*, représenté de grandeur naturelle; A. de côté; B. en dessus; *m*. murailles; *t*. tables. — Silurien supérieur de Dudley. Collection du Muséum.

substance calcaire qui, étant commune aux divers individus, a reçu le nom de cœnenchyme [4]; c'est une singulière formation que celle de ce cœnenchyme qu'on retrouve dans plusieurs

1. Χαίτη, crin.
2. Ce polypier a été décrit par M. Bouillier (*Annales linnéennes*, 1826).
3. Ἥλιος, soleil; λίθος, pierre.
4. Κοινὸς, commun; χυμὸς, suc.

polypiers; on dirait un reliquat de quelque ancêtre semblable aux spongiaires où l'individualité n'est pas encore bien accusée.

*Rugueux*. — MM. Milne Edwards et Haime ont rangé, sous le nom de rugueux, un grand nombre de polypiers qui ont eu leur règne à l'époque primaire [1], et ont présenté une diversité encore plus grande que les tabulés [2].

Comme leur nom l'indique, un de leurs caractères les plus apparents était d'avoir une muraille épaisse et rugueuse. Chez

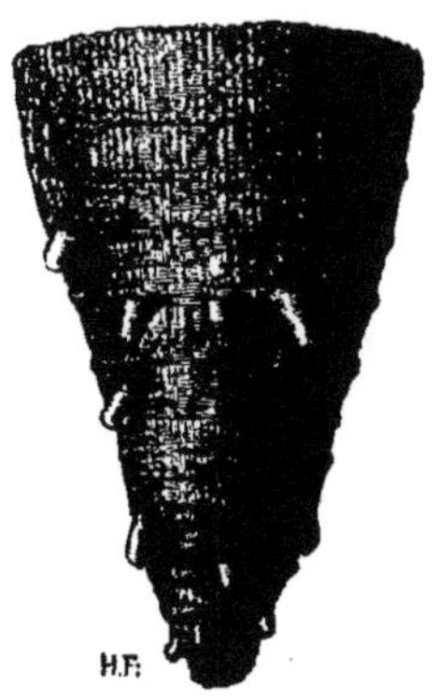


Fig. 38. — *Omphyma subturbinatum*, aux 2/3 de grandeur; on voit sur la muraille les commencements des radicules. — Silurien supérieur. Calcaire de Wenlock. Collection du Muséum.

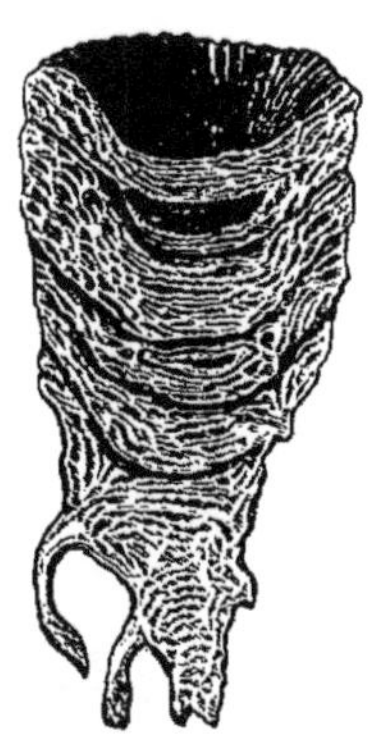

Fig. 39. — Coupe d'*Omphyma subturbinatum*, 1/2 grandeur; on voit le tissu vésiculeux sur les bords, et les tables dans le milieu.— Calcaire de Wenlock. Collection zoologique du Muséum. Échantillon déjà figuré par MM. Edwards et Haime.

certains d'entre eux, la muraille émettait des prolongements, sortes de racines qui les attachaient au sol sous-marin (*Omphyma* [3], fig. 38, 39). La plus grande partie du squelette était

1. On a signalé un genre de rugueux dans le terrain crétacé, un autre dans le terrain tertiaire et deux dans les mers actuelles.

2. D'importantes recherches sur les polypiers anciens, et notamment sur les rugueux, ont été publiées par MM. James Thomson et Alleyne Nicholson, sous le titre de *Contributions to the study of the chief generic types of the palæozoic corals* (*Ann. and Mag. of nat. history*, 1875-76).

3. Ὁμοῦ, ensemble; φῦμα, excroissance.

formée d'un tissu vésiculeux ; on en a un exemple dans la figure 40 qui représente une coupe d'un *Cyathophyllum*[1] ; un

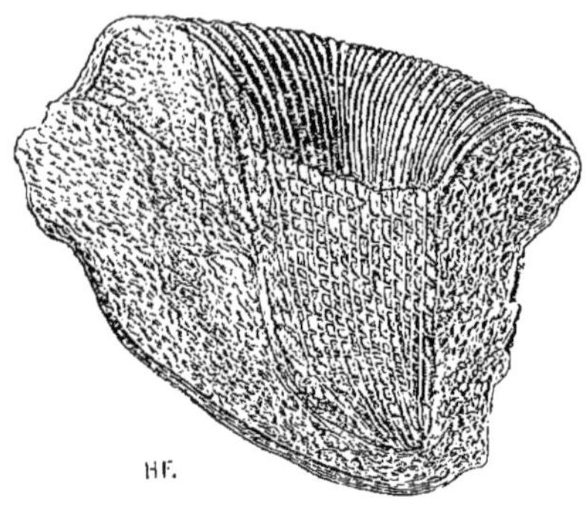

Fig. 40. — Coupe verticale de *Cyathophyllum heterophyllum*, grandeur naturelle ; on voit au milieu les cloisons ; la plus grande partie du polypier est en tissu vésiculeux. — Dévonien de l'Eifel. Collection zoologique du Muséum.

exemple encore meilleur est fourni par la figure 41 faite d'après

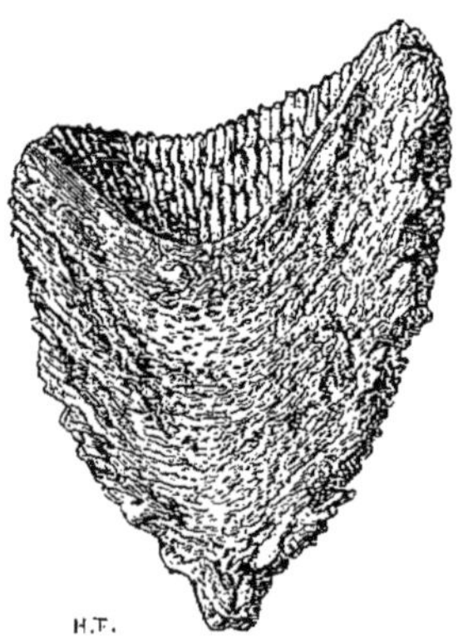

Fig. 41. — *Cystiphyllum americanum*, brisé verticalement de manière à montrer sa structure vésiculeuse, aux 3/4 de grandeur. — Dévonien de l'Amérique du Nord. Collection d'Orbigny.

un *Cystiphyllum*[2] brisé naturellement de haut en bas ; ce genre est celui qui présente au plus haut degré la structure

1. Κύαθος, coupe ; φύλλον, feuille.
2. Κύστις, vessie, et φύλλον.

vésiculeuse, et celui par conséquent qui doit être cité comme le meilleur type de rugueux; il est impossible d'y discerner ce qui est muraille, tables ou cloisons; c'est là un état vague qui convenait bien à des êtres encore très primitifs; le *Cystiphyllum* avait cette organisation diffuse qui, de nos jours, ne se montre plus que chez les spongiaires.

Dans la plupart des rugueux, on observe, outre le tissu vésiculeux, soit des tables (*Omphyma*, fig. 39) qui rappellent les tabulés, soit des cloisons qui établissent des liens avec les zoanthaires des époques plus récentes; on en voit même (*Cyathaxonia*[1], fig. 42) qui ont une columelle comme dans les types

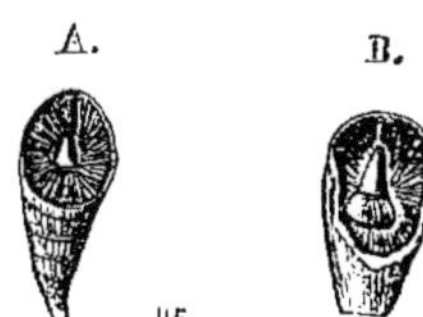


FIG. 42. — *Cyathaxonia cornu*, grandeur naturelle; A. échantillon entier; B. échantillon brisé qui laisse bien voir la columelle à laquelle les cloisons adhèrent en partie. — Carbonifère de Tournay. Collection zoologique du Muséum.

modernes. On a remarqué que, chez plusieurs, les cloisons principales sont au nombre de quatre, au lieu d'être au nombre de six ainsi que dans la plupart des zoanthaires. Mais, en général, il n'est pas aisé de reconnaître les lois qui ont présidé au rayonnement des polypiers primaires, attendu que le plus souvent leurs cloisons ont été très rudimentaires. On voit même, dans le calice de quelques-uns, des fossettes qui interrompent la série des cloisons (*Zaphrentis*[2], fig. 43, et *Aulacophyllum*[3], fig. 44).

Les rugueux ont vécu tantôt isolés, tantôt groupés de diverses

1. Κύαθος, gobelet.

2. Nom propre. *Zaphrentis* est le même polypier que Michelin avait dédié au prince Canino sous le nom de *Caninia*.

3. Αὖλαξ, αχος, sillon, et φύλλον, feuille.

façons; dans une même espèce, il y a des individus isolés (fig. 45, B.) et des individus agrégés (fig. 45, A.). De grandes

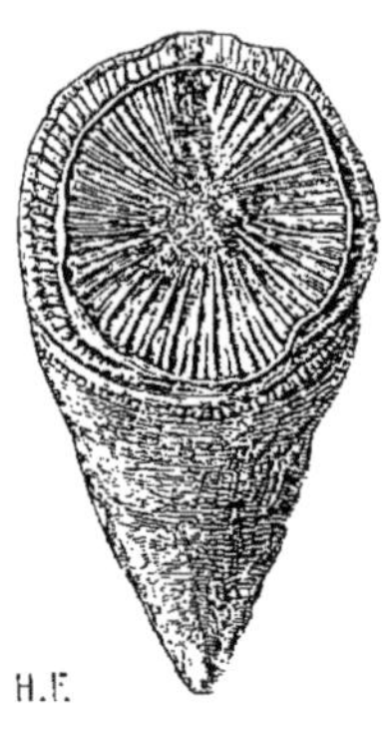


Fig. 43. — *Zaphrentis patula*, grandeur naturelle, montrant une fossette calicinale. — Carbonifère de Tournay. Collection zoologique du Muséum.

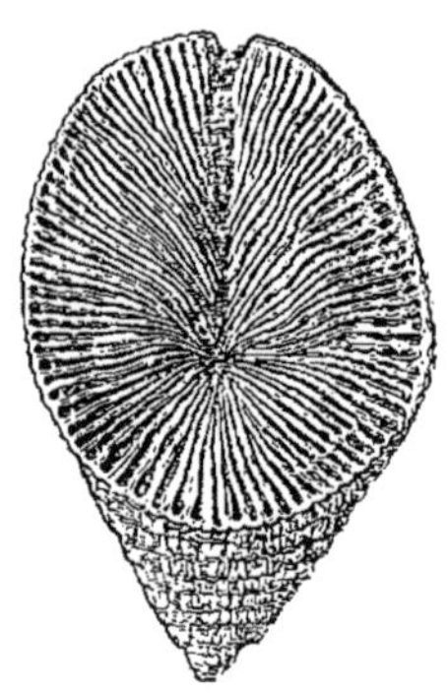

Fig. 44. — *Aulacophyllum sulcatum*, aux 3/4 de grandeur; sa fossette calicinale est mieux marquée. — Dévonien de l'Ohio. Collection d'Orbigny.

masses ont été formées par des polypiérites qui se sont multipliés indéfiniment (fig. 46).

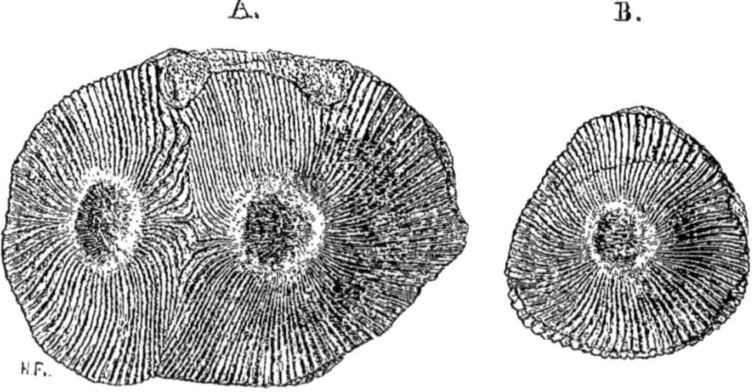


Fig. 45. — *Cyathophyllum helianthoides*, vu en dessus, aux 2/5 de grandeur; la figure A représente deux individus intimement confondus l'un dans l'autre; la figure B représente un individu isolé. — Dévonien de l'Eifel. Collection zoologique du Muséum.

On observe une particularité bien remarquable chez plusieurs polypiers classés provisoirement auprès des rugueux :

c'est l'existence d'un opercule qui permettait à l'animal de se

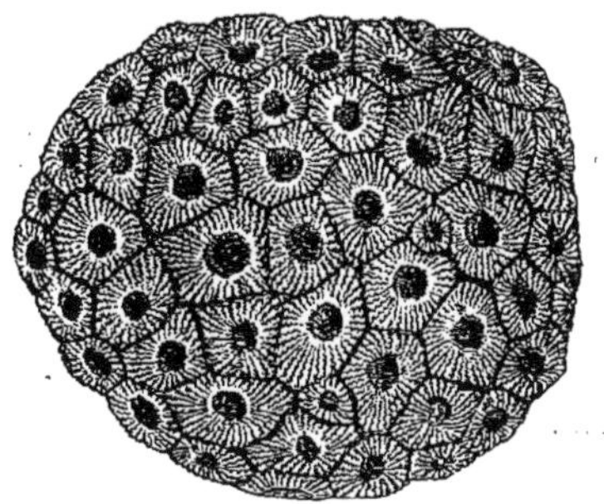

FIG. 46. — *Cyathophyllum hexagonum*, vu en dessus à 1/2 grandeur. — Dévonien de Bensberg (Allemagne). Collection d'Orbigny.

clore aussi bien que peut le faire un mollusque dans sa coquille.

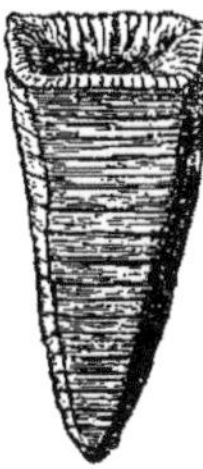

FIG. 47. — *Goniophyllum Fletcheri*, figuré sans son couvercle, grandeur naturelle. — Silurien supérieur de Dudley. Collection du Muséum.

Le *Goniophyllum*[1] (fig. 47) avait un couvercle formé de quatre

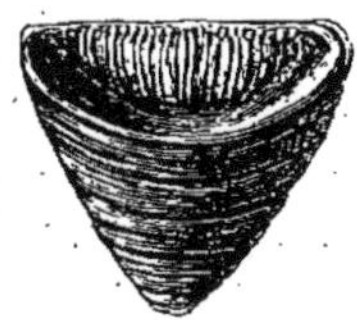

FIG. 48. — *Calceola sandalina*, grandeur naturelle; on voit à gauche une valve inférieure, au milieu la petite valve supérieure, et à droite un échantillon avec ses deux valves. — Dévonien de Gerolstein, Eifel. Collection d'Orbigny.

pièces. La *Calceola*[2] (fig. 48) avait un couvercle d'un seul

1. Γωνία, angle; φύλλον, feuille.
2. Diminutif de *calceus*, soulier.

morceau, comme la petite valve des rudistes. Un tel arrangement diffère tellement de celui des polypes actuels qu'au lieu de classer la *Calceola* parmi les polypiers, on l'a d'abord prise pour une coquille à deux valves; avant les recherches faites dans ces dernières années par M. Lindström, tous les naturalistes la rangeaient parmi les brachiopodes. Le savant paléontologiste suédois pense, non sans raison, que les rugueux à opercule doivent constituer un groupe bien distinct de ceux des polypes actuels.

*Madréporaires.* — Ces animaux que nous verrons jouer un grand rôle, lorsque nous étudierons des époques plus récentes, n'ont été signalés dans les temps primaires, que d'une manière très dubitative.

*Considérations générales sur les polypiers primaires.* — L'*Halysites*, le *Goniophyllum*, la *Calceola* et quelques autres genres des temps primaires diffèrent trop de ceux qui les ont suivis pour que nous puissions les considérer comme leurs progéniteurs. Mais il est permis de penser qu'à côté de ces formes, il en est plusieurs qui se sont continuées en se modifiant peu à peu; ce qui nous porte à cette supposition, c'est le spectacle des difficultés que les plus éminents naturalistes ont éprouvées pour établir des séparations nettes entre les polypiers.

Les premières personnes qui se sont occupées de la classification des polypiers les ont rangés d'après les caractères qui frappent le plus les regards. Ces caractères sont tirés des modes de groupement; suivant que les polypiers sont isolés, réunis en masse ou échelonnés comme les fleurs sur une tige, ils prennent des aspects très différents, et d'après cela on a créé divers genres. On ne peut qu'approuver les naturalistes d'avoir considéré d'abord les groupements des êtres; commencer par examiner les détails de la nature, avant d'étudier ses ensembles, ce serait faire preuve d'un esprit étroit. Si, au lieu de nous placer au point de vue esthétique, nous nous plaçons au point de vue philosophique, nous trouvons également que le mode d'association a de l'importance. Les botanistes s'occupent peu de savoir si une tige porte une ou plusieurs fleurs, parce que l'individualité, dans la plante, est assez vague; mais, chez l'animal supérieur qui a une volonté, l'individualité est parfaitement accusée; le degré d'individualisme des êtres doit fournir en grande partie la mesure de leur perfectionnement. Évidemment un polype qui se scinde en plusieurs individus attachés les uns aux autres est un être moins perfectionné qu'un polype unique dont toutes les forces se concentrent pour former une puissante individualité; la division des polypes en monastrés[1] qui restent des individus uniques et en polyastrés qui produisent par bourgeonnement ou fissiparité plusieurs individus, est une division qui semblerait pouvoir marquer des phases considérables dans l'histoire de l'animalité.

Cependant, il y a d'insensibles transitions dans les modes de groupements; en examinant de près des masses de polypiers qui offrent l'aspect le plus différent, on les trouve composées de polypiérites exactement semblables, d'où il faut conclure que les mêmes êtres peuvent s'associer de diverses manières. On a vu, figure 45, un *Cyathophyllum helianthoides* resté isolé, et à côté de lui deux *Cyathophyllum* qui lui sont absolument semblables, quoique intimement confondus ensemble.

Souvent même, dans un groupe de polypiers, nous ne pouvons déterminer la limite de ce qui appartient à tel ou tel individu; si par exemple nous regardons en dessus la *Michelinia* (fig. 33, A.), nous y reconnaissons clairement des individus distincts; mais, si nous la regardons en dessous (fig. 33, B.), nous voyons une enveloppe générale appelée épithèque; à quels individus appartient cette épithèque? à qui attribuer les racines qui en partent? On a représenté, figure 37, l'*Heliolites*

1. M. de Fromentel, qui a fait de très importantes recherches sur les polypiers, a appelé monastrés ceux qui vivent isolés (μόνος, seul; ἀστήρ, étoile), et polyastrés une partie des polypiers composés (πολύς, beaucoup, et ἀστήρ).

avec son cœnenchyme; comment faire dans ce cœnenchyme le partage de ce qui appartient à chaque individu? Le *Chætetes* se reproduit par fissiparité : lorsqu'il y a fissiparité (fig. 49), un polypiérite A qui est unique devient B, puis devient C, puis devient D, puis devient E qui représente deux polypiérites; à

A B C D E

Fig. 49. — Dessins théoriques d'un polypier fissipare.

quel moment le polypiérite A doit-il compter pour deux, et dans la muraille contiguë à deux individus pleinement développés, comment distinguer ce qui appartient à chacun d'eux? On a vu, figure 32, le *Syringopora* dont les polypiérites sont unis par des tubes; où établir dans ces tubes la limite de ce qui appartient à chacun des deux individus qu'ils réunissent? Ce sont là d'étragges problèmes!

Trouvant des passages entre les modes de groupement des polypiers, on a tâché de découvrir d'autres caractères plus fixes; les anciennes classifications ont été abandonnées.

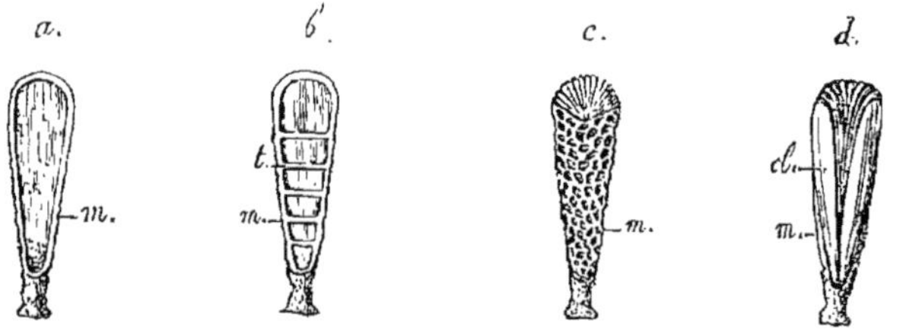


Fig. 50. — Coupes imaginaires de polypiers : *a.* tubuleux; *b.* tabulé; *c.* rugueux; *d.* madréporaire; *m.* muraille; *t.* table; *cl.* cloison.

MM. Milne Edwards et Haime ont entrepris de déterminer la constitution intime du polypier considéré en lui-même; leur lumineux génie a fait pénétrer la clarté entre les éléments dont se compose son squelette. On a appris qu'il y a des polypiers où les éléments du squelette forment une simple muraille (tubuleux, fig. 50, *a.*), d'autres où une partie de ces éléments se dispose horizontalement pour constituer des tables (tabulés, fig. 50, *b.*), d'autres où les éléments se disposent en rangées verticales pour former des cloisons (madréporaires, fig. 50, *d.*); enfin on a reconnu que, chez beaucoup de polypiers, le squelette est dans un état vague où ne s'est pas encore opéré d'une manière nette le partage de ce qui sera muraille, table ou cloison (rugueux, fig. 50, *c.*).

Eh bien! on commence à découvrir des passages entre les modes d'association des éléments du squelette, comme on en a découvert entre les modes d'association des polypiérites. Dans les tubuleux, il y a des rudiments de tables quelquefois si bien marqués que M. Nicholson supprime l'ordre des tubuleux et place ses genres parmi ceux des tabulés. L'ordre des tabulés n'est pas moins difficile à délimiter. M. le professeur Verril a supposé que les traverses ou les tables se formaient après la décharge des œufs; les vides laissés par eux, devenant inutiles, auraient été séparés de la cavité viscérale. Est-ce pour cette raison ou simplement pour la solidification de leur édifice commun que les polypes font des tables? On ne peut encore rien décider à cet égard, mais ce que l'on sait bien, d'après les dernières recherches sur les polypes vivants, c'est que les tables ne sont pas spéciales à un groupe particulier. Louis Agassiz en 1857, et M. Moseley plus récemment, ont reconnu que les tabulés du genre *Millepora* sont des hydraires; en 1876, MM. Nelson et Duncan ont dit que c'étaient peut-être des alcyonaires. En 1870, M. Verril a vu que les tabulés du genre *Pocillopora* sont des zoanthaires; en 1876, M. Moseley a montré que ceux du genre *Heliopora* sont des alcyonaires; selon M. Nicholson, on rencontre quelquefois des tables dans les *Tubipora* qui sont cités depuis longtemps comme des types d'alcyonaires, et il paraît même qu'on en a retrouvé jusque chez les bryozoaires[1]. D'après cela, les savants qui, dans ces derniers temps, ont le plus étudié les tabulés, MM. Moseley,

1. *Radiopora* et *Heterodictya*.

Verril, Lindström, Nicholson n'admettent plus que ces animaux forment une division distincte, et ils répartissent leurs genres des temps primaires dans les autres ordres de polypes; par exemple l'*Heliolites*, qui diffère très peu de l'*Heliopora*, est placé avec lui parmi les alcyonaires; le *Favosites*, à cause des perforations de ses murailles, est mis auprès des zoanthaires perforés[1]; M. Duncan pense que le *Chætetes* est un alcyonaire; M. Nicholson range avec quelque doute l'*Halysites* parmi les alcyonaires; la *Thecia* est supposée intermédiaire entre les zoanthaires perforés et les alcyonaires; la *Columnaria* est mise près des rugueux; pour M. Duncan, le *Monticulipora* est un bryozoaire; pour M. Nicholson, le *Monticulipora* et le *Fistulipora* sont des bryozoaires. Ces diverses attributions ne peuvent être certaines; dans l'état de nos connaissances, il est difficile d'affirmer que tel ou tel polype des temps primaires a eu l'organisation d'un coralliaire plutôt que celle d'un hydraire; mais, comme l'a dit M. Verril, il n'y a plus aujourd'hui de raisons de croire que les tabulés primaires ont été d'une autre nature que les polypes actuels.

Les rugueux n'ont pas non plus de limites fixes; il est souvent difficile de les séparer des tabulés; la *Michelinia* par sa structure interne (fig. 34) a autant de titres à être rangée parmi les rugueux que parmi les tabulés; le *Syringopora* (fig. 32), au lieu de tables horizontales, a des séparations très irrégulières en forme d'entonnoirs, de sorte que les paléontologistes se sont demandé s'il ne devait pas être mis parmi les rugueux, au lieu d'être maintenu parmi les tabulés. Dans un grand nombre de rugueux, on trouve des tables; si par exemple on regarde la coupe d'*Omphyma* (fig. 39), on voit que, dans le milieu, il a les caractères des tabulés, et sur les bords les caractères des rugueux.

On ne saurait davantage établir des séparations nettes entre les rugueux et les madréporaires apores qui ont des

1. M. Nicholson les place auprès d'*Alveopora* et de *Favositipora*.

cloisons et des traverses, car les traverses ne sont que des tables interrompues et rendues inégales par un développement excessif des cloisons; quant aux cloisons, elles sont assez bien formées dans plusieurs rugueux pour qu'on soit exposé à confondre ces animaux avec les madréporaires apores. Il y a un genre secondaire, *Pleurosmilia*, qui a une fossette calicinale analogue à celle que nous avons vue chez le *Zaphrentis* (fig. 43) et l'*Aulacophyllum* (fig. 44). Suivant quelques naturalistes, l'arrangement tétraméral observé dans plusieurs polypes primaires ne doit pas empêcher d'admettre des liens entre ceux-ci et ceux des époques plus récentes ; MM. Pourtalès, Duncan et Ludwig ont prétendu qu'il n'est qu'apparent, et que, dans le jeune âge, il est hexaméral; d'autre part, M. de Lacaze-Duthiers a montré que les polypiers actuels du système hexaméral commencent, comme les autres, par n'avoir que deux cloisons.

Ainsi, dans toutes les classifications, on observe des passages entre les groupes; à mesure que la science fait des progrès, elle nous révèle les enchaînements du monde organique.

# CHAPITRE VI

## LES ÉCHINODERMES PRIMAIRES

Les échinodermes[1] sont des êtres plus élevés que les cœlentérés: leur endoderme forme un tube digestif bien distinct de la cavité générale du corps, et leur ectoderme se transforme pour servir aux fonctions multiples de la vie de relation.

Chez eux, comme chez les polypes, la loi des répétitions a encore plus d'empire que la loi de division du travail; c'est une curieuse chose que le nombre des parties presque similaires dans certains échinodermes; une étoile de mer peut avoir jusqu'à onze mille petits os distincts; l'*Astrophyton*, dit-on, en a cent mille; suivant M. de Koninck, le *Pentacrinus briareus* en aurait plus de six cent mille. Mais il y a entre les échinodermes et les polypes composés cette grande différence que les forces produites par le même œuf, au lieu de se séparer en individus distincts, s'unissent en un seul; l'individuation est définitivement constituée. D'habiles naturalistes avaient eu la pensée qu'une étoile de mer est formée de cinq animaux unis par la tête, de même que les ascidiens nommés botrylles sont unis dans la partie postérieure de leur corps; les deux Agassiz ont montré qu'en suivant le développement embryogénique de l'étoile de mer, on voyait ses cinq rayons dériver

1. Ἐχῖνος, hérisson, oursin; δέρμα, peau.

d'un être unique. Seulement il est bien vrai que les pièces se groupent de manière à prendre l'apparence de cinq individus; quelques personnes pourraient dire que c'est là comme un atavisme, c'est-à-dire un souvenir de l'état où les forces se partageaient en individus distincts, au lieu de se concentrer pour en produire un seul. L'étoile de mer, avec ses cinq bras qui peuvent chacun déterminer le mouvement dans un sens contraire, n'a pas autant d'unité d'action que les êtres où la tête marque nettement la direction en avant.

Une autre différence importante se manifeste entre le squelette des polypes et celui des échinodermes; elle consiste en ce que les ossicules des échinodermes peuvent jouer les uns sur les autres; on conçoit que n'appartenant pas à un grand nombre d'individus comme les pièces des polypes composés, mais convergeant vers un centre unique, elles doivent, pour concourir au service commun, avoir plus de mobilité que celles des polypes.

Les échinodermes des terrains anciens se rapportent aux groupes suivants : cystidés, blastoïdes, crinoïdes, oursins, stellérides. En outre, on croit avoir rencontré quelques traces d'holothuries dans le carbonifère.

*Cystidés.* — Sauf le genre *Hyponome*, trouvé vivant par M. Lovén, tous les cystidés jusqu'à présent connus ont été recueillis dans les terrains primaires et surtout dans le silurien. Ils tirent leur nom[1] de ce qu'ils sont enfermés dans une boîte sphérique ou ovale, formée de plaques calcaires polygonales (fig. 51, 52, 54). Cette boîte a des ouvertures pour la bouche, l'anus, les oviductes; souvent aussi elle a des pores respiratoires, soit dispersés, soit réunis par rangées formant ce qu'on appelle les losanges pectinés[2]. Ces petits prisonniers sont de bizarres créatures qui ont attiré l'attention de beau-

1. Κύστις, ιδος, vessie, sac.
2. Billings et Rofe les ont décrits sous le nom d'hydrospires.

coup de naturalistes, Léopold de Buch, Hisinger, Müller, Forbes, Eichwald, Volborth, Billings, MM. Roemer, Hall, Henry Woodward, etc. Ils sont très variés dans leurs formes à vrai dire, on a associé sous le nom de cystidés des êtres de caractères différents que l'on ne savait où placer. Certains d'entre eux sont bien distincts des autres groupes d'échinodermes; quand, par exemple, on voit l'*Echinoencrinus*[1] (fig. 51), avec ses grandes plaques polygonales et ses losanges pectinés, il est difficile d'indiquer avec quel ordre des animaux actuels il a des analogies. Mais malgré leur singularité, plusieurs des cystidés sont moins isolés; ils manifestent certaine tendance les uns vers les oursins, d'autres vers les crinoïdes, d'autres vers les étoiles de mer, d'autres vers les holothuries.

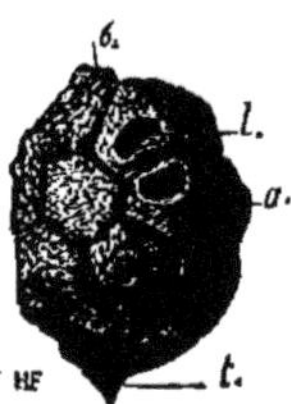


FIG. 51. — *Echinoencrinus armatus*, vu de côté, de grandeur naturelle : *t.* tige; *a.* anus; *l.* losanges pectinés; *b.* bouche. — Silurien supérieur de Dudley. Collection du Muséum.

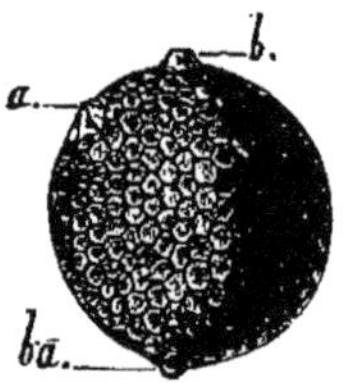


FIG. 52. — *Echinosphæra aurantium*, vue de côté, grandeur naturelle : *b.* bouche; *a.* anus; *ba.* base; il y a un trou génital, mais on ne le voit pas de ce côté. — Silurien de Saint-Pétersbourg. Collection du Muséum.

Le plus simple des cystidés est l'*Echinosphæra*[2] (fig. 52); en le regardant, on croit voir quelque ancêtre des oursins dans lequel les pièces n'auraient pas encore pris une disposition régulière, et où il n'y aurait pas eu de pores respiratoires. Le genre *Sphæronis*[3] ressemble beaucoup à une *Echinosphæra*, mais il a acquis des pores respiratoires; la *Glyptosphæra*[4]

1. *Echinus*, oursin; *encrinus*, crinoïde.
2. 'Εχῖνος, oursin; σφαῖρα, sphère.
3. Diminutif de *sphæra*.
4. Γλυπτὸς, sculpté; σφαῖρα, sphère.

marque un cran de plus dans la direction des oursins, car des angles de sa bouche partaient cinq rangées qui ont un peu l'aspect d'ambulacres[1]. Suivant Wyville Thomson, il y aurait eu des liens entre les cystidés et l'oursin de l'époque silurienne appelé *Cystocidaris*[2] (*Echinocystites*).

Plusieurs cystidés montrent une tendance vers les crinoïdes

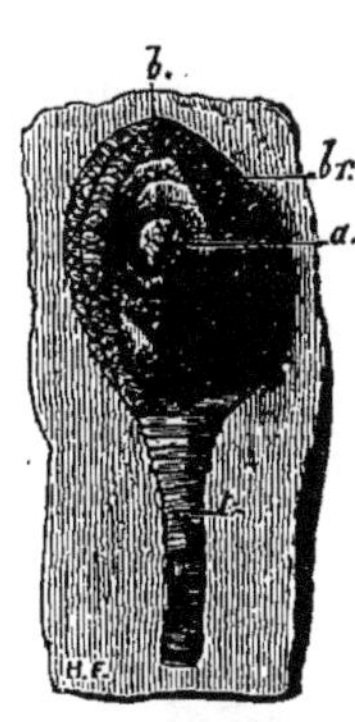


Fig. 53. — *Lepadocrinus* (*Pseudocrinus*) *quadrifasciatus*, grandeur naturelle : *t.* tige ; *a.* anus ; *br.* bras ; *b.* bouche. — Silurien supérieur de Dudley. Collection du Muséum.

Fig. 54. — *Megacystis* (*Holocystites*) *alternatus*, vu de côté aux 2/3 de grandeur (d'après M. James Hall). — Silurien supérieur, groupe du Niagara, Racine, Wisconsin.

par leur tige pierreuse et leurs rudiments de bras (*Lepadocrinus*[3], fig. 53). M. Beyrich regarde le genre *Porocrinus*[4] comme la transition entre les cystidés et les crinoïdes.

Dans une intéressante brochure sur les échinodermes[5], M. Neumayr a montré que les genres des cystidés nommés *Agelacrinus*[6] et *Mesites*[7] se rapprochent des étoiles de mer.

1. Les pores par lesquels sortent les tentacules aquifères des échinodermes forment en général des alignements réguliers qu'on a comparés aux rangées d'arbres dans les allées des jardins à la française ; cela a fait imaginer pour ces alignements le nom d'ambulacres (*ambulacrum*, promenade publique).

2. Κύστις, vessie ; κίδαρις, genre d'oursin.

3. Ce mot signifie crinoïde qui a l'apparence d'un *Lepas*.

4. Πόρος, pore ; κρίνον, lis.

5. *Morphologische Studien über fossile Echinodermen* (*Sitz. der k. Akad. der Wissensch.*, vol. XXXIV. Vienne, 1881).

6. Ἀγέλη, troupeau, groupe ; κρίνον, lis.

7. Μεσίτης, intermédiaire.

Enfin certains cystidés ont peut-être eu des affinités avec les holothuries du genre *Psolus* qui sont garnies de plaques calcaires. Lorsque j'étudie le bel ouvrage[1] où Wyville Thomson a figuré le *Psolus ephippifer*, recueilli dans les dragages du *Challenger*, je ne peux m'empêcher de trouver à cet animal quelque apparence de ressemblance avec des *Cariocystites*[2] ou des *Megacystis*[3] qui auraient perdu leur tige (fig. 54).

*Blastoïdes.* — L'histoire de la nature dans les âges passés nous montre deux catégories de types : les uns, qu'on peut appeler des types formateurs, ont préparé les générations des époques suivantes ; les autres n'ont point engendré l'état actuel des êtres, ils ont été leur fin à eux-mêmes ; si l'on voulait dresser des arbres généalogiques, il faudrait les représenter

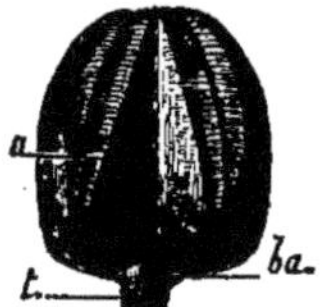


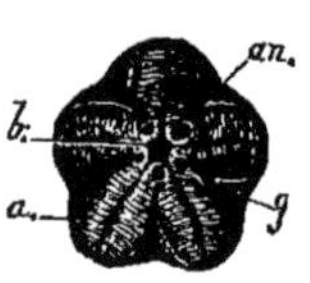


FIG. 55. — *Pentremites florealis*, vu de côté et en dessus, grandi de moitié : *t.* tige ; *b.* basales ; *a.* aires ambulacraires ; *g.* spiracules (trous génitaux) *an.* anus ; *b.* bouche. — Carbonifère du Kentucky. Collection d'Orbigny.

sous la forme de rameaux constituant des épanouissements terminaux. Tandis que plusieurs des cystidés peuvent être rangés dans la première catégorie, les blastoïdes doivent être classés dans la seconde. Ils ont régné dans les temps primaires ; on ne voit pas dans les époques suivantes des formes qui semblent en être dérivées. Ils ne sont pas devenus oursins, étoiles de mer, crinoïdes ; ils sont devenus blastoïdes, et pas autre chose. Il est curieux de voir dès l'époque silurienne des

1. *Voyage of the Challenger, The atlantic*, vol. II, in-8°, figures de la page 220 et de la page 222. Londres, 1877.
2. Κάρυον, noix ; κύστις, vessie.
3. Μέγας, grand, et κύστις. M. Hall avait d'abord appelé ce fossile *Holocystites ;* ce nom ayant été déjà employé, le savant paléontologiste de New-York a été obligé de le changer.

types qui sont aussi spécialisés : les détails qui suivent vont montrer leurs particularités.

Les blastoïdes tirent leur nom[1] de leur ressemblance avec

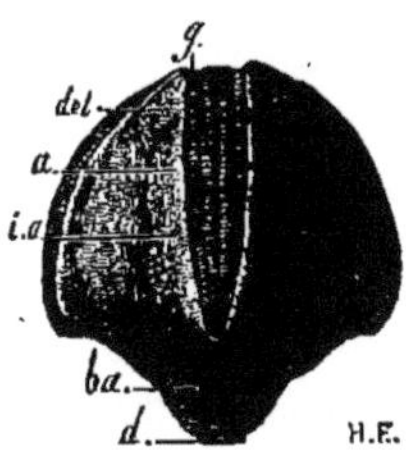


Fig. 56. — *Pentremites sulcatus*, vu de profil, aux 3/4 de grandeur: *d.* dernier segment de la tige; *ba.* basales; *del.* pièces deltoïdes; *g.* spiracules (trous génitaux); *a.* aires ambulacraires; *i. a.* aires inter-ambulacraires. — Carbonifère des chutes de l'Ohio. Collection zoologique du Muséum.

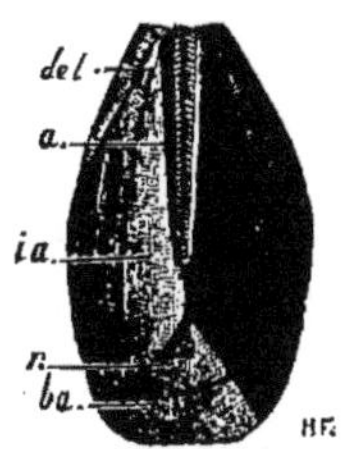


Fig. 57. — *Pentremites* du groupe du *P. Wortheni*[2], vu de profil aux 3/4 de grandeur. Mêmes lettres que dans la figure précédente; je crois voir en *r.* les radiales soudées avec les pièces inter-ambulacraires *i. a.* — Collection d'Orbigny (sans indication de localité).

des boutons de fleurs d'oranger (fig. 55, 56, 57 et 58) ; on les désigne aussi sous le nom de pentrémitidés, parce que leur

Fig. 58. — *Pentremitidea Pailletti*, vu de côté et en dessus, grandi de moitié : *t.* tige; *ba.* pièces basales; *a.* aires ambulacraires; *b.* bouche. — Dévon. de Sabero. Donné au Muséum par d'Archiac.

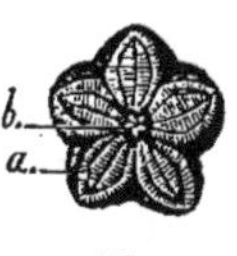


Fig. 59. — *Pentremitidea Schultzii*, vu de côté et en dessus, grandi de moitié. Mêmes lettres. — Dévonien de Sabero, province de Léon, Espagne. Donné au Muséum par d'Archiac.

principal genre, *Pentremites*[3], a cinq trous disposés sur la

1. Βλαστὸς, bourgeon; εἶδος, apparence.
2. Il se distingue du *P. Wortheni* par ses basales bien plus courtes.
3. Πέντε, cinq; τρῆμα, trou. On a pensé que ces trous servaient à la sortie des œufs, c'est pourquoi on les a appelés orifices génitaux.

face ventrale autour d'un trou central qui est peut-être la bouche.

Vus de côté (fig. 55, 58 et 59), les blastoïdes rappellent les crinoïdes et les cystidés par leur calice que supporte une tige pierreuse. Le dernier segment de la tige *d.* est divisé, suivant les observations de MM. Lyon et Roemer, en plusieurs pièces, qui, je suppose, sont les homologues des sous-basales des crinoïdes, des anales des oursins, des tergales des étoiles de mer. Au-dessus de la rangée *d.* vient une rangée de basales *ba.* qui sont les homologues des basales des crinoïdes et des génitales des oursins.

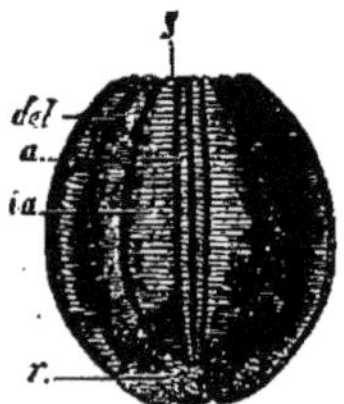


FIG. 60. — *Nucleocrinus Verneuili*, vu de côté, aux 4/5 de grandeur: *r.* radiales; *a.* aires ambulacraires; *i. a.* aires inter-ambulacraires; *del.* deltoïdes; *g.* orifices génitaux (dessin fait d'après deux échantillons). — Dévonien des chutes de l'Ohio, Kentucky. Coll. géol. du Muséum.

FIG. 61. — *Granatocrinus melo*, vu de côté, grandi une fois et demie. Mêmes lettres que dans la figure précédente. — Carbonifère d'Hamilton, Missouri. Collection zoologique du Muséum.

Vus en dessus, quelques-uns des blastoïdes simulent l'aspect des étoiles de mer par leur forme étoilée et leurs ambulacres confinés à la face ventrale (fig. 58 et 59). Mais ils n'ont pas tous cette conformation; dans les *Pentremites* (fig. 55, 56, 57), les ambulacres descendent sur les côtés; dans le *Nucleocrinus*[1] (fig. 60), leur position ressemble beaucoup à celle des oursins, et même dans le *Granatocrinus*[2] (fig. 61), ils s'avancent plus près du centre apical que chez les oursins. On remarquera en outre que ces deux derniers genres n'ont plus

1. *Nucleus*, noyau; *crinon*, lis. C'est le même genre qui a été appelé *Elæacrinus*.

2. *Granatum*, grenade, et *crinon*.

une forme étoilée, mais une forme ovale qui rappelle celle de plusieurs oursins.

La face dorsale est très différente de celle des astérides; au lieu d'être occupée par une multitude d'ossicules mobiles, ainsi que chez ces derniers, elle a un calice formé d'un petit nombre de grosses pièces immobilisées comme chez les crinoïdes.

Une des causes de l'aspect particulier des blastoïdes provient de l'absence des inter-ambulacres et de la présence de grandes pièces fourchues qui encadrent les ambulacres (fig. 56, 57). Peut-être cette absence des inter-ambulacres n'est qu'apparente, et les grandes pièces fourchues ne sont pas autre chose que les pièces inter-ambulacraires soudées intimement avec la pièce radiale[1] (fig. 57, *r.*); dans le *Nucleocrinus* (fig. 60) et le *Granatocrinus* (fig. 61), on voit les bandes *i. a.* présenter des indices de divisions, comme si elles étaient formées d'un grand nombre de petites pièces ainsi que les inter-ambulacres des oursins.

Ce sont les ambulacres qui contribuent le plus à faire ranger les blastoïdes dans un groupe à part. Ils diffèrent tellement de ceux des autres échinodermes qu'il vaudrait peut-être mieux, à l'instar de plusieurs naturalistes, les appeler des pseudo-ambulacres. Ils sont plus compliqués que dans les échinodermes actuels. Les savants américains ont découvert des échantillons dans un si parfait état de conservation qu'ils ont pu voir leurs ambulacres couverts de petites pinnules articulées comme celles des cystidés (*Lepadocrinus*) et des crinoïdes ; c'est là un caractère qui éloigne les blastoïdes des étoiles de mer et des oursins, car ces animaux ont des piquants raides faits d'une seule pièce, et non des pinnules articulées. Au-dessous de la lame qui porte les pinnules, on remarque une pièce que sa forme a fait nommer la lancette, et qui est bordée de

1. MM. Wachsmuth et Springer ont regardé comme une radiale la partie que j'appelle *r.* dans la figure 57 ; ils ont appelé secondes radiales les pièces que je suppose représenter les inter-ambulacres. MM. Etheridge et Carpenter n'ont pas accepté ces interprétations.

chaque côté par une plaque percée de trous; sur la face interne, on observe des canaux qui ont été appelés hydrospires. Billings a supposé que l'eau, après être entrée par les pores et avoir passé par les hydrospires, devait sortir par les trous connus sous le nom de trous génitaux (fig. 55, *g*.); il a substitué au nom de trous génitaux celui de spiracules[1].

Sur les cinq spiracules, quatre sont doubles; ils forment le débouché de deux canaux aquifères. Un des spiracules est triple, parce qu'outre les deux canaux aquifères, il comprend le tube anal. Ces dispositions n'ont encore été observées dans aucun des échinodermes qui ont vécu depuis les temps primaires; c'est seulement avec les losanges pectinés des cystidés que les hydrospires ont des analogies[2].

Enfin il faut signaler dans les blastoïdes des pièces spéciales qui sont connues sous le nom de deltoïdes; elles sont petites dans le *Pentremites* (fig. 56, 57) et le *Granatocrinus* (fig. 61); elles sont très grandes dans le *Nucleocrinus* (fig. 60). Ces pièces occupent la position des inter-radiales des crinoïdes. MM. Wachsmuth et Springer les regardent comme les homologues des plaques orales, qui, d'après MM. Wyville Thomson et Carpenter, forment une pyramide sur la face buccale des larves de *Pentacrinus*.

La figure théorique suivante (fig. 62) montre comment je suppose qu'on peut établir les homologies des pièces des blastoïdes avec celles des crinoïdes (fig. 68), des oursins (fig. 81), des étoiles de mer (fig. 82).

Les homologies des parties constituantes des blastoïdes sont encore très incertaines; on ne saurait s'en étonner, quand on voit à quel point ces animaux sont différents de ceux qui vivent

1. *Spiraculum*, soupirail.

2. Des travaux remarquables ont été faits depuis quelque temps sur les hydrospires et les spiracules. On pourra notamment consulter : Billings, *Notes on the structure of the crinoidea, cystidea and blastoidea* (*American Journal of science*, 2e série, vol. 48, 49, 50, 1869-1870); — R. Etheridge et H. Carpenter, *On certain points in the morphology of the blastoidea* (*Ann. and Magaz. of natural History*, avril 1882).

aujourd'hui; pour eux, l'examen des êtres actuels fournit de très vagues inductions. Codonaster a un peu diminué la lacune qui sépare les blastoïdes des cystidés et, selon M. Herbert Carpenter, *Hybocystites*[1] a combiné les caractères des blastoïdes avec ceux des crinoïdes. MM. Wachsmuth et Springer[2] ont fait sur les pores aquifères des crinoïdes anciens des études qui aideront à comparer les homologies de ces fossiles et celles des cystidés et des blastoïdes. Les recherches que MM. R. Etheridge et H. Carpenter ont entreprises sur les blastoïdes devront aussi

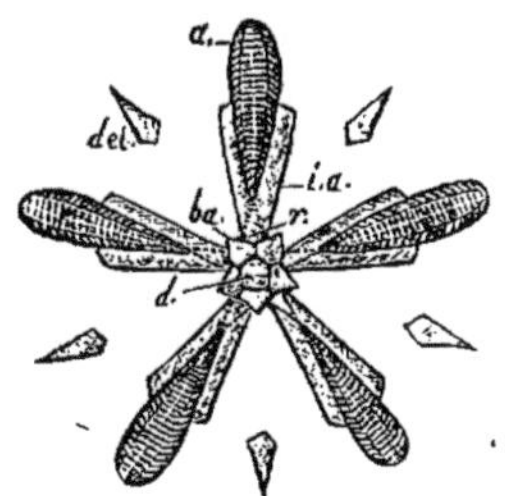


Fig. 62. — Dessin imaginaire d'un blastoïde dont les pièces sont supposées vues à plat : *d.* dernier disque de la tige qui peut se segmenter en plusieurs pièces sous-basales; *ba.* basales correspondant aux basales des crinoïdes, aux génitales des oursins ; *i. a.* pièces en fourchette qui peut-être résultent de la soudure des radiales *r.* avec les pièces inter-ambulacraires; *a.* pseudo-ambulacres, qui en dessus simulent les bras pinnés des crinoïdes, et en dessous représentent les ambulacres des oursins et des étoiles de mer ; *del.* deltoïdes, au-dessus ou dans lesquelles se trouvent les spiracules où débouchent les hydrospires.

éclairer leurs homologies. Mais, dans l'état actuel de nos connaissances, il faut avouer que nous ne pouvons pas marquer clairement les enchaînements entre les échinodermes qui ont des pseudo-ambulacres, ceux qui ont des ambulacres et ceux qui ont des bras.

*Crinoïdes*[3].— A l'opposé de beaucoup d'animaux qui sont libres à l'état larvaire et fixés dans l'âge adulte, le crinoïde

1. Ὑβὸς, bossu; κύστις, vessie. Suivant M. Witherby, c'est entre les cystidés et les crinoïdes que l'*Hybocystites* établirait des liens.

2. *Revision of the Palæocrinoidea* (*Proceed. of the Acad. of nat. sc. of Philadelphia*, 1879).

3. Κρίνον, lis; εἶδος, apparence, parce qu'on a comparé les crinoïdes à une fleur qui serait portée sur une tige fixée au sol par des racines.

vivant, nommé comatule ou *Antedon*, est attaché dans sa jeunesse par une tige, et plus tard devient libre ; le dessin ci-après (fig. 63) d'échantillons donnés au Muséum par M. William Carpenter représente les jeunes comatules pourvues d'une tige. Ce mode de développement est l'image de celui des échinodermes dans les temps géologiques ; car le règne des crinoïdes munis de tige (*Marsupiocrinus*[1], fig. 66) a précédé celui des échinodermes sans tige.

Les dernières explorations sous-marines ont montré que, sur certains points de l'océan Atlantique, de nombreux crinoïdes vivent encore[2], mais leurs genres sont peu variés comparative-

FIG. 63. — Jeunes comatules, grandies trois fois : A. Individu qui a sa tige *t.* attachée par une racine *r.*; son calice *c.* est surmonté de bras *br.* et ne porte que des rudiments de crampons peu visibles. B. individu moins jeune dont la tige *t.* commence à s'atrophier et dont les crampons *cr.* ont grandi. — Mers actuelles.

ment à ceux des temps primaires. C'est surtout dans les terrains siluriens qu'ils ont laissé d'abondants débris. Aux États-Unis, il y en a plusieurs gisements très riches qui ont été illustrés principalement par les travaux de M. James Hall ; par exemple, dans le silurien supérieur de Waldron (Indiana), on a recueilli des milliers de calices d'*Eucalyptocrinus*[3] (fig. 64) et des centaines de bases des mêmes crinoïdes avec

1. *Marsupium* poche ; *crinon*, lis.

2. M. Alexandre Agassiz, dans sa lettre à Carlile Patterson sur les dragages à bord du *Blake* en 1878, s'exprime ainsi : « *Notre collection de pentacrines est considérable; nous en avons trouvé à Montserrat, à Saint-Vincent, à la Grenade, à la Guadeloupe et aux Barbades, en tel nombre sur certains points qu'une fois un seul coup de drague nous en a rapporté* 124 *échantillons. Nous devions avoir passé sur des forêts de pentacrines serrés les uns contre les autres comme les pentacrines fossiles que nous trouvons sur les feuillets des pierres.* »

3. Εὖ, bien ; καλυπτὸς, couvert ; κρίνον, lis.

toutes leurs racines encore attachées au sol sous-marin sur lequel ils ont vécu (fig. 65). Ces crinoïdes permettent de se

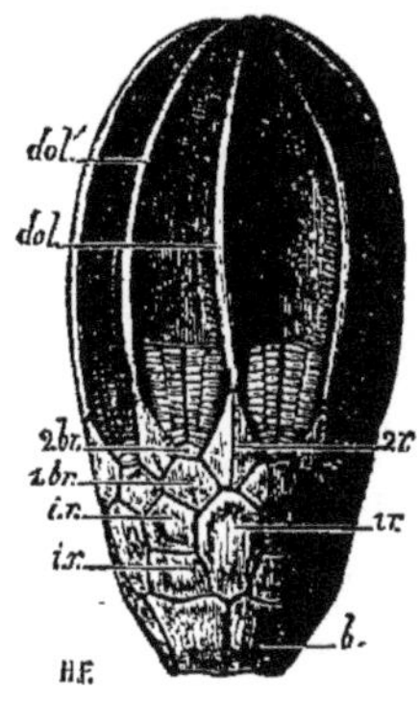


Fig. 64. — Calice d'*Eucalyptocrinus crassus*, aux 3/4 de grandeur : *b*. basales; *1r*. premières radiales; *2r*. secondes radiales; *1br*. et *2br*. premières et deuxièmes brachiales; *i. r*. premières et secondes inter-radiales. Les sous-basales ne sont pas visibles ici. Les bras sont brisés de manière à bien montrer les pièces dolabriformes [1] *dol*. qui partagent les bras en deux parties et *dol'*. qui sont placées entre les bras. — Silurien supérieur de Waldron, Indiana. Donné au Muséum par M. de Cessac.

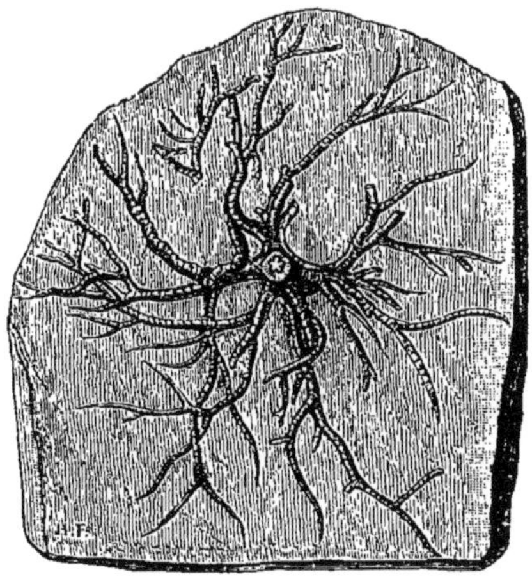

Fig. 65. — Racine d'*Eucalyptocrinus crassus* à 1/2 grandeur. — Silurien supérieur de Waldron, Indiana. Donné au Muséum par M. de Cessac.

faire une idée de ce qu'était le fond des océans dans les anciens

1. Peut-être les 5 lancettes et les 5 deltoïdes des blastoïdes sont les homologues des singuliers ossicules de l'*Eucalyptocrinus* auxquels on a donné le nom de pièces dolabriformes (*dolabra*, doloire).

âges du monde. M. James Hall dit que *leur ensemble a dû avoir l'aspect d'un jardin de lis ou de tulipes*[1]. En Angleterre, dans le Musée de Dudley, il y a une magnifique collection de crinoïdes qui ont été tirés surtout du monticule de calcaire de Wenlock situé aux portes de la ville. Pour juger de toute la richesse des crinoïdes dans les mers siluriennes du nord de l'Europe, il faut parcourir l'*Iconographie des crinoïdes* d'Angelin, que les pieuses mains de ses amis MM. Lindström et Lovén ont fait paraître après sa mort ; on ne tourne pas sans admiration ses vingt-neuf planches in-folio ; l'œuvre des savants suédois équivaut au plus beau cantique qu'on pourrait composer en l'honneur du Créateur. D'autres publications très importantes sur les crinoïdes primaires ont été faites par Miller, Jean Müller, Goldfuss, Billings, Le Hon, Schultze, Meek, Worthen, MM. de Koninck, Ferdinand Roemer, Shumard, Beyrich, Herbert Carpenter, Whitfield, Œhlert, etc. Il faut citer tout particulièrement l'ouvrage que MM. Wachsmuth et Springer viennent de publier.

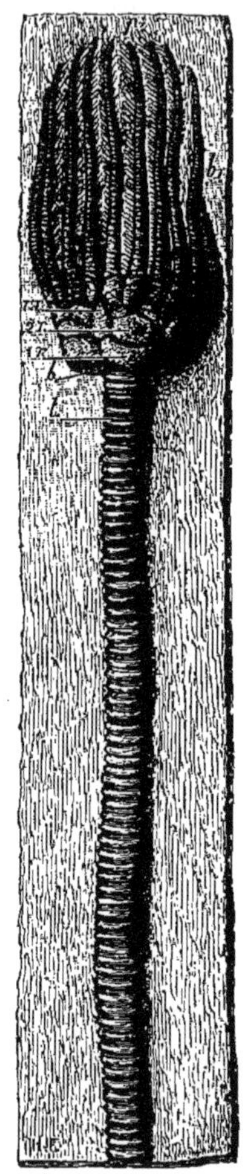

FIG. 66. — *Marsupiocrinus cœlatus*, aux 2/3 de grandeur : *t.* tige ; *b.* basales à peine visibles ; *1r.* et *2r.* radiales ; *i. r.* inter-radiales ; *br.* brachiales ; *p.* pinnules des bras. — Silurien supérieur de Dudley. Collection zoologique du Muséum.

Les crinoïdes peuvent être partagés en deux groupes chronologiques : les paléocrinoïdes et les néocrinoïdes.

1. *The fauna of the Niagara group, in central Indiana* (28e rapport annuel du *Musée d'histoire naturelle de New-York*, p. 145. Albany, 1879).

Les premiers sont caractéristiques des terrains primaires; comme chez les oursins, leurs viscères sont complètement enfermés dans une boîte constituée par des ossicules calcaires serrés les uns contre les autres et formant en dessus une voûte; c'est pourquoi Jean Muller les a inscrits sous le nom de crinoïdes tessellés[1]. Les seconds ont eu leur règne après les temps primaires; la partie supérieure de leur corps n'est pas protégée par une voûte d'ossicules calcaires; Jean Muller les a appelés crinoïdes articulés pour indiquer que généralement leurs ossicules se soudent moins que dans les tessellés.

Comme la plupart des types du monde organique, le type crinoïde a été très changeant. Un crinoïde proprement dit doit

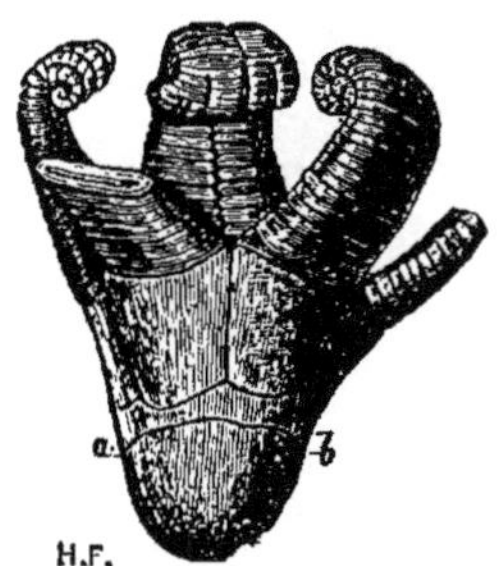


Fig. 67. — *Edriocrinus sacculus*, aux 3/4 de grandeur. La partie au-dessous de la ligne *a. b.* a été dessinée au moyen d'un autre échantillon (d'après M. Hall). — Dévonien inférieur de l'État de New-York (grès d'Oriskany).

avoir une racine, une tige et un calice garni de bras. Mais la racine peut manquer, la tige aussi disparaît quelquefois. Ainsi l'*Astylocrinus*[2] du carbonifère tire son nom de ce qu'il n'avait pas de tige calcaire. M. Hall a fait connaître un genre, l'*Edriocrinus*[3] (fig. 67) qui avait une tige dans la jeunesse, et plus tard devenait libre; non seulement il brisait sa tige, mais encore il réparait sa cassure et polissait la base de son calice,

1. *Tessella*, pièce taillée pour une mosaïque.
2. A privatif; στύλος, colonne; κρίνον, lis.
3. 'Εδραῖος, sessile; κρίνον, lis.

de manière à dissimuler l'état de captivité où il avait été dans sa jeunesse.

La disposition des pièces qui constituent le calice des crinoïdes a produit des aspects fort variés; malgré leur diversité, on peut y apercevoir un plan général; la figure 68 donne une idée de ce plan : au milieu se trouve le dernier disque de la tige, marqué par la lettre *d.*; au-dessus il y a un cycle de cinq pièces qui sont appelées basales *b.*; avec elles, alternent cinq pièces dites radiales *r.*; chaque radiale porte une double rangée de pièces qui forment les bras et que, pour cette raison,

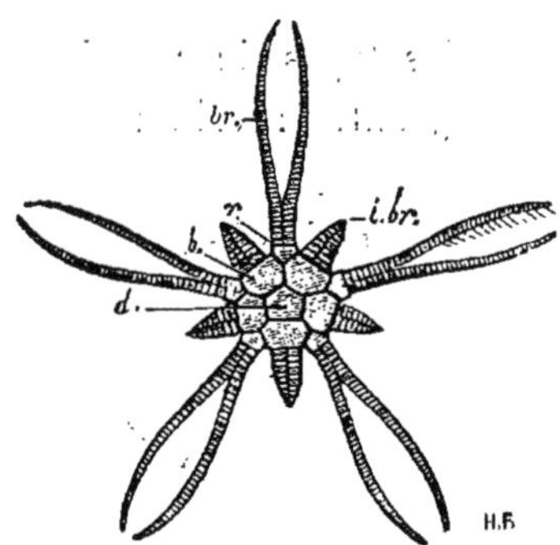


FIG. 68. — Dessin imaginaire d'un crinoïde dont les pièces sont supposées étalées à partir de la tige : *d.* disque central qui est le dernier segment de la tige; *b.* verticille de basales; *r.* verticille de radiales; *br.* brachiales; *i. br.* inter-brachiales.

on nomme brachiales *br.*; les pièces qui s'intercalent entre elles sont les inter-brachiales *i. br.*

Suivant que ces diverses pièces ont eu un ou plusieurs centres distincts d'ossification, le calice a pris des aspects très divers. Ainsi, il y a souvent, au-dessous des basales, un cycle de plus[1], composé de cinq pièces; je suppose que ces sous-basales[2] représentent la dernière pièce *d.* de la tige qui s'est

1. On appelle dicycliques les crinoïdes qui ont deux cycles de pièces au-dessous des radiales, et monocycliques ceux qui ont un seul cycle.

2. MM. Herbert Carpenter et Zittel ont fait remarquer qu'on ne pouvait laisser à ces pièces le nom de basales, puisque les vraies basales, comme on le verra plus loin, semblent les homologues des génitales des oursins. On a inutilement

développée par cinq points d'ossification restés distincts. Chacune des cinq radiales, au lieu d'avoir un seul centre d'ossification formant un rang unique de pièces, peut en avoir plusieurs : par exemple dans le *Platycrinus*[1] (fig. 69), il y a un

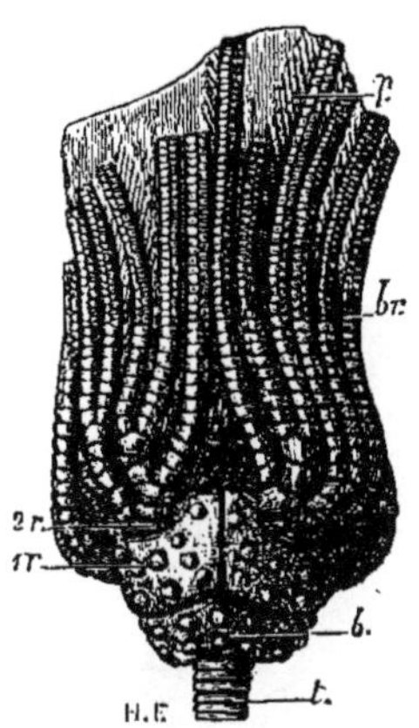


Fig. 69. — *Platycrinus* voisin du *Shumardanus;* grandeur naturelle; *t.* tige; *b.* basales; 1 *r.* grandes radiales; 2 *r.* petites radiales; *br.* brachiales; *p.* pinnules; la voûte est cachée par les bras. — Carbonifère de Crawfordsville, Indiana. Collection de M. de Morgan.

rang de grandes radiales et un rang de toutes petites radiales; il y a deux rangs de grandes radiales dans le *Graphiocrinus*[2] (fig. 72), trois dans le *Thylacocrinus*[3] (fig. 73), quatre dans le

appliqué aux vraies basales les noms de sous-radiales ou de parabasales, MM. Agassiz, Lovén, Wachsmuth ont eu raison, à mon avis, de regarder les sous-basales comme les homologues des anales des oursins.

1. Πλατύς, plat; κρίνον, lis. Le genre *Platycrinus* a présenté un grand nombre de légères mutations, d'après lesquelles on a établi une multitude d'espèces, souvent difficiles à distinguer. M. Œhlert, qui a bien voulu se charger de déterminer l'échantillon de M. de Morgan figuré ici, pense qu'il est très voisin du *Platycrinus Shumardanus*, décrit par M. Hall dans la *Palæontology of Iowa*, t. I, part. 2, p. 532, pl. VIII, fig. 5; il lui semble néanmoins en différer par sa plaque basale qui n'est pas concave, par le manque de biseau aux sutures des plaques du calice, par ses pièces brachiales qui ne sont pas alternes près de leur point de dichotomisation et enfin par le mode d'échancrure des plaques radiales.

2. Γραφίον, stylet; κρίνον, lis.

3. Θύλακος, sac, et κρίνον.

*Forbesiocrinus*[1] (fig. 70). Chez ce même genre *Forbesiocrinus*, on voit au-dessous des inter-brachiales *i. b.* un rang de pièces qui ne sont pas disposées par paires ; elles sont appelées inter-radiales *i. r.* ; on peut dire que ce sont des inter-brachiales qui, n'ayant pas de place, ont été réduites à une seule, tandis que plus haut, ayant plus de place, elles sont au nombre de trois. J'ai précédemment rappelé que la plupart des

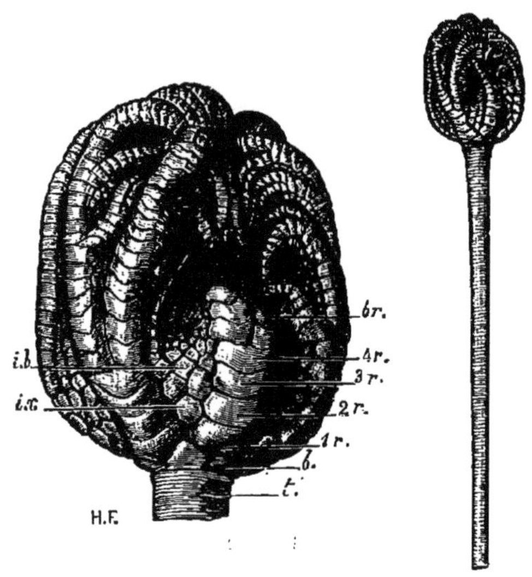


Fig. 70. — *Forbesiocrinus communis*, aux 3/4 de grandeur ; on voit à côté le même échantillon avec sa tige au 1/4 de grandeur : *t.* tige ; *b.* basales ; 1 *r.*, 2 *r.*, 3 *r.*, 4 *r.* les quatre rangs de radiales ; *i. r.* inter-radiales ; *br.* brachiales ; *i. b.* inter-brachiales. — Carbonifère de Crawfordsville, Indiana. Collection de M. de Morgan.

crinoïdes primaires ont une voûte composée d'un grand nombre de pièces (fig. 71) ; ces pièces sont peut-être des inter-brachiales qui se sont beaucoup multipliées.

Outre les modifications d'aspect, produites par la multiplication des pièces, il y en a qui ont été dues simplement au degré d'adhérence des pièces entre elles, et en cela apparaît une fois de plus la simplicité des moyens par les-

1. Genre dédié à Edouard Forbes.

quels la transformation des êtres a souvent été opérée. Regardons le *Graphiocrinus* (fig. 72) ; ses premières brachiales et même ses secondes radiales ne sont pas soudées les unes aux

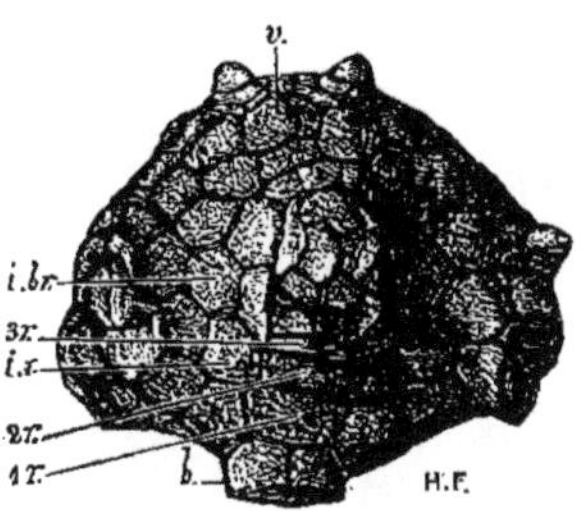


FIG. 71. — *Amphoracrinus*[1] (*Actinocrinus*) *Gilbertsoni*, dessiné de côté, de grandeur naturelle, dépourvu de ses bras, de sorte qu'il montre sa voûte *v.* à découvert; *b.* basales; 1 *r.*, 2 *r.*, 3 *r.* radiales; *i. r.* inter-radiales; *i. br.* inter-brachiales. — Carbonifère du Yorkshire. Collection d'Orbigny.

autres; il en résulte que les bras ont été plus indépendants, et que la boîte où étaient les viscères a été rapetissée. Considérons ensuite le *Thylacocrinus* (fig. 73); il nous offre un aspect

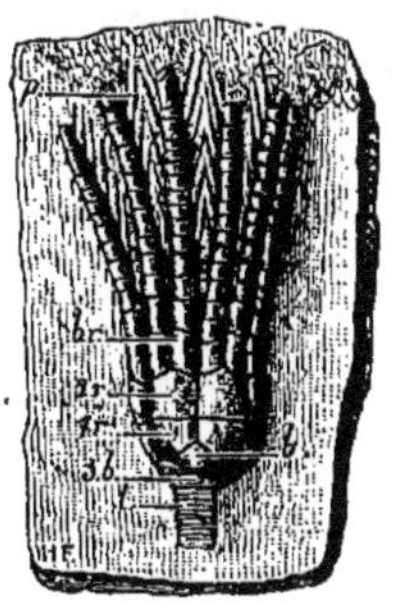

FIG. 72. — *Graphiocrinus simplex*, grandeur naturelle : *t.* tige; *s. b.* sous-basales; *b.* basales; 1 *r.* premières radiales faisant partie du calice; 2 *r.* secondes radiales mobiles, plus unies aux bras qu'au calice; *br.* bras; *p.* pinnules. — Carbonifère de Crawfordsville, Indiana. Collection de M. de Morgan.

tout différent; non seulement ses pièces se sont multipliées, mais les radiales *r.*, les inter-radiales *i. r.*, plusieurs rangs de

1. *Amphora* et *crinon*.

brachiales *br.* et d'inter-brachiales *i. b.* se sont réunis pour former un sac où les viscères devaient être protégés presque aussi bien que dans un oursin.

Comme le calice, les bras des crinoïdes ont offert des varia-

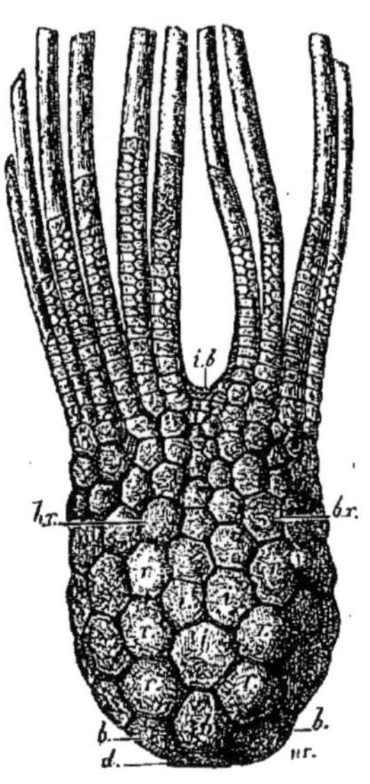


Fig. 73. — *Thylacocrinus Vannioti*, aux 3/4 de grandeur : *d.* pièce discale; *b.* basales; *r.* radiales; *i.* inter-radiales; *br.* brachiales; *i. b.* inter-brachiales. — Dévonien de la Mayenne. Échantillon prêté par M. Œhlert.

tions considérables; dans le *Cupressocrinus*[1] (fig. 74), ils étaient simples, contigus les uns aux autres, et disposés de manière à former pyramide; il faut ouvrir les bras pour voir leurs pinnules attachées sur les bords de leur face interne. Dans le *Mespilocrinus*[2] (fig. 75), les bras se recouvraient mutuellement, et ainsi cachaient leurs extrémités. Dans l'*Edriocrinus* (fig. 67), ils s'ouvraient, se laissant voir jusque vers leur extrémité encore courbée en dedans. Dans le *Graphiocrinus* (fig. 72), ils se divisaient en deux, et se garnissaient de pinnules. Ils se partageaient en cinq rameaux dans le *Pla-*

1. *Cupressus*, cyprès; *crinon*, lis.
2. Μέσπιλον, nèfle; κρίνον, lis.

*tycrinus* (fig. 69) et dans le *Thylacocrinus* (fig. 73); dans le *Forbesiocrinus* (fig. 70), ils se subdivisaient plusieurs fois.

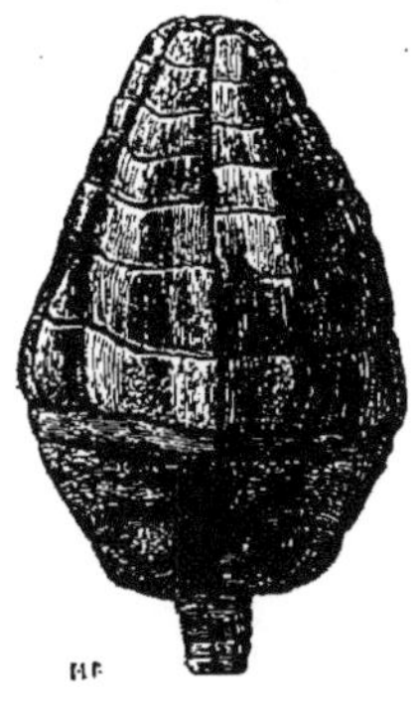

FIG. 74. — *Cupressocrinus crassus*, à 1/2 grandeur. — Dévonien de Gerolstein, Eifel. Collection d'Orbigny.

FIG. 75. — *Mespilocrinus Forbesii*, vu de côté, grandeur naturelle. — Carbonifère de Tournay. Collection zoologique du Muséum.

Le *Crotalocrinus* [1] offrait l'exemple d'une étonnante modification des pièces brachiales; dans chacun des bras, ces

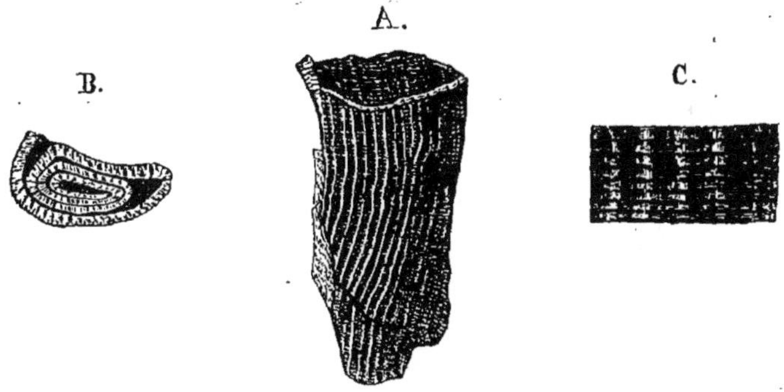


FIG. 76. — *Crotalocrinus?* Espèce très différente de celles qui sont figurées dans le grand ouvrage d'Angelin; le genre sans doute aussi est différent. A. bras vu de côté à 1/2 grandeur; B. le même vu en dessus, 1/2 grandeur, montrant ses contournements; C. fragment grandi. Ces gravures doivent être regardées à la loupe. — Silurien de l'île de Gotland. Collection zoologique du Muséum.

pièces, multipliées à l'infini, s'unissaient de manière à former une lame treillissée qui s'enroulait sur elle-même

1. Κρόταλον, grelot; κρίνον, lis.

(fig. 76). Enfin, comme si la nature devait épuiser toutes les combinaisons possibles dans les modifications des mêmes organes, le *Barrandeocrinus*[1] (fig. 77) montre des bras qui, au lieu d'être tournés en dessus, étaient tournés en dessous, se

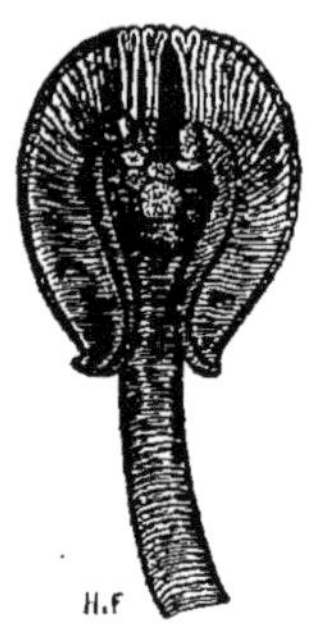


Fig. 77. — *Barrandeocrinus sceptrum*, 1/2 grandeur. Section verticale qui montre les bras retournés en dessous (d'après Angelin). — Silurien de Suède.

dirigeant vers la partie postérieure du corps, ainsi que les ambulacres des oursins, des blastoïdes et les bras de quelques cystidés.

*Oursins.* — Les oursins ou échinides ont une histoire géologique bien différente de celle des crinoïdes; ils ont été rares à l'époque primaire, tandis que les crinoïdes ont eu leur plus grand épanouissement dans les temps anciens. Mais les uns et les autres ont cela de commun qu'ils peuvent se diviser en deux groupes chronologiques; de même que les crinoïdes se partagent en paléocrinoïdes qui ont vécu dans les temps primaires et en néocrinoïdes dont le règne a eu lieu après les temps primaires[2], les oursins se partagent en paléchinides et en néechinides[3]. Les néechinides sont les oursins où chacune des aires ambulacraires et inter-ambulacraires n'a que deux

1. Genre dédié à M. Barrande.

2. Παλαιὸς, ancien; ἐχῖνος, oursin. Les paléchinides sont souvent appelés périschéchinides.

3. Νέος, nouveau, et ἐχῖνος.

rangées de pièces ; on ne les a pas encore trouvés dans les terrains primaires ; à partir des temps secondaires, ils ont été répandus dans les mers avec profusion. Les paléchinides (fig. 78, 79 et 80) sont les oursins où le nombre des rangées

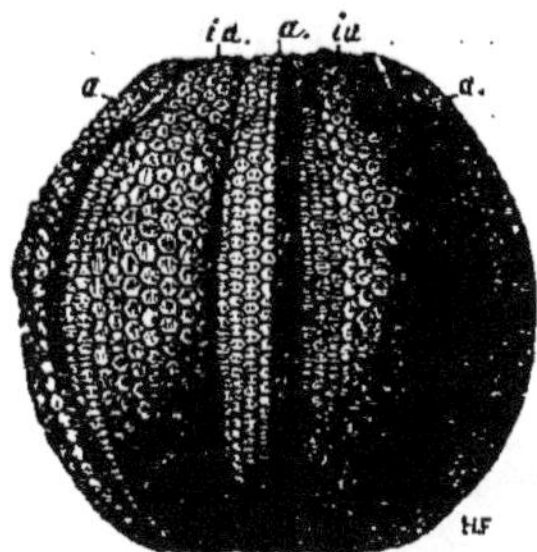


Fig. 78. — *Melonites multipora*, vu sur la face externe, au 1/3 de grandeur : *a*, aires ambulacraires ; *i. a.* aires inter-ambulacraires. — Carbonifère de Saint-Louis du Missouri. Collection zoologique du Muséum. Les déformations de l'échantillon ont été atténuées dans ce dessin et dans le suivant.

de pièces dans les aires ambulacraires ou inter-ambulacraires n'est pas encore fixé. Saut l'*Anaulocidaris* cité par M. Zittel dans le trias de Saint-Cassian et le *Tetracidaris* signalé dans

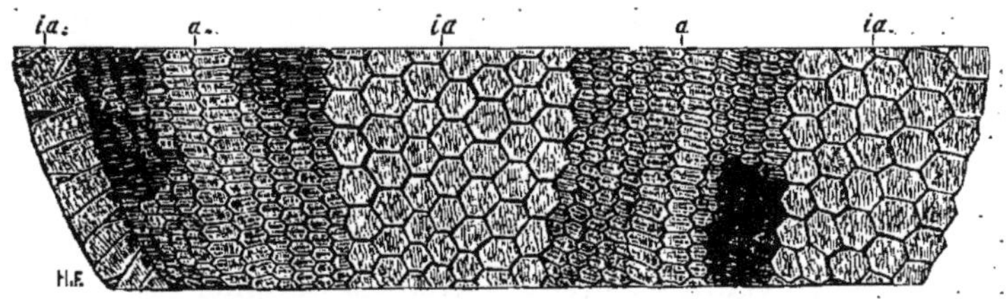


Fig. 79. — Section polie du *Melonites multipora* représenté dans la figure précédente ; elle est dessinée de grandeur naturelle : *a.* aires ambulacraires ; *i. a.* aires inter-ambulacraires. — Carbonifère de Saint-Louis du Missouri. Collection zoologique du Muséum.

le terrain crétacé par M. Cotteau, aucun paléchinide n'a été découvert dans des formations plus récentes que les formations primaires[1].

1. Peut-être, suivant M. Neumayr, le *Tiarechinus* du trias doit être rapproché des paléchinides.

Le nombre des rangées de pièces ambulacraires et inter-ambulacraires a été très variable dans les paléchinides. Le *Bothriocidaris*[1] du silurien de Russie, dont les curieux caractères ont été mis en lumière par Eichwald et M. Schmidt, n'avait qu'une rangée de pièces dans ses aires inter-ambulacraires (fig. 80). L'*Archæocidaris*[2] avait quatre rangées dans chaque aire inter-ambulacraire; le *Palechinus*[3] en avait de quatre à sept; le *Lepidocentrum*[4] en avait de cinq à neuf; le *Lepidechinus*[5] en avait de neuf à onze, c'est-à-dire pour les cinq aires

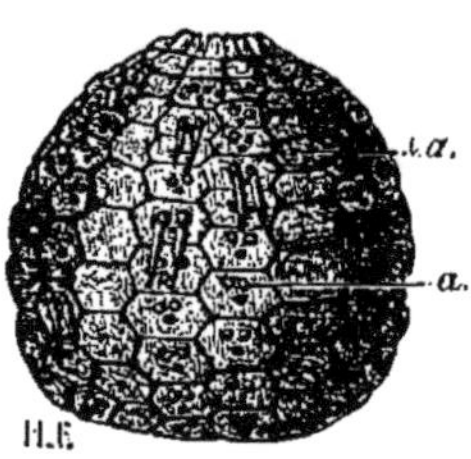


Fig. 80. — *Bothriocidaris Pahleni*, vu de côté, grandi deux fois : *a.* rangées ambulacraires; *i. a.* rangées inter-ambulacraires (d'après M. Schmidt). — Silurien de l'Esthonie, Russie.

inter-ambulacraires cinquante-cinq rangées. Le *Melonites*[6] (fig. 78, 79) avait huit rangées de pièces dans chaque aire ambulacraire et huit rangées dans chaque aire inter-ambulacraire; ce qui faisait un total de quatre-vingts rangées. Cette multiplicité des pièces chez les oursins primaires rappelle si bien les cystidés qu'un des plus grands paléontologistes, Louis Agassiz, a d'abord réuni les cystidés avec les oursins.

Plusieurs des oursins primaires, tels que le *Lepidesthes*[7], le *Lepidechinus*, le *Perischodomus*[8], l'*Archæocidaris* présen-

1. Βόθριον, petite fosse; κίδαρις, genre d'échinide.
2. 'Αρχαῖος, antique, et κίδαρις, à cause de sa ressemblance avec les oursins actuels du genre *Cidaris*.
3. Παλαιὸς, ancien; ἐχῖνος, oursin.
4. Λεπὶς, ίδος, écaille; κέντρον, centre.
5. Λεπὶς et ἐχῖνος, oursin.
6. *Melo*, *onis*, melon.
7. Λεπὶς, écaille; ἐσθὴς, vêtement, c'est-à-dire recouvert d'écailles.
8. Περίσχω, j'entoure; δόμος, maison.

taient la particularité qui a été observée dans l'*Echinothuria* de la craie, dans le *Calveria*[1] et le *Phormosoma* des mers actuelles : la boîte de l'oursin, au lieu d'être composée de plaques placées à côté les unes des autres, comme celles d'une mosaïque, était composée de plaques disposées de la même manière que les tuiles d'un toit ou les écailles d'un poisson, fixées d'un côté et libres de l'autre[2]. Cette conformation favorable au mouvement montre que plusieurs des anciens oursins ont été plus parfaits que leurs successeurs ; mais en même temps elle indique des types moins spécialisés, moins divergents.

Les oursins présentent une singulière apparence de ressemblance avec les crinoïdes, lorsqu'on en fait un dessin théorique (fig. 81) où les diverses pièces sont supposées déroulées, ainsi que dans la figure de crinoïde donnée page 98, figure 68. Au centre, une grande plaque *an.* se voit chez les oursins du genre *Salenia* à l'état adulte, et, d'après les observations de M. Alexandre Agassiz et de M. Lovén, chez beaucoup d'autres oursins à l'état jeune. Cette plaque, qu'on appelle tantôt pièce apicale, tantôt pièce anale ou sur-anale, tantôt disque central, semble représenter le dernier élément de la tige des crinoïdes et des cystidés (fig. 68, lettre *d.*) ; quelquefois, au lieu d'une seule pièce, il y a plusieurs pièces anales. Les oursins n'ont pas de tige ; mais on sait que les crinoïdes aussi peuvent manquer de

1. Dans les *Abîmes de la Mer*, Wyville Thomson raconte ainsi la découverte du Calveria : « *A mesure que la drague remonte, nous apercevons dans le sac un gros oursin écarlate... Comme le vent était assez violent et qu'il n'était pas facile de faire renverser la drague pour la vider de son contenu, nous prenons notre parti de ce qui nous paraît être une nécessité inévitable, et nous nous attendons à retirer l'animal en mille pièces. Nous le voyons avec étonnement rouler hors du sac sans le moindre dommage ; notre surprise ne fait que s'accroître et se mélange, au moins en ce qui me concerne, d'une certaine émotion en voyant l'animal s'arrêter, prendre la forme d'un sphéroïde rougeâtre, et se mettre à palpiter... Les ondulations les plus singulières soulèvent son test, aussi flexible que le cuir le plus souple. Je dus faire appel à tout mon sang-froid avant de me décider à prendre dans la main ce petit monstre ensorcelé.* »

2. M. Walter Keeping a proposé d'appeler les oursins qui ont cette disposition lépidermés (λεπὶς, ἴδος, écaille ; δέρμα, peau) (*Quarterly Journal of the geol. Soc.*, vol. de 1876, p. 35). Ceux dont les pièces sont juxtaposées comme celles des mosaïques ont depuis longtemps été nommés tessellés.

tige : j'ai rappelé que la comatule, libre dans l'âge adulte, a été attachée dans sa jeunesse (fig. 63), que l'*Astylocrinus* n'a pas eu de tige, et que l'*Edriocrinus*, fixé au commencement de sa vie, s'est débarrassé ensuite de sa tige et même a fait disparaître sa trace (p. 97, fig. 67). On peut objecter que le centre de l'appareil apical de l'oursin est en dessus, tandis qu'il est en dessous chez le crinoïde ; à cela il est facile de répondre que ce renversement ne saurait étonner, puisque les campanulaires jeunes ont la bouche en haut comme les crinoïdes, et que plus tard,

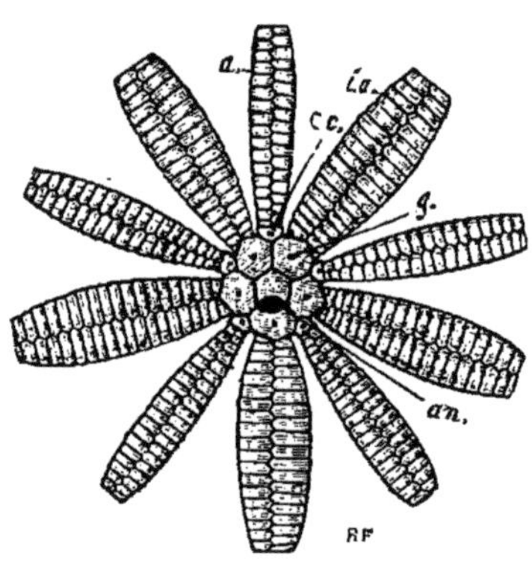


Fig. 81. — Dessin imaginaire d'un oursin dont les pièces sont supposées étalées à partir du centre de la face dorsale : *an.* pièce discale ou anale avec le trou de l'anus; *g.* pièces génitales; *oc.* pièces ocellaires; *a.* pièces ambulacraires; *i. a.* pièces inter-ambulacraires.

devenant acalèphes, elles se retournent et ont la bouche en bas. Il est vrai que, chez le crinoïde, l'anus ne s'ouvre pas dans la pièce apicale comme chez beaucoup d'oursins, mais même dans les oursins, sa position est très variable ; *le système anal*, a dit M. Alexandre Agassiz, *n'est pas nécessairement une partie du système apical*[1].

Autour de la pièce anale de l'oursin (fig. 81), on voit les pièces génitales *g.* et les pièces ocellaires *oc.* ; la ressemblance des premières avec les basales des crinoïdes (fig. 68, lettre *b.*)

1. *Illustrated catalogue of the Museum of comparative zoology at Harvard College*, n° VII. *Revision of the Echini*, part. IV, in-4°. Cambridge, 1874.

et des secondes avec les radiales (même figure, lettre *r.*) est si grande qu'il semble naturel de supposer qu'elles sont leurs homologues; il faut seulement admettre qu'il y a eu perforation des basales pour laisser passer les œufs, et perforation des radiales pour mettre en communication avec le dehors les nerfs qui sont devenus propres à la vision. Tout au moins, en ce qui concerne les orifices génitaux, une telle hypothèse n'a rien de hasardé, car les beaux ouvrages de MM. Cotteau et Lovén montrent que la place de ces orifices n'est pas invariable et qu'ils manquent quelquefois[1].

Les homologies que je viens d'indiquer entre l'appareil apical de l'oursin et le calice du crinoïde sont très vraisemblables. Mais, lorsqu'on essaie de comparer les pièces ambulacraires et inter-ambulacraires de l'oursin (fig. 81, *a.* et *i. a.*) avec les pièces brachiales et inter-brachiales du crinoïde (fig. 68, *br.* et *i. br.*), des difficultés considérables se présentent. La plus grande de ces difficultés consiste en ce que les ambulacres des oursins (fig. 81), des blastoïdes (fig. 62), convergent vers l'appareil apical, au lieu que les bras des crinoïdes sont divergents par rapport à l'appareil apical (fig. 68); l'ossicule d'un bras de crinoïde qui a été formé le dernier est le plus éloigné de cet appareil, tandis que le dernier ossicule d'un ambulacre d'oursin est placé auprès de la pièce radiale (ocellaire). Théoriquement il ne me semble pas impossible de concevoir un bras de crinoïde devenant une rangée ambulacraire d'oursin, mais les découvertes d'échinodermes fossiles faites jusqu'à présent ne marquent pas que cette transformation ait eu lieu.

Peut-être, au lieu de comparer les bras du crinoïde aux ambulacres de l'oursin, il vaudrait mieux les comparer aux tentacules des holothuries. Il est reconnu, en effet, que l'embryogénie des crinoïdes a plus de rapports avec celle des

1. On pourra notamment consulter : Cotteau, *Echinides fossiles de la Sarthe*, p. 152, pl. XXVI, fig. 2; p. 154, pl. XXVII, fig. 25; Lovén, *Etudes sur les Echinoïdées*, pl. XVI.

holothuries qu'avec celle des oursins et des stellérides. Le savant zoologiste de Marseille, M. Marion, que j'ai consulté à cet égard, m'a dit que, suivant lui, le crinoïde adulte est assimilable à l'état larvaire de l'oursin et non à son état adulte, et, comme les pièces ambulacraires de l'oursin ne se forment pas dans la partie larvaire, il s'ensuivrait qu'on ne peut comparer les pièces brachiales des crinoïdes avec les pièces ambulacraires des oursins.

La difficulté de faire descendre le type oursin du type crinoïde s'accroît, si, comme M. Neumayr l'a fait dernièrement, on considère l'histoire paléontologique de ces animaux. Les recherches d'Eichwald, MM. Schmidt, Nikitin ont révélé des oursins dans le silurien de la Russie; les oursins, à en juger par l'état de nos connaissances, ayant paru à peu près en même temps que les vrais crinoïdes, nous n'avons pas de motifs de prétendre qu'ils en sont les descendants; les similitudes de leurs apparences indiquent peut-être, non pas une paternité, mais une fraternité d'ancêtres éloignés.

*Stellérides*[1] (*Astérides et Ophiurides*). — L'étoile de mer, semble un être isolé dans le monde organique, et présente à l'évolutionniste un difficile problème. Quand j'étais un naturaliste tout novice, ce problème me préoccupa; je fis une thèse sur les pièces solides des stellérides où je tâchai d'en dire quelques mots[2]. Je figurai dans une même planche la disposition théorique d'un oursin, d'une étoile de mer, d'une ophiuride et d'une euryalide : « *au moyen de ces figures*, disais-je, *nous verrons comment les pièces de ces animaux, en apparence si différents, peuvent se rapporter à un type unique plus ou moins modifié.* » Je comparais l'astérie à

1. *Stella* ou ἀστήρ, étoile.
2. *Thèse pour le doctorat. Mémoire sur les pièces solides des stellérides* (*Annales des sciences naturelles, Zoologie*, 3me série, vol. XVI, 1852). J'ai employé le nom de pièces tergales pour les anales, afin d'indiquer qu'elles occupent tout le dos (*tergum*) de l'astérie.

un oursin dont les pièces ambulacraires seraient restées confinées à la face ventrale et où les pièces anales ou tergales, très développées, auraient occupé toute la face dorsale.

Cette supposition que j'ai faite, il y a trente ans, me paraît encore la plus vraisemblable, car les récents travaux d'éminents échinologistes montrent combien les pièces anales sont susceptibles de se multiplier. On s'en rendra compte en examinant dans les *Études sur les Échinoïdés* de M. Lovén les dessins du *Toxopneustes* (pl. XXI, fig. 175, 176), du *Schizaster* (pl. XXXI, fig. 196), de la *Kleinia* (pl. XXXVIII, fig. 221, etc.); la figure de l'*Encope Valenciennesi* (même ouvrage, p. 80) est particulièrement curieuse. M. Baily a constaté chez un oursin

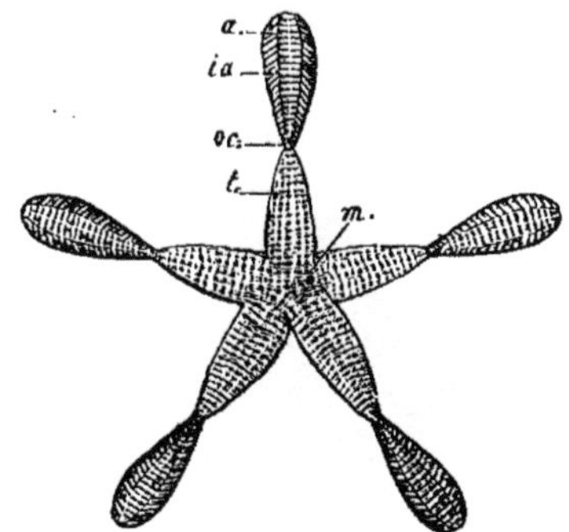


Fig. 82. — Dessin imaginaire d'une astéride dont les pièces sont supposées étalées à partir du centre de la face dorsale : *t.* pièces tergales; *m.* corps madréporique; *oc.* pièces ocellaires; *a.* pièces ambulacraires; *i. a.* pièces inter-ambulacraires.

primaire, le *Palechinus*, une multitude de pièces anales, de sorte qu'il est permis de supposer que ces pièces ont été nombreuses dans les prototypes des oursins.

Le dessin imaginaire ci-dessus (fig. 82) explique la manière dont je comprends la disposition des pièces de l'étoile de mer; on pourra comparer ce dessin avec les figures théoriques du blastoïde (fig. 62) et de l'oursin (fig. 81). Par suite de l'extension des pièces anales, les ocellaires *oc.* se trouvent reportées au bout des bras; peut-être la pièce madréporique *m.* représente génitale principale des oursins.

Les ophiurides ont des pièces génitales bien développées, qui ont été éloignées du centre apical par la même raison que les ocellaires des étoiles de mer proprement dites. Ces animaux diffèrent principalement des étoiles par leurs bras très étroits, qui, au lieu d'être creux à l'intérieur, renferment des ossicules empilés à la suite les uns des autres, ainsi que des corps de vertèbres[1]. Comme les suçoirs passent entre ces ossicules internes des ophiurides, de même qu'entre les pièces ambulacraires des astérides, il est naturel de penser que chacun de ces ossicules n'est pas autre chose que le résultat de la soudure d'une pièce ambulacraire gauche et d'une pièce ambulacraire droite, qui seraient rentrées en dedans des bras[2]; l'étroitesse des bras proviendrait ainsi de ce que les pièces ambulacraires auraient été refoulées à l'intérieur.

Il y a eu, dès l'époque silurienne, des astérides et des ophiu-

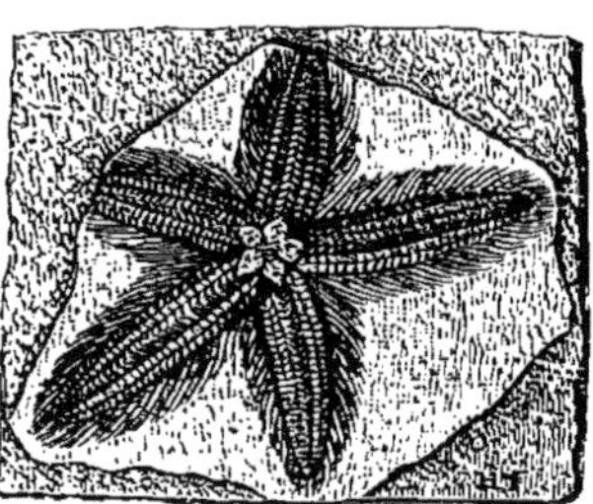

Fig. 83. — *Palæocoma*[3] *Marstoni*, grandeur naturelle. — Silurien supérieur de Leintwardine. Collection du Muséum.

rides. Je représente ici des échantillons d'astéride (fig. 83 et d'ophiuride (fig. 84), que j'ai rapportés de Leintwardine, près Ludlow (silurien supérieur). Si je ne suis pas trompé

1. Cette disposition a fait comparer les bras des ophiurides à des serpents; c'est ce qui a suggéré leur nom (ὄφις, serpent; οὐρὰ, queue).

2. Il en serait des ossicules internes des bras des ophiurides comme des odontophores des astéries, qui sont formés par l'union de deux pièces ambulacraires. M. Viguier a donné beaucoup de renseignements sur les odontophores (*Anatomie comparée du squelette des stellérides* in *Archives de zoologie expérimentale et générale*, vol. VII, 1878).

3. Παλαιὸς, ancien; κόμα, chevelure.

par de fausses apparences de fossilisation, ils me semblent indiquer une séparation moins tranchée entre les ophiurides

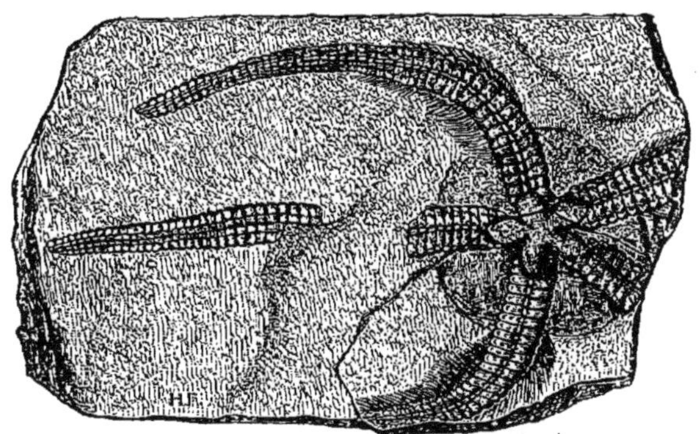

Fig. 84. — *Protaster*[1] *Miltoni*, grandeur naturelle. — Silurien supérieur de Leintwardine. Collection du Muséum.

et les astérides que les formes actuelles. On voit (fig. 85) une stelléride que j'ai obtenue dans ce même gisement de Leintwar-

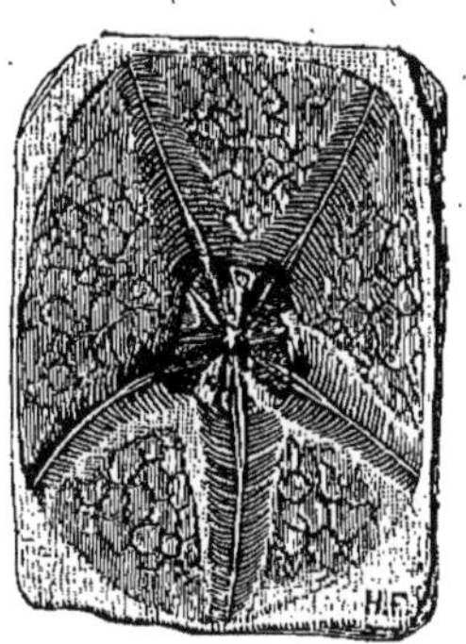

Fig. 85. — *Palæodiscus ferox*, grandeur naturelle. — Silurien supérieur de Leintwardine. Collection du Muséum.

dine; elle a été décrite sous le nom de *Palæodiscus*[2]. Lorsque le *Palæodiscus* est tourné sur la face buccale, il ressemble tel-

1. Πρῶτος, premier; ἀστὴρ, étoile. Je crois que cet échinoderme devrait former un genre nouveau, car, si le *Protaster Sedgwickii*, type du genre *Protaster*, a été décrit exactement, il est très différent du *Protaster Miltoni* de Leintwardine.

2. Παλαιὸς et δίσκος, disque.

lement à une astéride où les bras ne dépasseraient pas le disque que tous les naturalistes l'ont rangé près des étoiles de mer, et pourtant Wyville Thomson a constaté que les ambulacres sont continués sur la face dorsale comme chez les oursins.

Dans les études que je viens de faire des échinodermes, plus encore que dans les autres parties de mes recherches sur les enchaînements du monde animal, je présente avec une extrême réserve les idées qui sont théoriques. Si on admet que les êtres ont eu un développement progressif, on doit supposer qu'ils ont acquis des parties nouvelles ; il faut savoir distinguer en eux ce qui résulte de la transformation des pièces des espèces qui les ont précédés, et ce qui résulte de nouveaux points d'ossification ; cela rend très difficile l'étude des homologies. D'admirables travaux ont été publiés sur les échinodermes par Louis Agassiz, Desor, d'Orbigny, Forbes, Müller, Troschel, Billings, Angelin, Wyville Thomson, Rofe, MM. Roemer, de Koninck, Hall, Cotteau, Lovén, Wright, de Loriol, Alexandre Agassiz, Lyman, Perrier, Schmidt, Lütken, Viguier, Wachsmuth, Springer, Keeping, Lindström, R. Etheridge, William et Herbert Carpenter, Ludwig, Neumayr, Hambach, etc. Grâce aux recherches de tant d'éminents spécialistes, l'étude de l'organogénie des échinodermes et celle de leurs développements paléontologiques font de rapides progrès, qui bientôt peut-être permettront de comprendre beaucoup d'homologies encore voilées. Lorsque nous réfléchissons qu'aujourd'hui les naturalistes sont unanimes pour reconnaître les rapports des membres de l'éléphant qui marche, de la baleine qui nage, de l'oiseau qui vole, du reptile qui rampe, nous pouvons penser que chez les invertébrés aussi on découvrira des rapports entre des parties qui ont d'abord semblé très différentes.

---

# CHAPITRE VII

## LES BRACHIOPODES PRIMAIRES

Il faut, sans doute, placer dans le même embranchement les bryozoaires[1] et les brachiopodes; suivant M. Kowalevsky, les bryozoaires incrustants sont des communautés d'animaux voisins des brachiopodes, dont les valves plates se soudent ensemble et forment une base continue, tandis que les valves convexes laissent un intervalle pour le passage des tentacules. Les individus des bryozoaires sont bien plus petits que ceux des brachiopodes, par la même raison qui fait que les polypes agrégés sont moindres que les polypes monastrés ; chaque œuf a produit à peu près la même somme de forces; seulement, tantôt les forces se sont éparpillées pour former beaucoup de petits individus distincts (bryozoaires), tantôt elles se sont concentrées pour constituer un seul grand individu (brachiopode).

Les bryozoaires ont laissé des traces de leur existence à toutes les périodes de l'histoire du monde. Ceux que l'on trouve enfouis dans les terrains primaires ont été étudiés par Lonsdale, M'Coy, MM. Hall, Nicholson et surtout par M. Vine,

1. Βρύον, mousse; ζῶον, être, parce qu'en s'agrégeant ces petits animaux prennent quelquefois une apparence qui rappelle celle des mousses. Plusieurs naturalistes anglais préfèrent au nom de bryozoaires celui de polyzoaires (πολύς, beaucoup, et ζῶον).

qui s'est dévoué spécialement à leur étude. Je les connais trop imparfaitement pour parler de leurs évolutions.

Si la plupart des naturalistes sont disposés à rapprocher les brachiopodes des bryozoaires, ils sont, au contraire, loin d'être d'accord sur l'embranchement auquel il convient de les rapporter. M. Morse a fait de remarquables recherches pour prouver que les brachiopodes sont des vers; plusieurs zoologistes partagent cette manière de voir. D'autres, qui ne sont pas moins habiles, tels que MM. Dall, de Lacaze-Duthiers, Gegenbaur, ne trouvent pas qu'il y ait des motifs suffisants pour séparer ces animaux de l'embranchement des mollusques, dans lequel M. Milne Edwards les avait rangés [1]. Il n'appartient pas à un paléontologiste de juger une question dont la solution dépend surtout de l'étude des animaux vivants. Mais ce qui semble ressortir de ce débat, dans lequel des opinions opposées sont émises par d'éminents naturalistes, c'est que les embranchements ne sont pas aussi nettement séparés qu'on avait pu le croire d'abord.

Les brachiopodes ont eu leur règne à l'époque primaire; ils ont eu alors leur plus grande taille [2]; la richesse de leurs formes n'a pas été égalée dans les âges plus récents, et, comme ils avaient déjà des habitudes de sociabilité, ils ont été représentés par des multitudes d'individus. Aussi ce sont les plus vulgaires de tous les fossiles des terrains anciens; ils ont été l'objet de travaux tellement nombreux que leur énumération ne peut avoir sa place dans cet ouvrage [3].

1. Un excellent résumé des opinions émises sur la position zoologique des brachiopodes a été donné par M. Œhlert dans des notes intitulées : *Position systématique des brachiopodes d'après les travaux de M. Morse* (*Journ. de Conchyl.*, avril 1880), et *Position systématique des brachiopodes d'après M. Dall* (*Journ. de Conchyl.*, juillet 1880). On pourra aussi consulter avec intérêt l'analyse que M. Joliet a faite d'un mémoire de M. Brooks sur *le développement de la lingule et la position zoologique des brachiopodes* (*Archives de zoologie expérimentale*, vol. VIII, p. 391, 1880).

2. Le *Productus giganteus* du carbonifère du Derbyshire avait $0^{m},210$ de largeur.

3. On trouvera l'énumération des principaux travaux relatifs aux brachiopodes primaires dans l'*Handbuch der Palæontologie* de M. Zittel, vol. I, p. 709 à 714.

Les brachiopodes se divisent en deux ordres : les brachiopodes inarticulés et les brachiopodes articulés.

*Brachiopodes inarticulés.* — On désigne sous ce nom les brachiopodes dont les valves ne sont pas unies par des dents[1]. Leur intestin est ouvert à sa partie postérieure[2], au lieu que, dans les autres brachiopodes, il n'y a pas d'anus. Ils forment trois familles : celles des lingulidés[3], des discinidés[4] et des

Fig. 86. — *Lingulella erruginea*, grandeur naturelle et grandie (d'après M. Davidson). — Cambrien le plus inférieur, Saint-David, au sud du pays de Galles.

craniadés[5]. De toutes les créatures jusqu'à présent découvertes dans les couches du globe, la plus ancienne, sauf le problématique *Eozoon*, est un sous-genre de lingule appelé *Lin-*

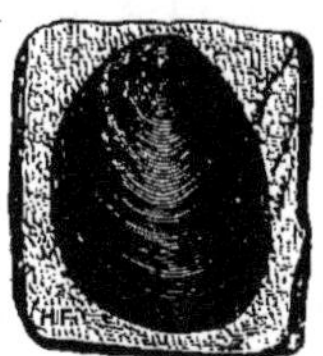

Fig. 87.—*Lingulella Davisii*, grandeur naturelle; les différences de forme dans ces échantillons proviennent surtout du mode de compression des schistes. —Cambrien supérieur de Port-Madoc, pays de Galles. Collection du Muséum.

*gulella* (fig. 86). Il est si commun dans les assises supérieures du cambrien du pays de Galles (fig. 87) qu'on désigne ces

1. MM. Haeckel et Gegenbaur les appellent écardines (*e*, privatif; *cardo*, charnière).

2. Pour cette raison, M. King leur a donné le nom de trétentérés (τρητὸς, ouvert ; ἔντερον, intestin).

3. Diminutif de *lingua*.

4. Diminutif de *discus*.

5. Ainsi nommé parce qu'une espèce de la craie rappelle grossièrement l'aspect d'une tête humaine.

assises sous le nom d'étages des *Lingula flags*[1]. Des lingules proprement dites ont vécu à l'époque silurienne, et, depuis cette époque, elles existent encore ; il en est de même des discines et des cranies. Ainsi, les types des trois familles des brachiopodes à valves non articulées peuvent être cités comme des exemples d'une singulière longévité ; ils se sont continués sans changements notables ; M. Davidson[2] a dit : « *Quelques genres seulement, appartenant à la faune primordiale ou genres les premiers créés, tels que les lingules, les discines et les cranies, ont frayé leur chemin, et lutté pour l'existence à travers toute la série des temps géologiques ; beaucoup d'autres furent destinés à une vie comparativement éphémère.* »

*Brachiopodes articulés.* — On appelle ainsi ceux dont les valves sont unies au moyen de dents[3] ; leur intestin est fermé à sa partie postérieure ; ce qui entre dans le corps et ce qui en sort passe par la même ouverture[4]. Ces animaux ont été représentés dans les temps primaires par cinq grandes familles : les orthisidés, les productidés, les spiriféridés, les rhynchonellidés et les térébratulidés.

Les orthisidés se reconnaissent, parce qu'en ouvrant leur coquille on n'y trouve pas de lames calcaires pour supporter les bras ciliés[5]. C'est le genre *Orthis*[6] (fig. 88 et 89), qui a donné son nom à la famille à cause de sa grande abondance ; il a un petit foramen[7] ; en général ses valves ventrale et dor-

1. C'est-à-dire étages des dalles à lingules. A l'époque où ce nom a passé en usage, on désignait encore les *Lingulella* sous le nom de *Lingula*.

2. Davidson, brochure intitulée : *Qu'est-ce qu'un brachiopode?* In-8°, 1875.

3. MM. Haeckel et Gegenbaur les désignent sous le nom de testicardines (*testa*, coquille ; *cardo*, charnière).

4. Pour cette raison, M. King les a nommés clistentérés (κλειστὸς, fermé ; ἔντερον, entraille).

5. Ces bras sont sans doute les homologues des tentacules des bryozoaires.

6. 'Ορθὸς, droit.

7. On désigne ainsi le trou de la coquille des brachiopodes où sort le pédicule qui la fixe aux corps sous-marins.

sale[1] sont peu inégales. Chez le genre *Strophomena*[2], très voisin de l'*Orthis*, les valves deviennent inégales à l'état adulte, l'une prenant une forme convexe et l'autre une forme concave; mais, dans la jeunesse, les valves rappellent encore celles des *Orthis* : « *Les valves de Strophomena*, a dit Woodward[3],

Fig. 88. — *Orthis alternata*, à 1/2 grandeur. A. valve ventrale vue en dehors. B. valve dorsale vue en dedans : *ad.* impressions des muscles adducteurs; *f. d.* fossettes où sont reçues les dents de la valve ventrale; *a. c.* avances cardinales. — Silurien inférieur de l'Ohio. Donné au Muséum par d'Archiac.

*sont presque plates jusqu'à ce qu'elles approchent de leur pleine croissance; alors elles se courbent abruptement d'un côté; la valve dorsale devient concave dans les Strophomena*

Fig. 89. — *Orthis orbicularis*, grandeur naturelle. A. coquille vue sur la face dorsale; B. valve dorsale vue en dedans. — Dévonien de Ferrones, Asturies. Collection du Muséum.

*alternata et rhomboidalis, tandis que, chez les Strophomena planumbona et euglypha, elle devient convexe; ces distinctions ne sont pas même sous-génériques.* » Les ornements extérieurs sont variables dans une même espèce, comme on en

1. On appelle grande valve ou valve ventrale celle par où passe le pédicule et qui est munie de dents; la petite valve ou valve dorsale est celle qui supporte les bras.

2. Στροφή, conversion; μήνη, lune.

3. P. S. Woodward, *Manual of the Mollusca*, 2e édition, p. 381, 1868.

pourra juger par les figures ci-dessous (fig. 90, A. et B.). La *Leptœna*[1] ressemble tellement à la *Strophomena* qu'on la confond quelquefois avec elle; elle s'en distingue par les avances cardinales de sa petite valve et par les impressions de ses muscles. Déjà bien plus réduit dans la *Strophomena*

Fig. 90. — *Strophomena rhomboidalis*, aux 3/4 de grandeur. A. forme irrégulière; B. forme plus simple appelée *depressa*. Ces deux coquilles sont vues sur la face ventrale. — Silurien de Dudley. Collection du Muséum.

que dans l'*Orthis*, le pédicule destiné à attacher les coquilles aux corps sous-marins devait s'atrophier le plus souvent dans la *Leptœna*, car on voit rarement une ouverture pour son passage. La preuve que la *Leptœna*, la *Strophomena*. l'*Orthis* se

Fig. 91. — *Streptorhynchus umbraculum*, aux 2/3 de grandeur, vu sur la face cardinale de manière à montrer son deltidium ventral *d. v.*, son deltidium dorsal *d. d.*, son aréa ventrale *a. v.* et son aréa dorsale *a. d.* — Dévonien de Gerolstein, Eifel. Donné par d'Archiac au Muséum.

lient les unes aux autres, est fournie par l'*Orthis alternata*, dont j'ai donné le dessin (fig. 88); cette coquille a été décrite tantôt sous le nom d'*Orthis*, tantôt sous celui de *Strophomena*, tantôt sous celui de *Leptœna*. Le *Streptorhynchus*[2] (fig. 91) est également cité comme une forme intermédiaire entre

1. Les deux valves sont tellement rapprochées l'une de l'autre que l'animal devait être extrêmement mince; c'est ce qui a fait imaginer le nom de *Leptœna* (λεπτὸς, mince).

2. Στρεπτὸς, tordu; ῥύγχος, bec.

l'*Orthis*, la *Leptœna* et la *Strophomena;* il n'a aucun trou pour le passage d'un pédicule. L'*Orthisina*[1] (fig. 92), avec sa large aréa[2], son deltidium qui couvre le foramen et laisse seulement, pendant une partie de la vie de l'animal, un petit pas-

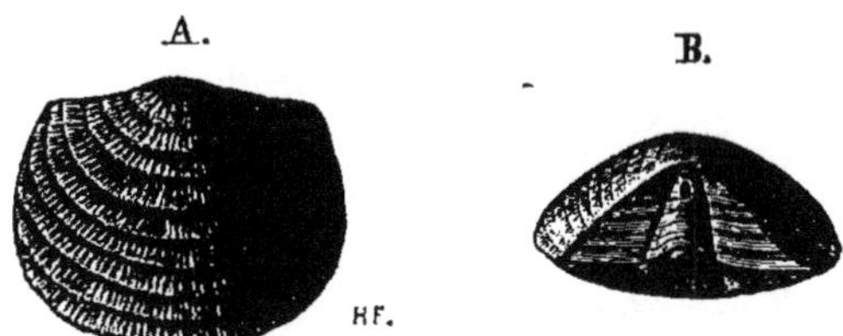


FIG. 92. — *Orthisina ascendens*, grandeur naturelle. A. vue sur la face dorsale; B. vue dans la région cardinale; on remarque dans le deltidium un très petit foramen. — Silurien inférieur de Saint-Pétersbourg. Collection d'Orbigny.

sage pour le pédicule, peut aussi être notée parmi les formes dérivées des *Orthis*.

La famille des productidés comprend les orthisidés qui, n'ayant plus de pédicule, avaient, en compensation, des épines

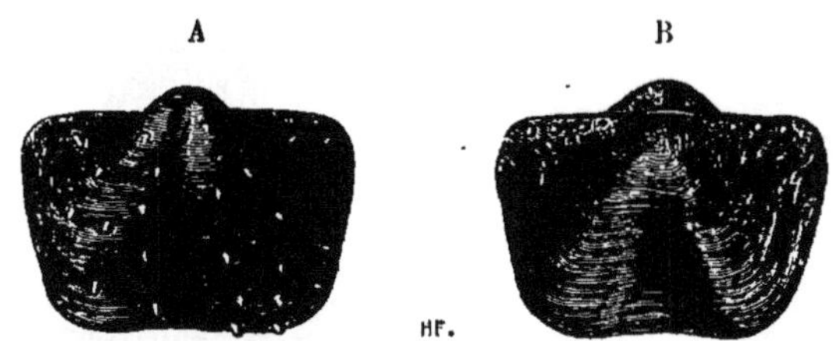


FIG. 93. — *Productus horridus*, grandeur naturelle. A. vu sur la face ventrale; B. vu sur la face dorsale. — Permien de Géra, Allemagne. Echantillon donné au Muséum par M. Geinitz.

tubuleuses, au moyen desquelles ils devaient se retenir dans les plantes marines. Le type de ce groupe est le genre *Productus*[3]; sa coquille était dépourvue de dents, comme chez les brachiopodes inarticulés. J'ai fait représenter ici, outre le

1. Diminutif d'*Orthis*.

2. On appelle ainsi un méplat formé par la grande valve entre son crochet et son bord cardinal; on voit bien l'aréa dans les figures 92, B., 98 et surtout 100.

3. Ce genre a été établi sur l'*Anomia producta* de Martin; le nom d'espèce a été transformé par Sowerby en nom de genre.

*Productus horridus* qui est une espèce très vulgaire (fig. 93), un *Productus Geinitzii*, vraiment curieux par le développement de ses épines (fig. 94). La *Chonetes*[1], au lieu d'avoir,

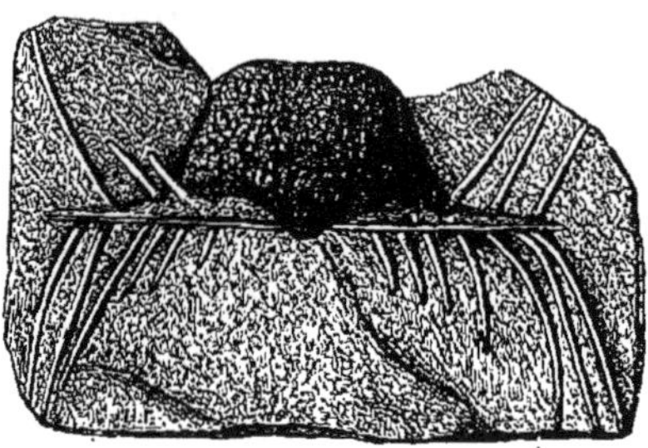

FIG. 94. — *Productus Geinitzii*, à 1/2 grandeur. — Permien de Trebnitz, Allemagne. Collection de l'École des Mines.

ainsi que le *Productus*, des épines répandues sur toute sa coquille, n'en avait qu'au bord de son aréa (fig. 95); par la présence d'un deltidium et d'une aréa, elle ressemblait plus à la *Leptœna* qu'au *Productus*, mais par ses impressions mus-

FIG. 95. — *Chonetes tenuicostata*, représentée de grandeur naturelle, montrant ses épines au bord de la valve ventrale. — Dévonien de la Baconnière, Mayenne. Echantillon communiqué par M. Œhlert.

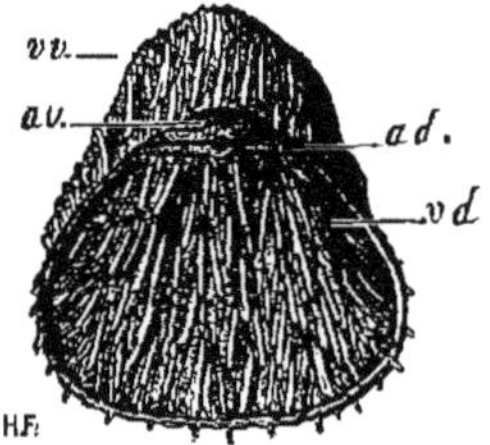


FIG. 96. — *Strophalosia Goldfussi*, vue sur la face dorsale, grandeur naturelle : *v. v.* valve ventrale ; *v. d.* valve dorsale ; *a. v.* aréa ventrale ; *a. d.* aréa dorsale. — Permien de Géra. Donné au Muséum par M. Geinitz.

culaires elle se rapprochait davantage de ce dernier. La *Strophalosia*[2] (fig. 96) présentait une exagération du *Productus*

1. Χώνη, moule avec tube pour la sortie de la matière en fusion.

2. Les épines s'entortillent les unes dans les autres; c'est ce qui a suggéré le nom de *Strophalosia* (στρόφαλος, rouet, qui est tiré de στρόφος, corde de fils entortillés les uns dans les autres).

par le nombre et la longueur de ses épines; elle avait une aréa, un deltidium et des dents; par là elle établissait un lien entre les productidés et les orthisidés.

Les spiriféridés se distinguaient des autres brachiopodes parce qu'ils avaient, comme leur nom l'indique[1], à l'intérieur de leur coquille, des lames calcaires tournées en spirale,

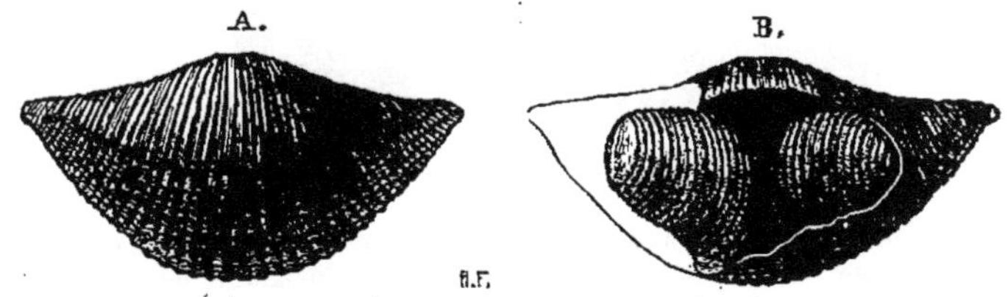


Fig. 97. — *Spirifer striatus*, aux 3/5 de grandeur. A. échantillon vu sur la valve ventrale; B. échantillon dont la valve ventrale, en partie brisée, laisse voir les lames spirales. — Carbonifère de Tournay. Collection d'Orbigny.

qui servaient à soutenir les bras; ces lames se sont quelquefois conservées dans la fossilisation (fig. 97, 102, 104). Le type de la famille est le genre *Spirifer*, très répandu dans les terrains primaires, remarquable par sa large aréa, son grand foramen

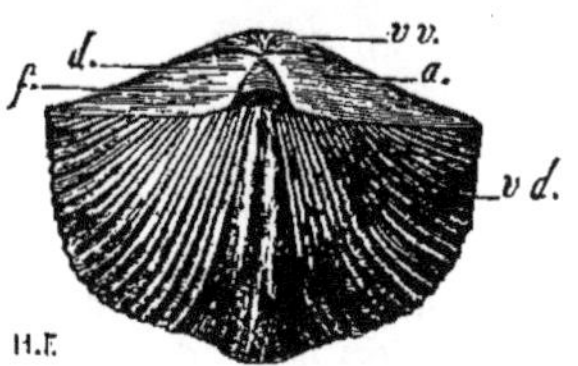


Fig. 98. — *Spirifer Oweni*, vu sur la face dorsale, aux 3/4 de grandeur; *v. v.* valve ventrale; *v. d.* valve dorsale; *d.* deltidium; *a.* aréa; *f.* foramen. — Dévonien de l'Amérique du Nord. Collection du Muséum.

triangulaire, muni d'un deltidium incomplet (fig. 97 et 98). Il a présenté des variations très nombreuses. Quelquefois son aréa diminuait, la valve ventrale, au lieu de s'élargir, s'allongeait de manière à former un bec, et il se développait une sorte de deltidium qui ne laissait plus pour le pédicule qu'une

1. *Spira*, *fero*.

petite ouverture ronde; cet écart de forme a reçu le nom d'*Uncites*[1] (fig. 99). D'autres fois, au contraire, l'aréa deve-

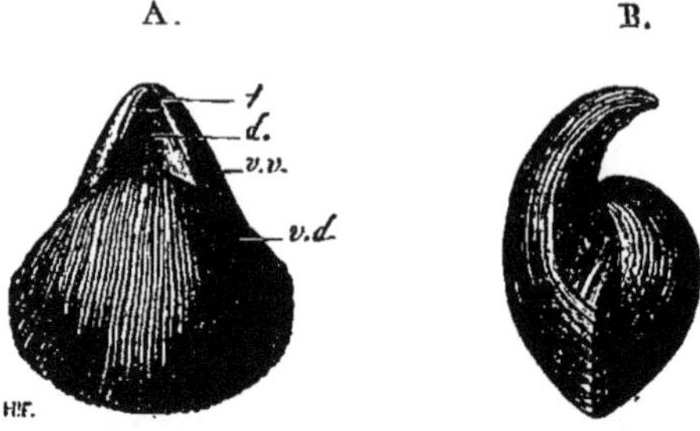


Fig. 99. — *Uncites gryphus*, aux 3/4 de grandeur. A. vu sur la face dorsale; B. vu de côté : *v. v.* valve ventrale; *v. d.* valve dorsale; *f.* foramen; *d.* deltidium. — Dévonien de Paffrath, Prusse rhénane. Collection d'Orbigny.

nait énorme; il se formait un grand deltidium, et il ne restait qu'un petit trou ovale pour rappeler le souvenir du large foramen par où passait le pédicule des *Spirifer* non modifiés; cette forme est connue sous le nom de *Cyrtia*[2] (fig. 100) et de *Cyrtina;* sa ressemblance avec le polypier appelé *Cal-*

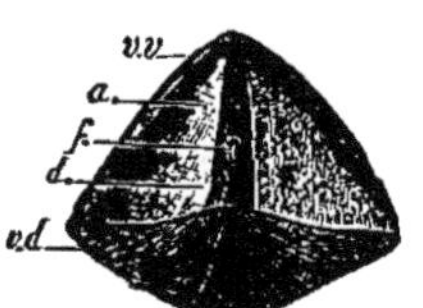


Fig. 100. — *Cyrtia exporrecta* (*trapezoidalis*) vue de grandeur naturelle : *v. v.* valve ventrale; *a.* son aréa très large; *d.* son deltidium; *f.* son foramen; *v. d.* valve dorsale. — Silurien supérieur, Dudley. Collection du Muséum.

*ceola sandalina* est tout à fait étonnante, et excuse bien ceux qui ont pris la *Calceola* pour un brachiopode (voy. p. 77, fig. 48).

Dans leurs mutations, les spiriféridés allaient jusqu'à perdre

1. *Uncus*, crochet, à cause de la pointe de la valve ventrale.

2. Κυρτὸς, courbé. On a vu dans une des pages précédentes que les orthisidés prennent quelquefois un semblable développement, et qu'alors on les appelle *Orthisina ; Orthisina* est à *Orthis* ce que *Cyrtia* est à *Spirifer*.

complètement la large aréa caractéristique du type de leur famille, et il leur arrivait de ressembler aux térébratules, de telle façon que d'éminents naturalistes, n'ayant pas eu occasion de voir leurs lames spirales, les ont confondus avec les térébratules : on donne à ces coquilles le nom d'*Athyris* (fig. 101

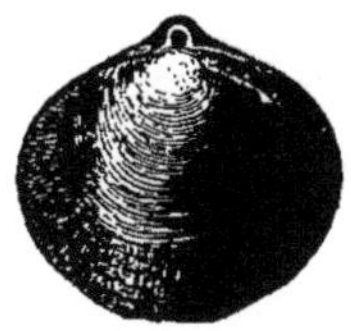
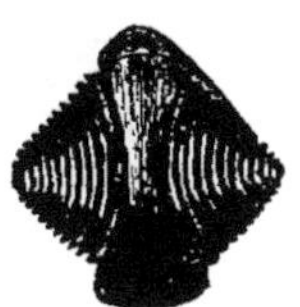

FIG. 101. — *Athyris Roissyi*, grandeur naturelle. L'échantillon qui est à gauche est une coquille entière représentée aux 3/4 de grandeur, sur la face dorsale; il appartient à la collection du Muséum. L'échantillon dessiné à droite, de grandeur naturelle, est un moule interne qui montre les cônes latéraux formés par les lames tournées en spirale; il appartient à l'Ecole des Mines. — Carbonifère de Tournay.

et 102). Ces *Athyris*, à leur tour, présentent des formes très variées, ainsi qu'on pourra s'en assurer en comparant la figure 102 avec la figure 103. Leur nom[1] avait été proposé pour indiquer que certaines espèces, telles que l'*Athyris*

A.

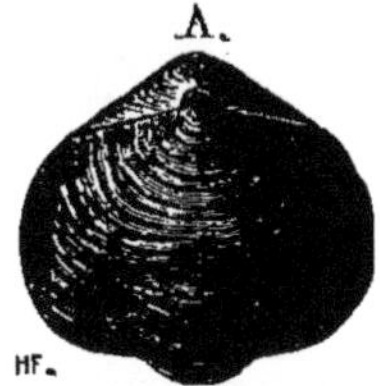


B.

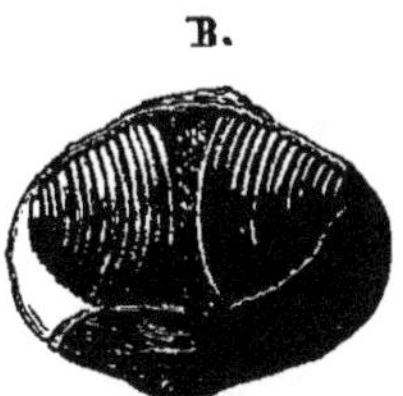

FIG. 102. — *Athyris concentrica*, grandeur naturelle. A. échantillon vu sur la face dorsale; il a un grand foramen; B. coquille brisée de manière à montrer les lames spirales. — Dévonien de Ferques. Collection du Muséum.

*tumida*, n'ont pas d'ouverture. Comme plusieurs espèces (*Athyris concentrica*, fig. 102) ont un grand foramen, on a voulu changer leur nom d'*Athyris*, devenu alors inexact, en

1. 'A, privatif et θυρὶς, petite porte. Il est d'autant plus convenable de conserver le nom d'*Athyris* que le mot θυρὶς doit s'appliquer plutôt au deltidium qu'au foramen; or, si les *Athyris* ont souvent un foramen, il est plus rare qu'elles aient un deltidium.

celui de *Spirigera;* mais quel nom subsisterait, s'il devait rester constamment exact dans toutes les espèces ou variétés du même genre? Les naturalistes ont, je pense, sagement fait en n'acceptant pas le changement de nom d'*Athyris*.

FIG. 103. — *Athyris Ezquerræ*, vue sur la face dorsale, grandeur naturelle. — Dévonien de Sabéro, province de Léon, Espagne. Collection du Muséum.

L'*Atrypa* (fig. 104 et 105) ressemble à une *Athyris*, chez laquelle les cônes spiraux, au lieu d'être disposés latéralement comme chez les *Spirifer*, seraient placés verticalement (fig. 104, B). Le nom d'*Atrypa* a été imaginé parce qu'on a

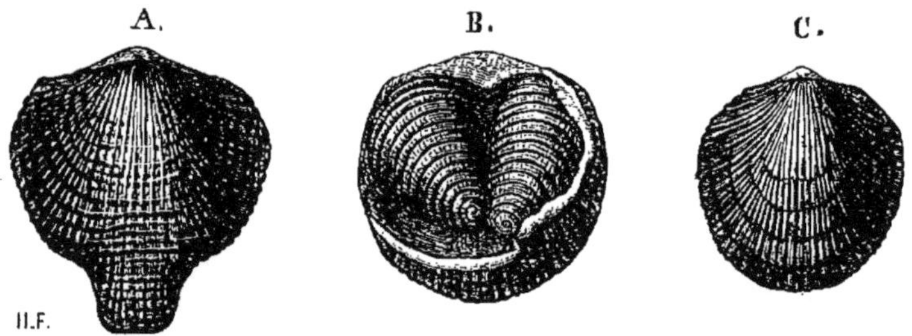


FIG. 104. — *Atrypa reticularis*, grandeur naturelle. A. échantillon du dévonien de Saint-Jean, Mayenne, donné au Muséum par M. Œhlert; il est vu sur sa face dorsale; il montre une grande avance médiane. C. échantillon de forme plus régulière, vu également sur la face dorsale; il est du silurien supérieur de Dudley, collection du Muséum. B. échantillon brisé de manière à montrer la forme de ses cônes spiraux; il provient du dévonien du Maryland. Collection d'Orbigny.

d'abord observé des coquilles sans foramen[1]. Il est aujourd'hui reconnu que, dans une même espèce, on voit des individus qui ont un foramen et d'autres qui n'en ont pas; ainsi, la figure 105 représente une coquille marquée *Atrypa desqua-*

1. 'A, privatif et τρῆμα, trou. C'est le genre *Spirigerina* pour d'Orbigny.

*mata*, qui n'est sans doute qu'une simple variété de l'*Atrypa reticularis;* elle a un foramen très visible *f.*, au lieu que sur la figure 104, *c.*, il n'y en a pas.

Dans les rhynchonellidés, le mode d'enroulement des bras a la même direction que dans l'*Atrypa*, mais il n'y a que deux lames très courtes qui les supportent, au lieu des lames contournées en spire des spiriféridés. Woodward n'a pas attaché

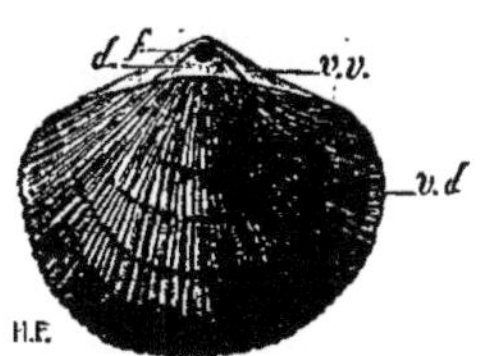


Fig. 105. — *Atrypa desquamata* vue sur la face dorsale, aux 2/3 de grandeur : *v. v.* valve ventrale; *f.* son foramen; *d.* son deltidium; *v. d.* valve dorsale. — Dévonien de Gerolstein, Eifel. Collection du Muséum.

une grande importance aux supports des bras pour la classification, car il a rangé l'*Atrypa* parmi les rhynchonellidés, en disant[1] : « *La coquille de ce genre diffère principalement de celle des rhynchonelles par la calcification des supports buccaux, un caractère d'une valeur incertaine.* »

Le type des rhynchonellidés, *Rhynchonella*[2] (fig. 106), a eu une destinée bien différente de celle des spiriféridés et des productidés; elle vivait déjà à l'époque où se déposait le grès de Caradoc (silurien inférieur); elle vit encore aujourd'hui, et elle a si peu changé qu'il n'est pas toujours facile de distinguer ses espèces primaires des espèces récentes. Il faut toutefois remarquer que, par suite de la connaissance encore imparfaite des caractères internes des brachiopodes, les paléontologistes sont exposés à réunir des coquilles dont les apparences sont les mêmes, bien que leurs caractères internes doivent les faire rapporter à des genres différents; ainsi, la

1. P. S. Woodward, *Manual of the Mollusca*, p. 379.

2. Ῥύγχος, bec, parce que sa grande valve forme un prolongement en forme de bec au delà de l'ouverture par laquelle passe le pédicule.

*Rhynchotreta*[1] (fig. 107) a tout à fait l'aspect des rhynchonellidés, et pourtant elle se rapproche des térébratulidés par la disposition des supports de ses bras.

Fig. 106. — *Rhynchonella lacunosa*, grandeur naturelle, vue sur la face dorsale. — Silurien supérieur de Benthal-Edge. Donné au Muséum par d'Archiac.

Fig. 107. — *Rhynchotetra* (*Rhynchonella*) *cuneata*, de grandeur naturelle, vue sur la face ventrale et sur la face dorsale. — Silurien supérieur de Waldron, Indiana. Donné au Muséum par M. de Cessac.

On range à côté de la *Rhynchonella* le *Pentamerus*, qui contraste avec elle par sa vie éphémère; il n'a encore été trouvé que dans le silurien et le dévonien. Mais, pendant le temps relativement court de son existence, il a été très répandu ; ses espèces (fig. 108 et 109) comptent parmi les

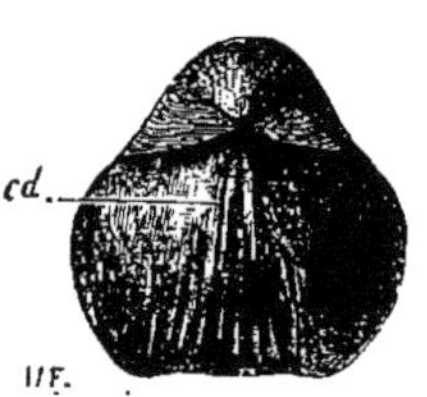


Fig. 108. — *Pentamerus galeatus*, aux 3/4 de grandeur ; on voit en *c. d.* les deux cloisons de la valve dorsale. — Silurien supérieur de Dudley. Collection du Muséum.

fossiles les plus vulgaires. Les coquilles de ce genre sont remarquables par de grandes cloisons qui divisent leur intérieur en trois chambres : une médiane et deux latérales[2]; on se rendra compte de cette disposition en regardant la figure 109, B.

1. Ῥύγχος, bec et τρητὸς, troué.

2. Le nom de *Pentamerus* (πέντ, cinq; μέρος, partie) a été imaginé parce que le moule paraît divisé en cinq parties : deux parties à la valve ventrale, et trois à la valve dorsale.

et la figure 110, qui représentent des cassures naturelles produites à la séparation des trois chambres. La présence de ces cloisons rappelle de loin l'état de certains polypiers, tels que

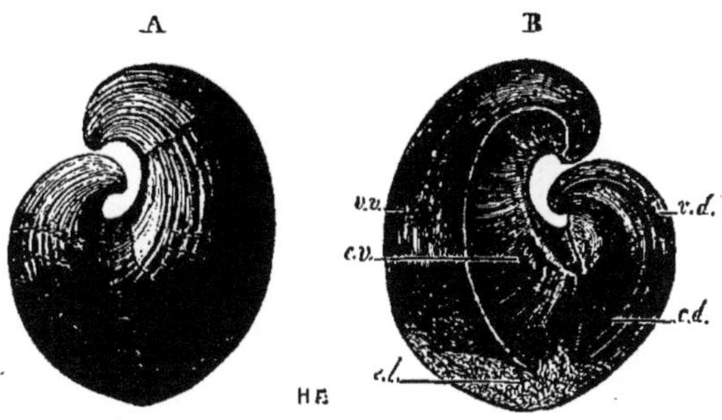


Fig. 109. — *Pentamerus Knightii*, aux 3/5 de grandeur. A. vu de côté; B. vu à l'intérieur; l'échantillon est fendu naturellement de manière à montrer la cloison de la chambre ventrale *c. v.* et de la chambre dorsale *c. d.*; *v. v.* valve ventrale; *v, d.* valve dorsale; *e. l.* représente l'espace libre laissé dans le milieu entre les cloisons ventrale et dorsale. — Silurien supérieur de Ludlow. Collection du Muséum.

l'*Anisophyllum;* il y a là comme un fractionnement de l'individualité. M. Œhlert, qui prépare en ce moment un mémoire sur l'histoire du groupe des pentamérides, me dit que les cloisons de ces brachiopodes ont diminué à mesure qu'ils ont appartenu à des âges moins anciens.

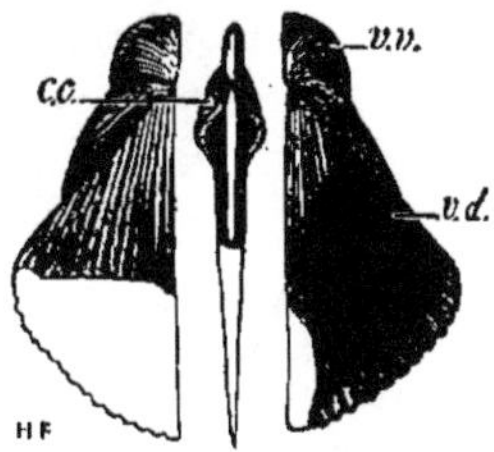


Fig. 110. — *Pentamerus Knightii*, vu sur la face dorsale, grandeur naturelle; il est séparé en trois parties : une chambre centrale *c. c.* et deux chambres latérales; *v. v.* valve ventrale; *v. d.* valve dorsale. — Silurien supérieur de Ludlow. Collection d'Orbigny.

Les térébratulidés se distinguent des rhynchonellidés par les supports de leurs bras, bien plus développés et réunis à leur extrémité par une barre. La *Terebratula*[1], qui est leur genre typique (fig. 111), est remarquable par sa longévité; elle a apparu à l'époque du dévonien moyen, et, depuis ce temps, elle s'est continuée jusqu'à nos jours, en changeant très

Fig. 111. — *Terebratula sacculus*, variété allongée et variété large, vues sur la face dorsale, grandeur naturelle. — Carbonifère de Visé, Belgique. Collection d'Orbigny.

peu. Comme le *Pentamerus* parmi les rhynchonellidés, le *Stringocephalus*[2], parmi les térébratulidés, forme un contraste par son peu de longévité; il est spécial au carbonifère (fig. 112);

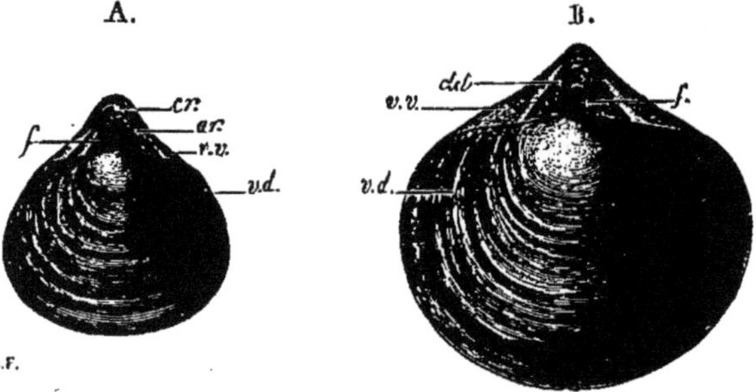


Fig. 112. — *Stringocephalus Burtini*. A. jeune, aux 3/4 de grandeur, avec un large foramen *f*. B. adulte, 1/2 grandeur, avec le foramen *f*. rétréci par le deltidium *del.*; *v. v.* valve ventrale; *cr.* son crochet; *ar.* son aréa; *v. d.* valve dorsale. — Dévonien de Paffrath. Collection du Muséum.

les cloisons de ses deux valves et ses longues avances cardinales le rendent facilement reconnaissable.

*Remarques générales.* — L'étude des brachiopodes a montré que le développement d'animaux placés dans les mêmes milieux a été inégal; quelques genres se sont continués, soit de-

1. *Terebratus*, perforé.
2. Στρὶγξ, στριγγὸς, chouette; κεφαλὴ, tête.

puis les temps cambriens, soit depuis l'époque silurienne, soit depuis l'époque dévonienne jusqu'à nos jours; plusieurs autres sont restés confinés dans les temps primaires.

Nous avons vu que les brachiopodes, qui, à en juger par l'état actuel de nos connaissances, ont apparu les premiers dans le monde, ont été des brachiopodes inarticulés, et notamment des lingules; ils ont présenté la forme la plus simple sous laquelle on puisse concevoir une coquille à deux valves.

Aujourd'hui les brachiopodes inarticulés, lingules, discines, cranies ont une bouche et un anus. Il est permis de croire qu'autrefois il en a été ainsi; ce qui donnerait quelque base à cette supposition, c'est que les bryozoaires, auxquels on attribue une parenté avec les brachiopodes, ont une bouche et un anus. Il est incontestable que la présence d'un anus est un caractère de supériorité; chez les êtres inférieurs, tels que les polypes composés, les molécules qui sont introduites servent pour la plupart à former des individus nouveaux; chez les êtres supérieurs arrivés à l'état adulte, la nutrition ne produit pas des parties nouvelles, mais un renouvellement continuel des parties anciennes, de manière à réparer les déperditions de forces causées par une puissante mise en jeu des organes; l'excrétion devient alors une importante fonction, et l'anus, qui en est l'organe, marque un progrès. Si donc les brachiopodes pourvus d'un anus ont eu leur règne avant ceux qui en sont dépourvus, nous sommes obligés d'admettre que l'histoire paléontologique de ces animaux indique à certains égards, non pas un progrès, mais un amoindrissement. « *Il faut supposer*, a dit M. King, *que les trétentérés ont dégénéré en clistentérés, de même que les ophiuridés qui sont sans anus proviennent de larves plutéiformes avec anus.* »

Lorsque l'on considère les différences considérables qui existent entre les types extrêmes des coquilles réunies sous le nom de brachiopodes, il semble qu'il doive être facile d'établir parmi eux des divisions bien tranchées; pourtant on trouve là plus encore peut-être qu'ailleurs des exemples de passages. On en remarque même entre les deux divisions principales des brachiopodes : celles des articulés et des inarticulés; suivant M. Davidson, la *Trimerella* est intermédiaire entre ces deux divisions; le *Productus* a ses valves non articulées, quoique, par l'ensemble de ses caractères, il doive être rangé parmi les brachiopodes à valves articulées.

Il y a des transitions aussi entre les familles : la *Chonetes*, la *Strophalosia*, la *Strophomena* participent des caractères des orthisidés et des productidés; l'*Atrypa* diminue la distance qui sépare les rhynchonellidés des spiriféridés, et la *Rhynchotreta* diminue celle qui sépare les rhynchonellidés des térébratulidés.

Entre les genres d'une même famille, les limites sont souvent difficiles à établir, et des caractères qui d'abord avaient été jugés excellents pour les distinctions génériques, ont paru instables à mesure qu'on les a étudiés sur un plus grand nombre de sujets. Par exemple, les premiers naturalistes qui ont jeté de la lumière sur la classification des genres de brachiopodes, ont pris pour bases de cette classification les caractères de l'ouverture et ceux du deltidium qui la recouvre plus ou moins; on ne pouvait, en effet, considérer ces caractères comme dépourvus d'importance, car de la présence ou de l'absence d'une ouverture pour le passage du pédicule, résulte l'état de liberté ou de captivité des brachiopodes. Mais on s'est bientôt aperçu combien l'ouverture est variable : le *Stringocephalus*, la *Cyrtia*, l'*Athyris* (*Spirigera*), l'*Atrypa*, l'*Orthisina*, la *Strophomena*, la *Leptœna* ont dans leur jeunesse une ouverture qui tantôt persiste, tantôt se ferme dans l'âge adulte, ce qui équivaut à dire que des animaux issus des mêmes parents peuvent devenir libres ou rester captifs. Alors on a rayé de la liste des caractères génériques ceux qui sont tirés de l'ouverture, espérant pouvoir, avec d'autres caractères, arriver à former des genres dont les séparations seraient plus fixes. Ces séparations ne me semblent pas devoir être bien nettes aux yeux mêmes des spécialistes les plus expérimentés, car je suis frappé de voir combien il y a de désaccord sur les délimitations génériques de plusieurs des brachiopodes les plus vulgaires; on en peut faire la remarque particulièrement sur les animaux de la famille des orthisidés.

On n'a pas observé dans les parties internes, telles que les impressions des muscles, les cloisons, les supports des bras, la même variabilité que dans la forme de l'ouverture et les autres caractères externes. Mais cela peut provenir de ce que les parties enfermées dans l'intérieur de coquilles difficiles à ouvrir, comme celles de la plupart des brachiopodes, ont été moins étudiées. Par exemple, il y a lieu de supposer que, suivant les harmonies habituelles de la nature, les muscles destinés à agir sur le pédicule ont été modifiés en même temps que lui. Récemment, un paléontologiste de Manchester, le révérend Norman Glass, est parvenu à dégager les supports des bras d'un grand nombre de brachiopodes avec une singulière netteté ; un des premiers résultats des habiles procédés de M. Glass a été de révéler la mutabilité de ces supports : il a montré que le nombre et la direction de leurs circonvolutions spirales varient dans une même espèce de spiriféridé [1].

D'après les considérations qui précèdent, je suis porté à croire que les genres de brachiopodes ont pu passer les uns aux autres. Cependant, comme M. Davidson n'admet pas les passages des genres, je dois, en présence d'une aussi haute autorité, supposer que, dans l'état actuel de la science, les passages des genres ne sont pas encore suffisamment démontrés. Mais, ainsi que j'ai eu occasion de le dire dans un de mes précédents ouvrages, les discussions des naturalistes au sujet de la fixité ou du passage des espèces rappellent celles des nominalistes et des réalistes du moyen âge; comme les nominalistes, les partisans de la fixité des espèces contestent en

1. Dans la planche XXXII du *Supplément aux brachiopodes fossiles*, M. Davidson figure des *Spirifer lineatus* dont les cônes spiraux se dirigent vers le bord cardinal au lieu de se diriger vers les bords latéraux comme dans la plupart des *Spirifer*.

général la réalité des genres; ils n'admettent que la réalité des espèces; les noms de genres ne sont pour eux que des noms conventionnels. C'est donc seulement la question des espèces qui doit les préoccuper. Or M. Davidson doute qu'il soit possible de marquer les limites des espèces de brachiopodes; en vouant sa vie entière à l'étude de ces animaux, en les suivant à travers tous les temps géologiques, à travers tous les pays, il a touché du doigt leurs mutations, et a donné la plus éloquente preuve de la plasticité des espèces. Ses ouvrages montrent souvent réunies, dans une même planche, des variations d'espèces tellement grandes, que s'il n'avait pas découvert leurs insensibles dégradations, on n'hésiterait pas à les regarder comme des entités distinctes, indépendantes les unes des autres : « *Parmi les brachiopodes*, a dit M. Davidson[1], *les passages de formes sont si nombreux et si insensibles, que pour peu que l'on opère sur un nombre considérable d'individus, on se trouve sans cesse dans l'embarras de savoir où tracer des lignes de démarcation entre une espèce et une autre, et l'on se perd dans le labyrinthe où on a eu le malheur de pénétrer.* »

1. *Bulletin de la Société géologique de France*, 2e série, vol. XI, p. 173, 1854.

# CHAPITRE VIII

## LES BIVALVES ET LES GASTROPODES PRIMAIRES

Les mollusques comprennent deux grandes divisions : celle des mollusques proprement dits, tels que les bivalves et les gastropodes, et celle des céphalopodes. Les embryons des premiers commencent sous forme d'un vitellus sphérique, comme chez les polypes, les batraciens, les mammifères ; les embryons des seconds se présentent sous forme de cicatricule, comme dans les poissons, les reptiles allantoïdiens, les oiseaux.

Il n'est pas impossible de comprendre comment, par suite de l'augmentation des granules nutritifs, un œuf à vitellus sphérique, tel que celui d'un gastropode, est devenu un œuf avec cicatricule tel que celui d'un céphalopode. Mais, comme nous n'avons à l'état fossile que des coquilles, nous sommes incapables de décider si ce changement a eu lieu. En général, quand une coquille univalve a des cloisons, on l'attribue à un céphalopode; quand elle n'en a pas, on l'attribue à un gastropode; cependant un céphalopode actuel, l'*Argonaute*, nous apprend qu'une coquille de céphalopode peut être dépourvue de cloisons, et au contraire certaines coquilles primaires, rangées près des gastropodes, ont des cloisons.

On connaît plusieurs gastropodes dans le cambrien. M. Hicks a découvert douze espèces de bivalves et une seule espèce de céphalopode à la partie inférieure de l'étage de Trémadoc, qui forme la transition entre le cambrien et le silurien. Dans le silurien, les céphalopodes sont bien plus nombreux que les gastropodes et les bivalves; leur règne a eu lieu dès les temps primaires, tandis que c'est à l'époque tertiaire et à l'époque actuelle que les gastropodes ont eu leur plus grande extension. Comme ces derniers sont moins perfectionnés que les céphalopodes, il faut admettre que le développement n'a pas été également progressif dans tous les animaux fossiles.

*Bivalves.* — Les bivalves[1], appelés aussi acéphales[2], conchifères[3] ou lamellibranches[4], ont été d'abord divisés en dimyaires[5] et en monomyaires[6]. Les premiers ont deux muscles appelés adducteurs parce qu'ils servent à rapprocher les deux valves; chez les seconds, l'adducteur antérieur s'atrophie jusqu'à disparaître totalement; le postérieur se développe en proportion et se porte vers le milieu de la coquille. D'Orbigny a substitué à ce mode de division le partage en pleuroconques[7], qui sont couchés sur le côté ainsi que les poissons pleuronectes, et en orthoconques[8] qui se tiennent droits, la bouche en bas, l'anus en haut. Cette classification a l'avantage de grouper les animaux d'une manière très naturelle, mais comme les mollusques ont souvent une position oblique, on peut être embarrassé pour décider s'il faut les ranger parmi les pleuroconques ou les orthoconques. Beaucoup de naturalistes ont adopté la classification suivante de Woodward qui me semble moins bonne que les précédentes :

Bivalves.
- Siphonidés.
  - Sinupalléaux.
  - Intégropalléaux.
- Asiphonidés.

1. Mollusques à deux valves (*valvæ*, battants de porte).
2. 'A, privatif; κεφαλὴ, tête.
3. *Concha*, coquille; *fero*, je porte; ce nom a été donné par Lamarck aux bivalves.
4. C'est-à-dire branchies disposées en lamelles; ce nom a été proposé par Blainville.
5. Δὶς, deux fois; μῦς, muscle.
6. Μόνος, seul et μῦς.
7. Πλευρὸν, côté; κόγχη, coquille.
8. 'Ορθὸς, droit et κὸγχη.

Les asiphonidés[1] sont les bivalves qui n'ont pas de siphons. Ce groupe comprend des animaux très différents : des orthoconques et des pleuroconques, des monomyaires et des dimyaires. Les diverses familles d'asiphonidés ont existé dans les temps primaires : ce sont les familles des ostréidés, des pectinidés, des aviculidés, des mytilidés, des arcadés, des trigoniadés et des unionidés. Le développement de ces familles a été très inégal. Les huîtres (ostréidés) et les peignes (pectinidés), aujourd'hui si vulgaires, n'ont commencé qu'à l'époque carbonifère; cette apparition tardive des huîtres, qui sont les moins élevés de tous les mollusques, semble indiquer que leur état d'infériorité provient, non pas de ce qu'elles représentent un type encore incomplètement développé, mais au contraire de ce qu'elles représentent un type déjà ancien qui aura subi une dégradation; ce qui confirme cette supposition, c'est que

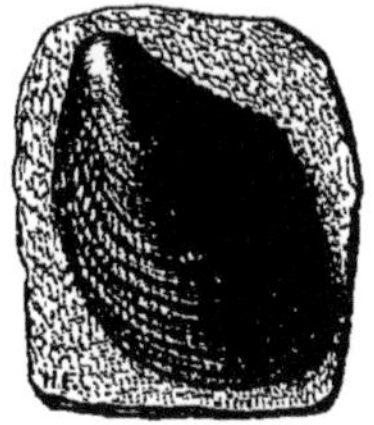

Fig. 113. — *Avicula reticulata*, aux 3/5 de grandeur. — Silurien supérieur de Wenlock. Échantillon donné par d'Archiac au Muséum.

l'étude embryogénique des huîtres nous montre ces animaux commençant par être libres et se mouvant rapidement. Les asiphonidés qui ont eu le plus d'importance à l'époque primaire ont été les aviculidés : *Avicula*[2] (fig. 113), *Pterinea*[3], *Cardiola*[4], *Ambonychia*[5], *Aviculopecten*[6]. La famille des mytilidés

1. 'A, privatif; σίφων, ωνος, tube, siphon.
2. Diminutif d'*avis*, oiseau, à cause de ses ailes.
3. Diminutif de πτερὸν, aile.
4. Diminutif de *Cardium*.
5. Sans doute formé de *ambo*, deux et ὄνυξ, ὄνυχος, ongle.
6. Il a à la fois les caractères des *Avicula* et des *Pecten*.

a été représentée par les *Myalina*[1], *Modiolopsis*[2], *Orthonotus*[3], etc.; celle des arcadés par les *Arca*[4], *Isoarca*[5], *Palæarca*[6], *Cucullæa*[7], *Ctenodonta*[8]; celle des trigoniadés par les *Lyrodesma*[9], *Curtonotus*[10], *Axinus*[11]; celle des unionidés par les *Anthracosia*[12] et *Carbonicola*[13].

Les siphonidés sont les bivalves qui ont deux tubes : l'un, appelé siphon branchial, par lequel l'eau est apportée aux branchies, l'autre appelé siphon anal par lequel l'eau est expulsée. Lorsque les tubes sont grands, leur présence est révélée sur les coquilles par une dépression connue sous le nom de sinus palléal, et les coquilles sont dites sinu-palléales; lorsque les tubes sont très petits, il n'y a pas de sinus palléal; la ligne d'attache du manteau à laquelle on donne le nom de ligne palléale[14] est continue, et les coquilles sont dites intégropalléales. On ne peut pas distinguer une coquille de siphonidé d'avec celle d'un asiphonidé, quand elle est intégropalléale. Il y a un passage insensible des animaux pourvus de grands siphons à ceux qui ont des petits siphons, et de ceux qui ont des petits siphons à ceux qui n'en ont pas.

Les siphonidés à petits siphons ont été moins répandus dans les temps anciens que les asiphonidés; sur les sept familles

1. Diminutif de *Mya*.
2. Il a l'apparence de *Modiola*.
3. Ὀρθος, droit; νῶτος, dos.
4. *Arca*, arche, coffre.
5. Ἴσος, égal et *Arca*.
6. Παλαιὸς, ancien et *Arca*.
7. *Cucullus*, capuchon.
8. Κτεὶς, κτενὸς, peigne; ὀδὼν, ὀδόντος, dent.
9. Λύρα, lyre; δέσμα, ligament.
10. Κυρτὸς, courbé; νῶτος, dos.
11. Ἀξίνη, hache. Ce nom a été proposé par Sowerby à cause de la forme du bord postérieur qui, suivant lui, rappelle une hache. M. Tate dans la seconde édition du *Manuel* de Woodward range l'*Axinus* parmi les lucinidés.
12. Ἄνθραξ, ακος, charbon, parce que l'*Anthracosia* se trouve dans le terrain houiller.
13. *Carbo, onis*, charbon; *colo*, j'habite. La *Carbonicola* se rencontre également dans le terrain houiller.
14. *Pallium*, manteau.

qu'y admet Woodward, trois seulement se montrent dans les terrains primaires, ce sont : la famille des cyprinidés qui est représentée par le *Megalodon*[1] (fig. 114), la *Cypricardia*[2], le

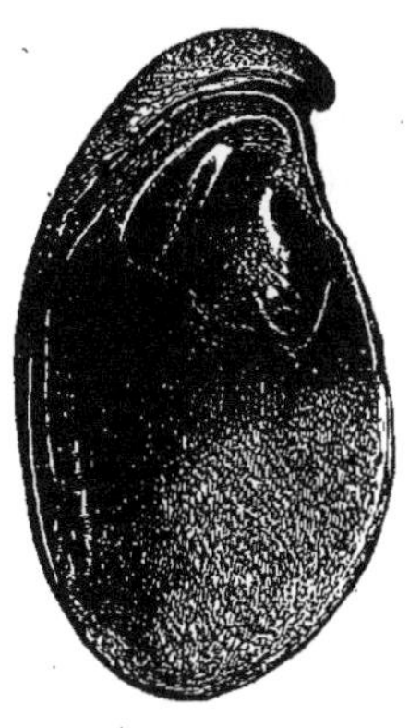
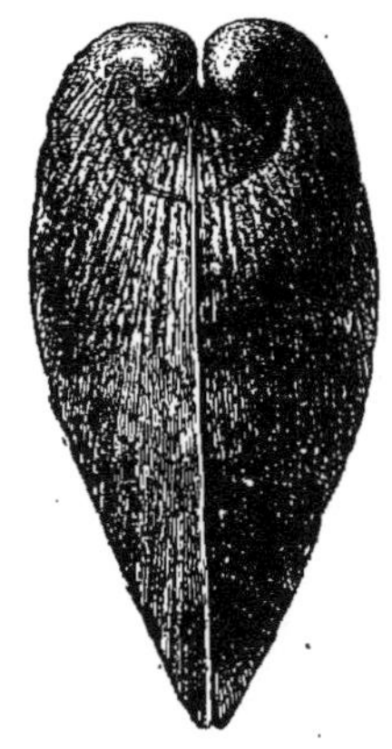
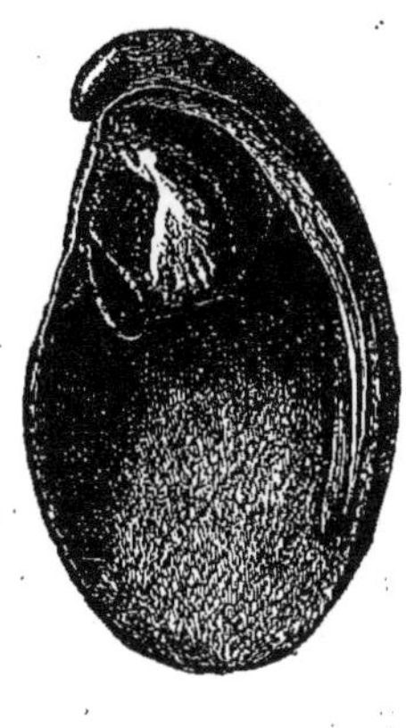

FIG. 114. — *Megalodon cucullatus*, les deux valves réunies, la valve gauche, la valve droite séparée, aux 2/3 de grandeur. — Dévonien de Paffrath, Prusse rhénane.

*Pachydomus*[3], la famille des lucinidés représentée par le genre *Lucina*[4], et la famille des cardiadées représentée par le *Cardium*[5] et le *Conocardium*[6] (fig. 115). Cette famille des car-

FIG. 115. — *Conocardium alæforme*, grandeur naturelle. — Carbonifère de Tournay. Collection d'Orbigny.

diadées est une preuve frappante de la difficulté d'établir des séparations nettes entre les mollusques, car, bien que les *Cardium* ordinaires n'aient que des rudiments de tube, leurs

1. Μέγας, grand et ὀδὼν, dent.
2. Κύπρις, Vénus; καρδία, cœur.
3. Παχὺς, épais; δόμος, demeure.
4. Nom mythologique.
5. Καρδία, cœur.
6. *Conus* et *Cardium*.

espèces vivantes de la mer Caspienne, connues sous le nom d'*Adacna*, avaient des tubes plus longs que leur coquille, et, comme on le voit dans la figure ci-contre, le *Conocardium* du carbonifère avait un long tube qui a dû loger un siphon très développé.

Parmi les bivalves à coquille sinupalléale, on peut citer les anatinidés qui ont été répandus à l'époque primaire ; à part ces animaux, les mollusques sinupalléaux sont rares dans les terrains anciens, et, comme ils sont évidemment les plus élevés des bivalves, leur tardive apparition semble dénoter un développement progressif.

Parmi les formes que je viens de citer, quelques-unes ont été spéciales aux époques primaires, comme le *Megalodon* (fig. 114) et le *Conocardium* (fig. 115). Mais la plupart se lient aux formes actuelles : la *Limanomya* ressemble à une *Anomia* qui aurait les auricules des *Lima ;* l'*Aviculopecten* tient des *Pecten* et des *Avicula ;* le *Pernopecten* se rapproche des *Pecten* et des *Perna ;* on a pu confondre l'*Ambonychia* avec l'*Inoceramus*, le *Ctenodonta* avec la *Nucula*, la *Palæarca* avec l'*Arca ;* l'*Axinus* a la forme de la *Trigonia ;* la coquille de l'*Anthracosia* est voisine de celle de l'*Unio ;* la *Carbonicola* est une *Anthracosia* avec des dents latérales. En outre, plusieurs espèces anciennes ont été rangées dans les mêmes genres que les coquilles actuelles ; beaucoup des formes récentes des coquilles bivalves semblent la continuation de celles des âges primaires.

*Gastropodes*[1]. — Il n'est pas toujours facile de distinguer un gastropode univalve muni de son opercule d'avec une coquille à deux valves ; on en a la preuve dans la *Maclurea*[2] que plusieurs naturalistes placent parmi les gastropodes et que

1. Les belles recherches de M. de Lacaze-Duthiers ont montré qu'entre les bivalves et les gastropodes, il faut placer les solénoconques qui ont pour type le genre *Dentalium*. Il y avait déjà des *Dentalium* dans les temps primaires.

2. En l'honneur de Maclure, un des fondateurs de la géologie américaine.

d'autres mettent parmi les bivalves[1] à côté d'une forme crétacée (*Requienia Lonsdalii*). Supposons un opercule de gastropode qui s'est développé, il devra ressembler à la petite valve d'un bivalve très inéquivalve comme *Requienia*. De tels changements sont d'autant plus faciles à concevoir que le commencement embryogénique des bivalves et de beaucoup de gastropodes est sensiblement le même.

Les gastropodes ont été divisés de la manière suivante :

| | | | |
|---|---|---|---|
| Gastropodes | à poche pulmonaire | ........ | Pulmonés. |
| | à branchies. | Pied bien développé dans l'adulte. | Prosobranches. Opisthobranches. |
| | | Pied rudimentaire....... | Nucléobranches. |
| | | Pas de pied............. | Ptéropodes. |

La plupart des gastropodes marins commencent par avoir un vélum ; plus tard ils le perdent, et leur ventre s'épaissit pour former la masse musculeuse au moyen de laquelle ils rampent ; de là est venu leur nom de gastropodes[2]. Les ptéropodes n'ont point un pareil épaississement, et ils retiennent jusque dans l'âge adulte des petits prolongements appelés ailes qui leur servent à nager[3]. Ces gastropodes de caractère embryonnaire sont ceux qui paraissent être venus les premiers dans le monde ; on trouve dans le cambrien inférieur l'*Hyalites*[4] et la *Cyrtotheca*[5]. Les époques cambrienne et silurienne ont vu leur plus grand développement. Je figure ici (fig. 116) une *Conularia*[6] caractéristique du silurien de la France. M. Barrande, dans son grand ouvrage sur la Bohême, donne les

1. Murchison, dans le *Quarterly Journal of the geological Society*, vol. XV, p. 378, 1859, s'est exprimé ainsi : « *La ressemblance de la Maclurea avec les genres Caprotina ou Caprinella est évidente, et c'était au groupe des rudistes que Woodward fut d'abord incliné à rapporter ce genre. Il l'a cependant rangé parmi les hétéropodes (nucléobranches) comme une forme solide, probablement sédentaire et alliée au Bellerophon.* »
2. Γαστὴρ, ρὸς, ventre ; ποῦς, ποδὸς, pied.
3. Πτερὸν, aile ; ποῦς, ποδὸς.
4. Ὕαλος, verre.
5. Κυρτὸς, courbe ; θήκη, étui.
6. Diminutif de *conus*.

chiffres suivants des espèces primaires connues jusqu'à présent :

| | |
|---|---|
| Permien | 2 |
| Carbonifère | 5 |
| Dévonien | 60 |
| Silurien et cambrien | 178 |

Il faut avouer qu'il y a encore beaucoup d'obscurité autour des animaux anciens qu'on a rangés sous le nom de ptéropodes : la *Conularia* (fig. 116) est grande, tandis que les ptéropodes

Fig. 116. — *Conularia pyramidata*, vue de côté à 1/2 grandeur. — Silurien de May, Calvados. Collection d'Orbigny.

actuels pourvus de coquilles sont fort petits ; la *Salterella*, l'*Hemiceras* et la *Conularia fecunda* ont un test très épaissi en dedans, au lieu que les ptéropodes d'aujourd'hui ont un test mince. La *Phragmotheca*, l'*Hyalites* et quelques *Conularia* ont des cloisons comme en pourraient avoir des céphalopodes dépourvus de siphon ; il n'est pas impossible que certaines coquilles des prétendus ptéropodes représentent des formes originaires de cépalopodes.

Les nucléobranches[1], appelés aussi hétéropodes[2], n'ont pas de nageoires comme les ptéropodes ; néanmoins, leur pied, très

1. C'est-à-dire branchies dans un nucléus, parce que la coquille de plusieurs nucléobranches est restée à l'état de nucléus, c'est-à-dire dans l'état où est la coquille des embryons des gastropodes marins plus parfaits ; ce nucléus est si petit qu'il ne peut protéger que les branchies.

2. Ἕτερος, autre ; ποῦς, ποδὸς, pied, parce que leur pied a une autre forme que dans la plupart des gastropodes.

peu épaissi, leur coquille restée souvent à l'état de nucléus, leur donnent encore un caractère d'infériorité. On leur a attribué les coquilles nombreuses et variées connues sous le nom de *Bellerophon*[1] (fig. 117), celles des *Cyrtolites*[2], des *Porcellia*[3], etc. Mais les incertitudes que les paléontologistes rencontrent, lorsqu'ils veulent classer certains ptéropodes anciens, se renouvellent en présence des nucléobranches primaires. Le *Bellerophon*, au lieu d'être rangé parmi les nucléobran-

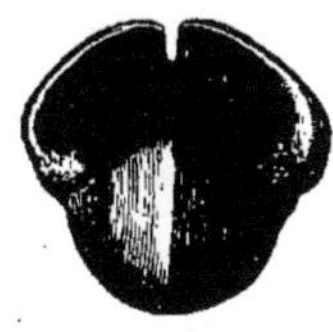

FIG. 117. — *Bellerophon hiulcus*, grandeur naturelle, vu latéralement et du côté de l'ouverture, de manière à montrer l'entaille médiane. — Carbonifère de Tournay. Collection d'Orbigny.

ches, a été considéré, tantôt comme un ptéropode, tantôt comme un opisthobranche, tantôt comme un prosobranche[4], tantôt comme un céphalopode. On doute s'il faut, avec Woodward, mettre la *Porcellia* dans l'ordre des nucléobranches, ou bien, avec d'Orbigny, la mettre à côté de la *Murchisonia* et de la *Pleurotomaria*, dans l'ordre des prosobranches ; ceci nous montre que, pour la disposition des coquilles, seules parties sur lesquelles nous puissions raisonner, les séparations entre les différents ordres de gastropodes ne sont pas bien tranchées.

On n'a pas trouvé dans les terrains primaires de traces d'opisthobranches[5] ; comme la plupart de ces animaux sont pri-

1. Nom mythologique.
2. Κυρτὸς, courbe ; λίθος, pierre.
3. On donne pour étymologie le mot *porcella*.
4. M. Fischer range le Bellerophon parmi les prosobranches.
5. Ὄπισθεν, en arrière ; βράγχια, branchies, parce que les branchies sont en arrière du cœur.

vés de coquilles, l'absence de leurs restes ne saurait prouver qu'ils manquassent dans les époques anciennes.

Les prosobranches[1] ne se sont beaucoup multipliés que dans la seconde moitié des temps primaires ; c'est à l'époque tertiaire et dans l'époque actuelle qu'ils ont eu tout leur épanouissement. Ces animaux ont une langue couverte d'une membrane armée de crochets microscopiques, à laquelle on a donné le nom de radula[2]. D'après sa disposition, on a établi parmi les prosobranches plusieurs groupes : rhipidoglosses, pténoglosses, toxiglosses, rhachiglosses, tænioglosses. Dans l'admirable *Traité de conchyliologie* qu'il publie en ce moment, M. Fischer attache justement de l'importance à ces divisions, car la forme des crochets de la radula indique un régime plus ou moins carnivore ou herbivore. Mais, comme la radula ne se conserve guère à l'état fossile, elle offre peu de ressources

FIG. 118. — *Pleurotomaria occidens*, aux 3/5 de grandeur, dessiné de manière à montrer l'entaille du labre. — Dévonien de la Baconnière, Mayenne. D'après un échantillon communiqué par M. Œhlert.

FIG. 119. — *Macrocheilus subcostatus* (*Buccinum Schlotheimii* pour de Verneuil et d'Archiac), vu du côté de l'ouverture, grandeur naturelle. — Dévonien de Paffrath, Prusse rhénane. Collection du Muséum.

aux paléontologistes ; aussi, je suis obligé de suivre encore provisoirement l'ancienne classification proposée par Woodward. Dans cette classification, les prosobranches, de même que les bivalves, forment deux groupes : ceux qui n'ont pas de siphon pour amener l'eau aux branchies, et ceux qui ont

1. Πρόσω, en avant et βράγχια, parce que les branchies sont en avant du cœur.
2. *Radula*, racloir.

un siphon ; les premiers sont appelés holostomes, les seconds siphonostomes.

Les holostomes tirent leur nom[1] de ce que l'ouverture de leur coquille, vulgairement appelée la bouche, reste entière

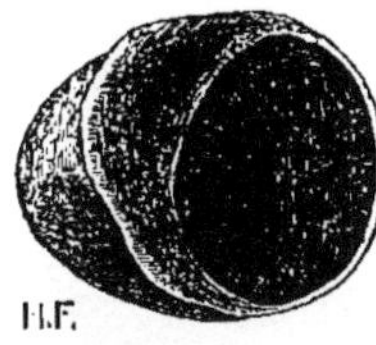

Fig. 120. — *Platystoma niagarense*, vu du côté de l'ouverture et en dessus, aux 3/5 de grandeur. — Silurien supérieur de Waldron, Indiana. Donné au Muséum par M. de Cessac.

dans sa partie antérieure (fig. 119) ; elle contraste par là avec celle des siphonostomes[2] qui, étant munis d'un siphon, ont pour son passage une échancrure ou un canal. Les holostomes

Fig. 121. — *Loxonema* (*Chemnitzia*) *Lefebvrei*, aux 3/4 de grandeur. — Carbonifère de Tournay. Collection d'Orbigny.

Fig. 122. — *Ecculiomphalus* (*Serpularia*) *serpula*, aux 3/4 de grandeur. — Carbonifère de Tournay. Collection d'Orbigny.

primaires ont eu des formes variées ; on s'en rendra compte en examinant les figures 118 à 126 ; dans le *Platyceras*[3], l'enroulement spiral était très peu prononcé ; il l'était davantage

1. Ὅλος, entier ; στόμα, bouche.
2. Σίφων, ωνος, siphon, canal et στόμα.
3, Πλατὺς, plat ; κέρας, corne.

dans le *Platystoma*[1] (fig. 120), davantage dans le *Macrocheilus*[2] (fig. 119), davantage encore dans la *Murchisonia*[3] (fig. 125, 126), et surtout dans le *Loxonema*[4] (fig. 121). Quelquefois la spire était surbaissée ainsi que chez l'*Euomphalus*[5] (fig. 123). Au lieu d'être contigus comme dans ce dernier genre, les tours de spire pouvaient soit marquer une tendance à se disjoindre (*Oriostoma*[6], fig. 124), soit se disjoindre entièrement (*Ecculiomphalus*[7], fig. 122). Souvent le labre avait une échancrure latérale, comme le montrent les gravures de la *Pleurotomaria*[8] (fig. 118) et de la *Mur-*

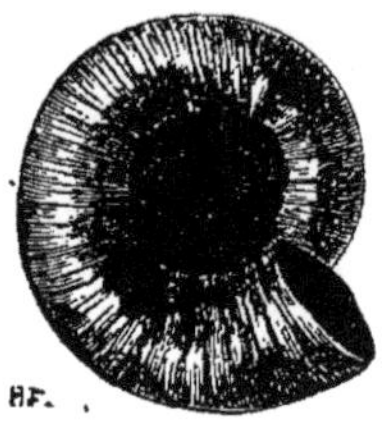

FIG. 123. — *Euomphalus tuberculatus*, vu en dessous et en dessus, grandeur naturelle. — Carbonifère de Tournay. Collection du Muséum.

FIG. 124. — *Oriostoma princeps*, vu du côté de l'ouverture et en dessus, grandeur naturelle. — Dévonien de la Baconnière, Mayenne. Collection de M. Œhlert.

1. Ce genre auquel il faut peut-être rapporter celui que Hall a appelé *Strophostylus* est remarquable par l'aplatissement du bord interne de la coquille sur la columelle; de là est venu son nom (πλατὺς, plat; στόμα, bouche).

2. Μακρὸς, large; χεῖλος, lèvre, à cause de la grandeur du labre.

3. Nommé ainsi en l'honneur de Murchison.

4. Λοξὸς, oblique; νῆμα, tissu.

5. Εὖ, bien; ὀμφαλὸς, ombilic, parce qu'on appelle ombiliquées les coquilles qui, en s'enroulant sur elles-mêmes, laissent voir leurs premiers tours.

6. Ὅριον, limite; στόμα, bouche.

7. Ἐκκυλίω, je développe; ὀμφαλὸς, ombilic.

8. Πλευρὸν, côté; τομὴ, incision.

*chisonia* (fig. 125). Certaines coquilles primaires ont été très ornées (fig. 123 et 124); cependant elles ont en général été plus simples (fig. 119, 121, 122) que celles des époques plus récentes.

Dans quelques holostomes, notamment dans des *Euompha-*

Fig. 125. — *Murchisonia bilineata*, de grandeur naturelle. — Dévonien de Paffrath. Collection du Muséum.

Fig. 126. — *Murchisonia coronata*, de grandeur naturelle. — Dévonien de Paffrath. Collection du Muséum.

*lus* carbonifères, il y a eu des cloisons internes comme chez les céphalopodes ; seulement il n'y avait pas de siphon.

Les limites de plusieurs genres d'holostomes sont difficiles à établir ; leurs limites spécifiques le sont encore davantage ; on peut citer les espèces du genre *Platyceras* parmi celles qu'on a le plus de peine à séparer les unes des autres.

Un siphonostome a été rencontré par MM. Meek et Worthen dans le carbonifère de l'Illinois; il paraît avoir été voisin

Fig. 127. — *Soleniscus typicus*, vu du côté de l'ouverture et du côté opposé, grandeur naturelle (d'après MM. Meek et Worthen). — Carbonifère de l'Illinois.

des *Fasciolaria* ; on l'a appelé *Soleniscus*[1] (fig. 127) ; un autre qui ressemble à un *Fusus* a été signalé par M. Hall dans le si-

1. Σωληνίσκος, petit canal. Le *Soleniscus* a été retrouvé dans l'expédition au cent et unième méridien qu'a dirigée M. Wheeler; M. White l'a décrit dans un appendice à l'important rapport de M. Stevenson sur les travaux géologiques de l'expédition.

lurien de l'Ohio ; il a reçu le nom de *Fusispira*[1]. Ces fossiles sont des raretés dans les terrains anciens; presque tous les prosobranches ont été d'abord des holostomes. Il y a là un sujet de remarque intéressant pour les naturalistes qui étudient la question du développement progressif, car les siphonostomes, ayant des organes de respiration plus compliqués que les holostomes, sont regardés comme leur étant supérieurs. Mais cela est encore intéressant pour les savants qui se complaisent dans les harmonies de la nature; en effet, de nos jours, les siphonostomes sont des carnassiers, et la plupart des holostomes sont des herbivores. Il en a peut-être été de même dans les temps primaires, et il a dû en résulter pour les mollusques une plus grande facilité de propagation. Si les gastropodes prosobranches, dont les moyens de locomotion sont très bornés, avaient eu à lutter non seulement contre les céphalopodes, les crustacés et les poissons, mais aussi contre les individus de leur classe, ils auraient eu plus de peine à se développer. J'ai eu occasion, dans un précédent ouvrage[2], de remarquer que les grands mammifères carnassiers se sont multipliés seulement quand les mammifères herbivores étaient devenus exubérants.

Les pulmonés n'ont pas encore été signalés dans des terrains plus anciens que le houiller; M. Dawson, ayant eu l'ingénieuse idée d'explorer les troncs d'arbres fossiles des houillères du Canada comme les entomologistes explorent les troncs d'arbres modernes, y a fait de très curieuses découvertes; notamment il y a trouvé de petites coquilles qui ressemblent beaucoup à une espèce de *Pupa*[3] encore vivante (fig. 128), et un autre pulmoné qui a été appelé *Conulus*[4]. Des *Pupa* ont été retrouvées dans le terrain houiller de l'Écosse. Probablement on découvrira d'autres mollusques pulmonés dans les terrains primaires, mais il n'est pas vraisemblable qu'on les y

1. C'est-à-dire enroulement spiral comme dans les *Fusus*
2. *Animaux fossiles du Mont Léberon*, p. 80, in-4°, 1873.
3. C'est le genre vulgairement appelé maillot.
4. Diminutif de *conus*.

trouve en aussi grand nombre que les gastropodes marins. Quand on pense combien de milliers de mètres cubes de terrains houillers ont été remués et combien peu de restes de gastropodes pulmonés en ont été retirés, on est porté à croire que le règne des pulmonés est venu après celui des gastropodes marins; c'est seulement à l'époque tertiaire que les gastro-

FIG. 128. — *Pupa vetusta*, de grandeur naturelle et grandie 3 fois (d'après M. Dawson.) — Terrain houiller de la Nouvelle-Ecosse.

podes pulmonés ont eu leur grand développement, et c'est dans l'époque actuelle qu'ils sont à leur apogée. Il y a là un argument en faveur du développement progressif, car tous les naturalistes reconnaissent que les pulmonés sont les plus élevés des gastropodes, l'existence continentale entraînant des fonctions plus compliquées que l'existence dans le sein des mers; en outre, on peut dire que les pulmonés sont des gastropodes par excellence, puisque, à peine formés, ils méritent déjà leur nom de gastropodes : leur ventre épaissi leur sert pour la locomotion; ils ne subissent pas des métamorphoses[1] comme les prosobranches.

Je ne peux laisser les gastropodes sans mentionner les curieuses comparaisons qui ont été faites par M. Hall entre les espèces dévoniennes d'Amérique et d'Europe. Une analyse très intéressante que M. Barrois[2] a donnée des recherches

1. Il paraît que les *Auricula* font exception à cet égard ; elles subissent les mêmes métamorphoses que les prosobranches.

2. Barrois, *Paléontologie de l'Etat de New-York*, par James Hall (*Revue scientifique*, n° du 11 septembre 1880).

de cet éminent paléontologiste met en relief les analogies des espèces des deux pays, notamment les suivantes :

| ESPÈCES D'AMÉRIQUE | | ESPÈCES D'EUROPE |
|---|---|---|
| Loxonema Hamiltoniæ | rappelle | Loxonema nexilis |
| Euomphalus Decewi | — | Euomphalus Wahlenbergii |
| Euomphalus clymenioides | — | Euomphalus planorbis |
| Pleurotomaria Lucina | — | Pleurotomaria rotundata |
| Pleurotomaria Ella | — | Pleurotomaria radula |
| Pleurotomaria filitexta | — | Pleurotomaria clathrata |
| Pleurotomaria trilix | — | Pleurotomaria quadrilineata |
| Pleurotomaria quadrilix | — | Pleurotomaria lenticularis |
| Murchisonia desiderata | — | Murchisonia angulata |
| Murchisonia micula | — | Murchisonia bilineata |
| Murchisonia Maia | — | Murchisonia trilineata |
| Porcellia Hertzeri | — | Porcellia puzo |
| Bellerophon curvilineatus | — | Bellerophon dubius |
| Bellerophon acutilyra | — | Bellerophon Murchisoni |
| Bellerophon brevilineatus | — | Bellerophon Verneuili |
| Bellerophon natator | — | Bellerophon expansus |
| Bellerophon Leda | — | Bellerophon decussatus |
| Bellerophon Helena | — | Bellerophon hiulcus |
| Bellerophon rotalinea | — | Bellerophon trilobatus |
| Bellerophon mœra | — | Bellerophon tuberculatus |
| Tentaculites attenuatus | — | Tentaculites tenuis |
| Tentaculites scalariformis | — | Tentaculites scalaris |
| Styliola fissurella | — | Styliola clavulus |
| Hyolithes aclis | — | Hyalites discors |
| Hyolithes striatus | — | Hyalites solitarius |
| Hyolithes singulus | — | Hyalites striatulus |

Tant de ressemblances sont-elles mensongères? Comme l'insinue M. Barrois, n'y a-t-il pas là de simples variétés géographiques? Je ne peux m'empêcher de croire à des enchaînements entre ces espèces d'Amérique et d'Europe.

# CHAPITRE IX

## LES CÉPHALOPODES

Les céphalopodes ont joué un rôle important dans les mers primaires. Ils ont été l'objet de vastes recherches ; M. Barrande, à lui seul, a publié sur les céphalopodes siluriens de la Bohême onze grands volumes comprenant 544 planches avec un texte d'environ 3600 pages !

C'est avec la coquille des nautiles[1] que les coquilles des céphalopodes primaires ont le plus de ressemblance ; elles sont de même composées d'une grande chambre où se tenait l'animal, et d'une série de loges aériennes servant d'allège comme la vessie natatoire des poissons ; en général elles ont aussi un siphon (fig. 130, 133, 149 et 152). La spirule présente des cloisons qui forment entre elles des loges aériennes ainsi que chez les nautiles, mais sa coquille est interne au lieu d'être externe. On a discuté sur la question de savoir si les céphalopodes anciens avaient une paire de branchies comme les nautiles, ou deux paires comme les genres de nos mers européennes ; il est difficile de décider une pareille question.

On peut croire que, malgré les ressemblances des coquilles, les céphalopodes primaires ont présenté plusieurs

1. Ναυτίλος, nom employé par Aristote.

différences avec les nautiles actuels. Par exemple, ceux-ci ont des becs calcaires; on n'a point trouvé de becs calcaires dans les terrains primaires où les restes de céphalopodes abondent. L'ouverture si contractée des coquilles des animaux siluriens, tels que les *Gomphoceras* (fig. 139, 155, 163, 164), montre que leur tête ne ressemblait pas à celle des nautiles actuels. Chez plusieurs des anciens céphalopodes, les bras qui s'élargissent chez les nautiles d'aujourd'hui pour former l'organe appelé le capuchon, s'allongeaient de manière à atteindre jus-

Fig. 129. — *Clymenia lævigata* dessinée en dessus à 1/2 grandeur. — Dévonien de Schübelhammer, Allemagne. Collection de l'École des Mines.

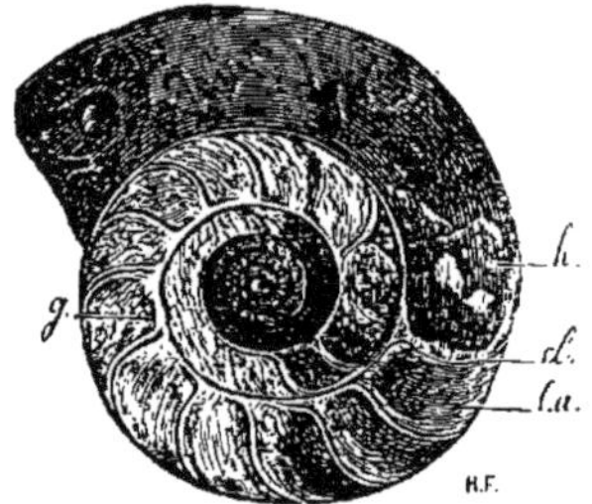


Fig. 130. — Section de *Clymenia lævigata*, à 1/2 grand. : *h.* chambre d'habitation; *cl.* cloisons; *l. a.* loges aériennes; *g.* goulot — Dév. de Schübelhammer. Collection de l'École des Mines.

qu'à la partie postérieure de la coquille; cela ressort des ingénieuses remarques que M. Barrande a faites sur les orthocères réparateurs; ces mollusques brisaient l'extrémité de leur coquille, quand elle était trop longue, et ensuite ils réparaient le bout qui était conservé; on s'en rendra compte en comparant deux orthocères (fig. 131 et 132) que j'ai rapportés d'une excursion en Bohême où M. Barrande a eu la bonté de me servir de guide; celui de gauche est très bien réparé, tandis que celui de droite est brisé, mais non encore réparé; pour faire ce travail de réparation, il fallait de longs bras. On verra aussi (p. 172) que les embryons de quelques-uns des céphalopodes anciens ont différé de ceux des nautiles actuels par le mode de formation de leur coquille initiale. D'innombrables changements ont pu se produire pendant l'incompréhensible durée des temps géologiques, et ce serait restreindre l'idée du Pouvoir Créateur que de se représenter tous les céphalopodes

FIG. 131. — *Orthoceras truncatum* sur lequel on voit les traces de la réparation de sa brisure; aux 2/3 de grandeur. — Silur. sup. de Butowitz, Bohême. Coll. du Muséum.

FIG. 132. — *Orthoceras* du même gisement que le précédent, dont la coquille est brisée en arrière, mais non réparée; aux 2/3 de grandeur.

des anciens âges construits forcément comme les quelques types de céphalopodes de l'époque actuelle.

*Division des principaux genres.* — Les céphalopodes primaires forment deux groupes principaux : les nautilidés et les ammonitidés.

Les nautilidés ont eu leur règne dans les temps anciens. Leur genre le plus répandu a été la coquille appelée *Orthoceras*[1]. Dans les seuls terrains de la Bohême, M. Barrande a cru pouvoir en distinguer 544 espèces. Au premier abord, on ne conçoit pas qu'une coquille en forme de corne droite, peu ornementée, puisse offrir beaucoup de variations; mais telle est la fécondité de la nature, qu'avant de quitter un type, si simple qu'il soit, elle semble se plaire à épuiser toutes les combinaisons possibles de changements : l'*Orthoceras* simulait un cône allongé ou un cône surbaissé[2]; sa surface était nue ou

1. 'Ορθὸς, droit; κέρας, corne.

2. D'après cela on range les orthocères en deux sections : les longicônes et les brévicônes.

décorée; ses ornements étaient longitudinaux (fig. 133) ou transverses (fig. 134), ou à la fois longitudinaux et transverses; il restait petit ou devenait grand; on a trouvé des fragments qui indiquent une taille de près de deux mètres; la chambre où logeait le mollusque était tantôt longue, tantôt courte; le siphon était très large, moyen ou exigu, placé dans le milieu ou près du bord; il était tout d'une venue ou présentait des

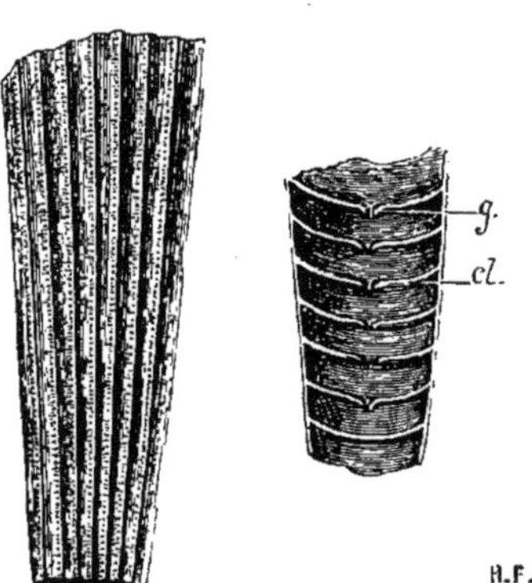


FIG. 133. — *Orthoceras Gesneri*, grand. nat.; on voit à droite une coupe longitudinale avec les cloisons *cl.* et les goulots *g.* — Carb. de Tournay. Coll. du Muséum.

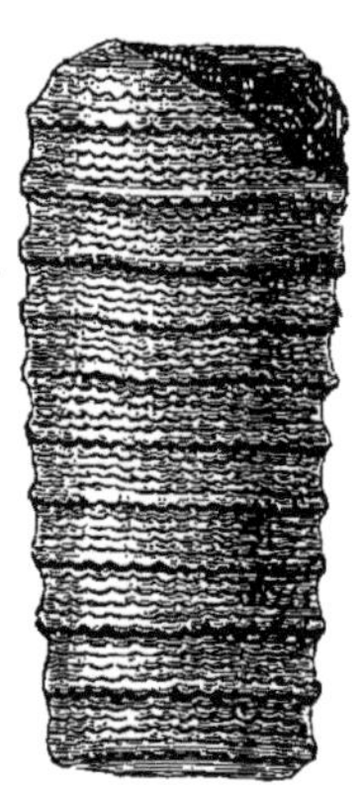

FIG. 134. — *Orthoceras annulatum*, à 1/2 grandeur. — Silurien supérieur de Dudley. Collection du Muséum.

courbures; l'animal alourdissait sa coquille par des dépôts calcaires ou il lui laissait sa légèreté; il conservait sa pointe ou la brisait : l'*Orthoceras*, dans sa simplicité et à cause même de sa simplicité, est une des preuves les plus éclatantes des mutabilités de la nature.

Le *Cyrtoceras*[1] (fig. 135) ressemblait à un *Orthoceras* qui se serait courbé, et il reproduisait dans sa forme courbe les mêmes variations que l'*Orthoceras* présentait dans sa forme droite; M. Barrande en a décrit en Bohême 330 espèces. Le *Gyroceras*[2] (fig. 136, 137) était un *Cyrtoceras* disposé en une

1. Κυρτὸς, courbe; κέρας, corne.
2. Γυρὸς, circulaire et κέρας.

spire qui formait au moins un tour; le *Nautilus* (fig. 138) était un *Gyroceras* à tours contigus; le *Discoceras*[1] avait au

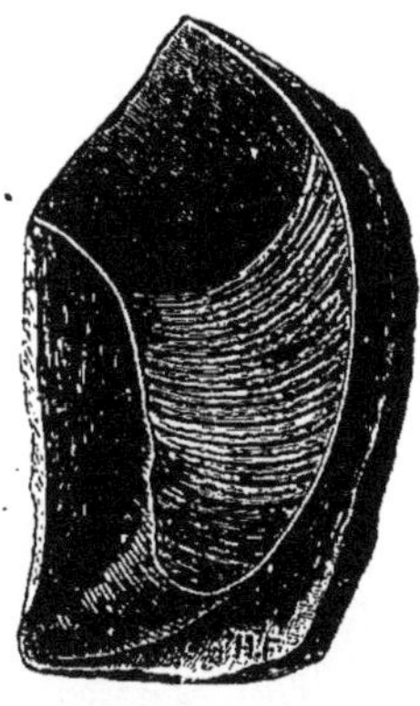

FIG. 135. — *Cyrtoceras subrugosum*, aux 2/3 de grand.; la coquille brisée montre les cloisons. — Dév. de Néhou (Manche). Coll. d'Orbigny.

FIG. 136. — *Gyroceras aigoceros*, aux 3/4 de grandeur. — Carbonifère de Tournay. Collection du Muséum.

FIG. 137. — *Gyroceras ornatum*, au 1/3 de grandeur. — Dévonien de Paffrath. Collection du Muséum.

FIG. 138. — *Nautilus Koninckii*, grandeur naturelle. — Carbonifère de Tournay. Collection du Muséum.

contraire l'apparence d'un *Gyroceras* qui tend à se dérouler. Le *Trochoceras*[2] différait de ces genres parce que ses tours de spire n'étaient pas disposés dans le même plan.

1. Δίσκος, disque; κέρας, corne.
2. Τροχὸς, roue, et κέρας.

L'*Ascoceras*[1] (fig. 143) prenait la forme d'une outre, et avait ses loges aériennes restreintes à une partie du contour de sa coquille.

Tous ces genres avaient une large ouverture; on a établi sous le nom de gomphocératidés une section spéciale pour des nautilidés qui avaient leur ouverture contractée; je donne ici comme exemples un dessin de *Gomphoceras*[2] (fig. 139) et

Fig. 139. — Moule interne de *Gomphoceras piriforme*, vu de côté, à 1/2 grandeur. — Silurien supérieur de Leintwardine, près Ludlow. Collection du Muséum.

Fig. 140. — *Phragmoceras Broderipii*, au 1/3 de grandeur. — Silurien supérieur de Lochkov, Bohême. Donné par M. Barrande à l'École des Mines.

un dessin de *Phragmoceras*[3] (fig. 140); on pourra consulter aussi les figures 155 à 164.

Les ammonitidés se distinguaient des nautilidés par leurs cloisons dont les bords étaient découpés de manière à former, en avant, des prolongements qu'on appelle des selles, et, en arrière, des creux qu'on appelle des lobes; ils se distinguaient aussi par leur nucléus sphérique. A part le *Sageceras*[4] et le

1. 'Ασκὸς, outre, et κέρας.
2. Γόμφος, clou.
3. Φραγμὸς, clôture.
4. Σάγη, selle; κέρας, corne

*Ceratites*[1] qui ont été trouvés par M. Waagen dans le carbonifère de l'Inde, les ammonitidés des terrains primaires ne sont représentés que par les *Goniatites*. Ces coquilles avaient pour caractère d'avoir des cloisons concaves avec un goulot dirigé en arrière ; les découpures de ces cloisons étaient simples comme celles des nautiles ou bien elles affectaient une forme anguleuse[2]; la figure 141 représente une *Goniatites* à découpures anguleuses. La *Clymenia*[3], dont les figures ont été

FIG. 141. — *Goniatites intumescens*. A. individu vu de côté, grandi 2 fois; B. individu vu sur le bord convexe, de grandeur naturelle. — Dévonien de Grund, Hartz. Collection du Muséum.

données dans la page 152 (fig. 129 et 130), était une *Goniatites* à siphon placé sur le bord concave, au lieu d'être placé sur le bord convexe.

On voit par ces citations combien sont considérables les différences que présentent les genres des céphalopodes primaires. Cependant je ne pense pas déraisonnable de supposer que ces animaux ont pu être dérivés les uns des autres. Il est intéressant d'examiner à ce point de vue les parties qui ont fourni les principaux caractères d'après lesquels on a institué les genres; j'étudierai successivement : le siphon, les cloisons, l'ouverture de la coquille, sa courbure, son nucléus.

*Le siphon.* — Si nous regardons le siphon d'un nautile actuel, nous le voyons très exigu, servant à loger un étroit

1. Κέρας, corne.
2. De là est venu le nom de *Goniatites* (γωνία, angle).
3. Nom mythologique; Clymène était fille de l'Océan.

prolongement du corps auquel on donne le nom de funicule. Au premier abord, il est difficile d'en comprendre la signification; mais on la saisit aisément si, comme M. Barrande, on étudie les céphalopodes primaires. Considérons d'abord la forme représentée figure 142; elle a été décrite par M. Barrande

FIG. 142. — *Aphragmites Buchi*, moule dessiné aux 3/4 de grandeur; on ne voit pas de chambres aériennes (d'après M. Barrande). — Silurien supérieur de Bohême, étage E.

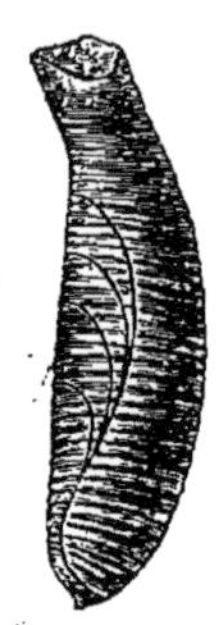

FIG. 143. — Moule de l'*Ascoceras Keyserlingi*, aux 3/4 de grand. On voit à gauche les chambres aériennes, et à droite la partie de la chambre d'habitation qui est l'homologue du siphon des autres céphalopodes (d'après M. Barrande). — Silur. sup. de Bohême, étage E.

sous le nom d'*Aphragmites*[1], parce que ce savant paléontologiste n'y a pas observé de chambre aérienne; il l'a regardée comme la forme la plus simple sous laquelle on puisse concevoir la coquille d'un céphalopode[2]. Près de la figure de l'*Aphragmites*, j'ai mis celle de l'*Ascoceras* (fig. 143); elle

1. 'A, privatif et φραγμὸς, cloison. Plus récemment, M. Barrande a cru s'être trompé en regardant l'*Aphragmites* comme représentant l'état permanent d'un genre spécial, et il l'a rapporté au genre *Ascoceras*. Il a supposé que, pour ajouter une chambre aérienne, l'*Ascoceras* résorbait ses cloisons, et que l'*Aphragmites* était un *Ascoceras* saisi au moment où il a résorbé ses cloisons. Pour l'étude d'évolution qui nous occupe, il importe peu que l'*Aphragmites* ait représenté une forme plus ou moins transitoire.

2. Le *Piloceras* avait été considéré par Salter comme la forme la plus simple sous laquelle on puisse concevoir une coquille de céphalopode; Billings a supposé que le *Piloceras* n'était pas une coquille entière, mais seulement une série de cônes d'emboîtement d'un large siphon. M. Whitfield paraît disposé à adopter l'opinion de Salter (*Bull. of the American Museum of natural history*, New-York, 23 décembre 1881).

montre plusieurs chambres aériennes placées sur le côté; ces chambres laissent un vaste espace qui permettait au corps de l'animal de s'étaler dans la partie postérieure de la coquille. Chez le *Cameroceras*[1] (fig. 144), les chambres aériennes n'étaient plus restreintes à une partie du contour de la coquille comme chez l'*Ascoceras*, mais elles laissaient encore entre elles un grand vide pour la partie postérieure du corps de

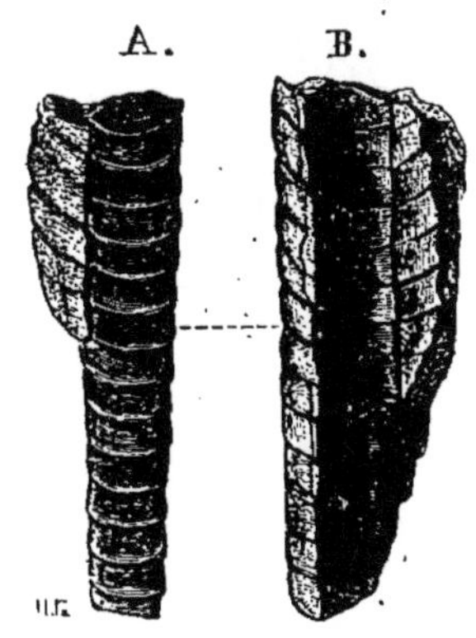


Fig. 144. — *Cameroceras duplex*, moule brisé de manière à montrer la largeur du siphon, au 1/3 de grand. : A. siphon qui était engagé dans la partie B. occupée par les loges aériennes. — Silur. inf. de St-Pétersbourg. Coll. d'Orbigny.

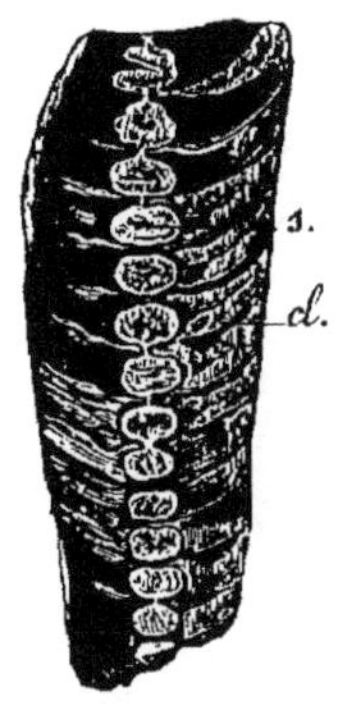


Fig. 145. — Coupe verticale de l'*Ormoceras franconicum*, aux 2/5 de grandeur : *cl.* cloison ; on voit en *s.* la singulière disposition du siphon. — Silurien supérieur d'Elbersreuth, en Franconie. Collection Puzos, à l'École des Mines.

l'animal; ce vide représente le siphon des orthocères; quand son moule est isolé, ainsi qu'on le voit à gauche de notre figure, il risque d'être confondu avec un orthocère. Dans l'*Ormoceras*[2] (fig. 145), l'espace laissé libre entre les chambres aériennes se contracte au niveau de chaque cloison; dans l'*Orthoceras angulatum* (fig 146), il se rétrécit et prend l'aspect d'un large siphon; enfin l'orthocère de la figure 147 montre l'état le plus ordinaire du siphon des céphalopodes.

1. Camera (καμάρα), chambre; κέρας, corne.
2. Ὅρμος, rangée de perles; κέρας, corne, à cause de l'aspect que prend le siphon.

Ainsi le siphon n'est qu'un reliquat de l'état dans lequel se trouvait la partie postérieure du corps avant que les loges aériennes eussent empiété sur elle : cela a été clairement établi par les travaux de M. Barrande.

La diminution du siphon, ayant été en proportion de l'augmentation des loges aériennes, la coquille est devenue plus

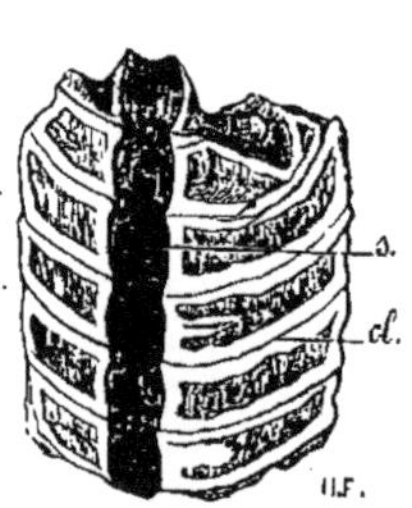


FIG. 146. — Coupe verticale d'un fragment de l'*Orthoceras angulatum*?, aux 2/3 de grand.: *s.* siphon; *cl.* cloisons. — Silur. sup. de l'île de Gothland. Donné par de Verneuil à l'École des Mines.

FIG. 147. — Coupe verticale de l'*Orthoceras regulare*, aux 2/3 de grandeur. — Mêmes lettres. — Silurien supérieur de Küchelbad. Donné par M. Barrande à l'École des Mines.

légère, et probablement le céphalopode a changé ses mœurs d'animal rampant pour celles des animaux nageurs. Ce n'est pas là le seul procédé qui ait été employé pour diminuer la pesanteur des animaux ; quelquefois les loges aériennes n'ont pas été agrandies, mais elles ont été rendues plus nombreuses, de sorte que l'espace qu'elles ont occupé a été considérable, comparativement à celui où était logé le corps de l'animal ; ainsi il y a des céphalopodes dont la chambre d'habitation était relativement petite, tandis qu'on voit des *Goniatites* où elle prenait tout un tour de spire.

Au lieu d'être diminuée, la pesanteur de la coquille a souvent été augmentée : comme les marins mettent du lest dans leurs navires pour rendre leur coque moins légère, les céphalopodes primaires ont sécrété du calcaire qui a rempli successivement leur siphon. M. Barrande s'est livré à d'ingénieuses études sur ces sortes de dépôts qu'il a appelés dépôts organiques pour les distinguer de ceux qui proviennent des infiltrations minérales produites lors de la fossilisation. Le dessin (fig. 148) d'un échantillon d'*Ormoceras* offre l'exemple d'un de ces remplissages organiques; la teinte gris-clair *s. c.* représente la partie du siphon qui a été pénétrée de calcaire pendant la vie de l'animal; la teinte plus foncée *s.* représente

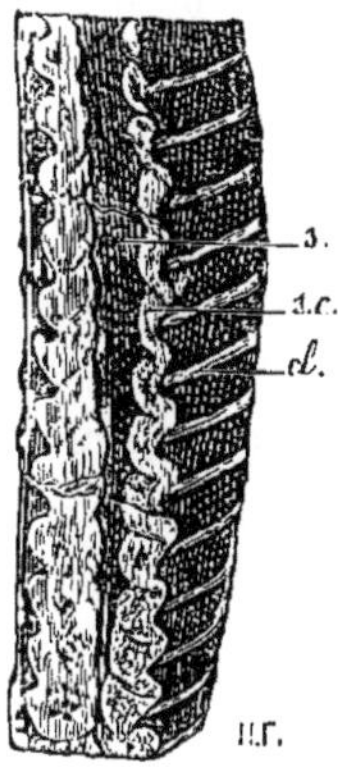


Fig. 148. — Coupe verticale de l'*Ormoceras tenuifilum*, aux 2/5 de grandeur: *cl.* cloisons des loges aériennes; *s. c.* siphon avec remplissage organique représentant la partie occupée d'abord par l'animal; *s.* partie médiane à laquelle la portion postérieure du corps de l'animal a été réduite en dernier lieu. — Silurien inférieur de Watertown, Black River lime-stone. Collection de Verneuil, à l'École des mines.

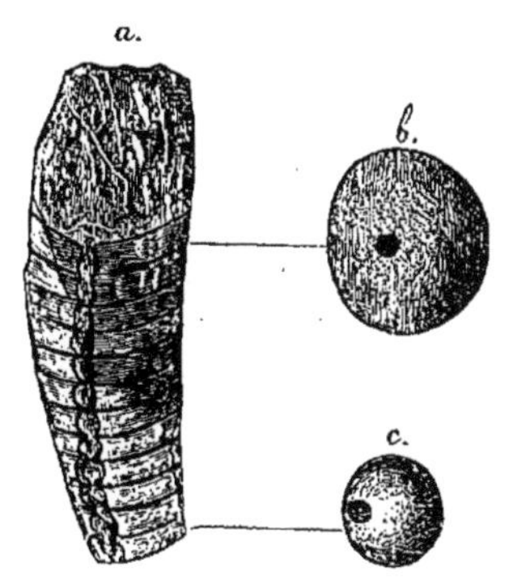


Fig. 149. — *Cyrtoceras rebelle*, aux 2/3 de grandeur : *a.* coupe verticale montrant que la position du siphon n'est pas la même dans toute la longueur de la coquille; *b.* coupe au niveau de la dernière loge aérienne avec le siphon placé près du centre; *c.* coupe transverse de la loge aérienne du bas avec le siphon près du bord (d'après M. Barrande). — Silurien supérieur de Bohême.

une substance d'origine toute différente, introduite, après la mort de l'animal, dans la place laissée vide par la décomposition du prolongement postérieur du corps; c'est un dépôt de pétrification[1].

1. L'idée d'orthocères supposés vivipares, auxquels on a donné le nom d'*Endoceras*, a été inspirée par la vue de dépôts organiques sous forme de cornets très réguliers emboîtés les uns dans les autres.

On conçoit, d'après les détails précédents, que le siphon, représentant simplement un reste de la partie inférieure du corps qui a perdu son importance, sa position ne saurait offrir un caractère d'une grande valeur pour la distinction des espèces; en effet, M. Barrande a constaté que dans une même espèce, sa place présentait des écarts qui vont jusqu'aux 3/4 du diamètre de la coquille. Non seulement il a observé des différences parmi les individus d'une même espèce, mais encore il a vu que, dans un même individu, le siphon change de place suivant l'âge; par exemple, la figure de la page précédente (fig. 149) montre un cyrtocère où le siphon est placé près du bord, dans le bas de la coquille, et où il est placé près du centre, dans la loge aérienne qui a été formée la dernière.

Ces remarques ont engagé M. Barrande à supprimer la distinction des genres basée sur la position du siphon; ainsi pour lui :

Le Sycoceras est un Gomphoceras dont le siphon est placé au bord de la coquille, au lieu d'être placé entre le bord et le milieu.

Le Cryptoceras est un Nautilus dont le siphon, au lieu d'être au centre de la coquille, est sur son bord convexe.

Le Nautiloceras est un Gyroceras dont le siphon est placé près du centre, au lieu d'être contre le bord convexe.

L'Aploceras est un Cyrtoceras dont le siphon est placé près du centre, au lieu d'être contre le bord convexe.

La Melia et le Cameroceras sont des Orthoceras qui ont le siphon placé contre le bord de la coquille et non vers le centre.

*Les cloisons.* — Les cloisons qui séparent les chambres aériennes ont été considérées comme fournissant de bons caractères pour la distinction des genres. J'ai rappelé que, chez les ammonitidés, elles présentent de profondes découpures qu'on appelle les selles et les lobes, tandis que, chez les nautilidés, elles restent droites ou sont simplement sinueuses. Entre les formes anguleuses des *Goniatites* qui représentent l'état primitif des ammonitidés et les formes droites de plusieurs nautilidés, il y a une multitude de nuances que MM. Sandberger ont bien fait ressortir dans leur admirable ouvrage sur les fossiles dévoniens de Nassau. Les changements que présentent à cet égard les *Goniatites* ont permis d'établir plusieurs tribus ; je reproduis ici le tracé des lobes de ces tribus avec les noms qui ont été admis par MM. Sandberger (fig. 150) ; on voit en *a.* ce qu'ils ont appelé les

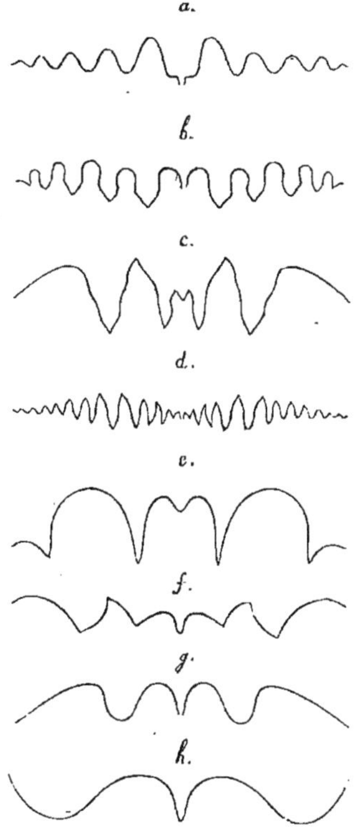


Fig. 150. — Représentation des cloisons dans les diverses tribus de *Goniatites* : *a. linguati*; *b. lanceolati*; *c. genufracti*; *d. serrati*; *e. crenati*; *f. acutolaterales*; *g. magnosellares*; *h. nautilini* (d'après MM. Sandberger).

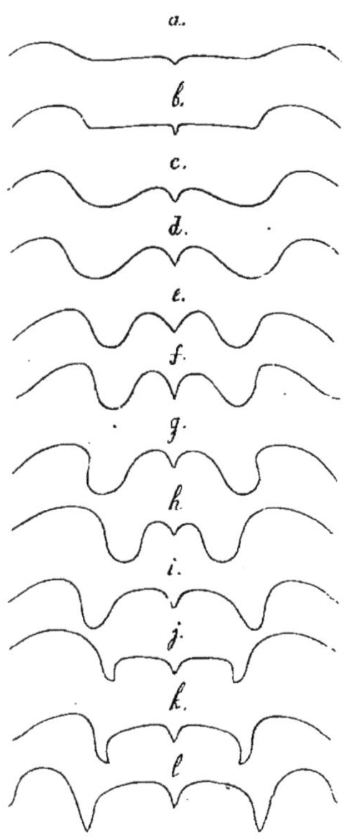


Fig. 151. — Variations des cloisons dans *Goniatites retrorsus*. MM. Sandberger ont donné des noms à chaque variété : *a. planilobus*; *b. amblylobus*; *c. circumflexus*; *d. acutus*; *e. auris*; *f. retrorsus typus*; *g. undulatus*; *h. lingua*; *i. sacculus*; *j. umbilicatus*; *k. curvispina*; *l. oxyacanthus*. — Dévonien d'Allemagne.

*linguati* ; il n'y a pas loin de ces *linguati* aux *lanceolati b.*, et aux *serrati d.* ; il n'y a pas loin non plus des *lanceolati* aux *acutolaterales f.*, et de ceux-ci aux *genufracti c.*, aux *crenati e.*, ou bien aux *magnosellares g.*, qui, eux-mêmes, ne sont pas loin des *nautilini h.*, dont les cloisons rappellent celles des nautiles. Les passages entre ces formes semblent avoir pu se produire pendant les temps géologiques, car MM. Sandberger ayant examiné plus d'une centaine d'échantillons très bien conservés d'une seule et même espèce, le *Goniatites retrorsus*, ont vu ses variétés représenter des différences égales aux différences appelées spécifiques[1]; on en jugera par les dessins de la figure 151.

C'est seulement près de leur bord que les cloisons d'un grand nombre de céphalopodes forment des découpures; dans leur milieu, elles ont une disposition uniforme. Les seules variations de leur partie médiane consistent en ce qu'elle est con-

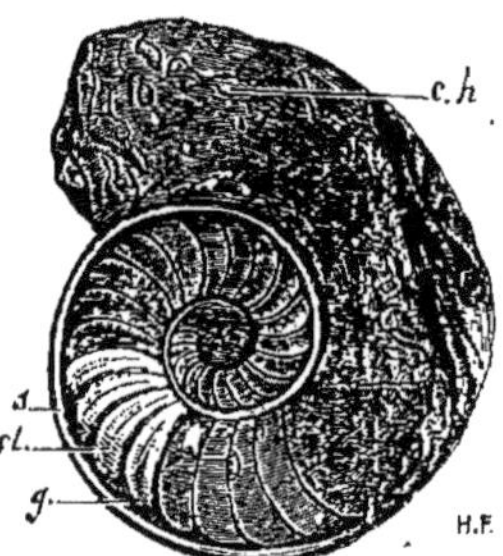


Fig. 152. — Coupe du *Nothoceras bohemicum*, au 1/3 de grandeur, montrant le siphon *s.*, les cloisons concaves *cl.* et les goulots *g.* dirigés en avant; *c. h.* chambre d'habitation (d'après M. Barrande). — Silurien supérieur de Bohême, étage F.

cave ou convexe, et en ce que le goulot[2] est dirigé tantôt en avant, tantôt en arrière. Dans les nautilidés, les cloisons sont concaves et les goulots sont tournés en arrière; dans les ammonitidés, les cloisons sont convexes et les goulots sont tournés en avant. Mais ce n'est pas là une règle constante, car les *Goniatites* et les *Clymenia* (fig. 130), que la plupart

1. Les récents travaux de M. Branco ont montré que chez un même individu l'âge amenait de grands changements dans la forme des cloisons.

2. En regardant la figure 130 de la page 152, on verra que le goulot est la partie de la cloison qui s'invagine pour entourer le siphon.

des conchyliologistes rangent auprès des ammonitidés, ont leurs cloisons concaves et leurs goulots dirigés en arrière comme chez les nautilidés ; au contraire les *Nothoceras*[1] qui sont des nautilidés, ont leurs goulots dirigés en avant (fig. 152) comme chez les ammonitidés.

*Ouverture de la coquille.* — J'ai déjà rappelé que l'ouverture de la coquille présente des différences considérables chez les céphalopodes primaires, et que, d'après ces différences, il faut établir deux grandes séries : celle des nautilidés à large ouverture et celle des nautilidés à ouverture contractée ; M. Barrande appelle les premiers des nautilidés à ouverture simple, et les autres des nautilidés à ouverture composée. Il me semble que M. Barrande a bien fait de séparer ces deux catégories de céphalopodes, car sans doute un animal qui était enfermé, comme le *Phragmoceras* ou le *Gomphoceras*, ayant peu de communications avec le monde extérieur, présentait un contraste avec les nautiles actuels. Cependant, il y a quelques raisons de croire que les nautilidés à ouverture simple peuvent être descendus des nautilidés à ouverture contractée.

La première raison, c'est qu'on ne peut manquer d'être frappé de voir que chacun des genres à ouverture contractée répond à un genre dont l'ouverture était large ; ainsi :

| | | |
|---|---|---|
| Le Glossoceras répond | à | l'Ascoceras. |
| Le Gomphoceras | — | à l'Orthoceras. |
| Le Phragmoceras | — | au Cyrtoceras. |
| Le Lituites | — | au Discoceras. |
| L'Hercoceras | — | au Nautilus. |
| L'Adelphoceras | — | au Trochoceras. |

Une telle concordance est difficile à expliquer, si l'on n'admet pas la parenté des genres à large ouverture et de ceux où l'ouverture s'est rétrécie.

En second lieu, M. Barrande a découvert un genre *Mesoceras*[2]

1. Νόθος, bâtard ; κέρας, corne.
2. Μέσος, qui est au milieu ; κέρας, corne.

qui ne peut être exactement classé ni dans la catégorie des nautilidés à ouverture large, ni dans celle des nautilidés à ouverture contractée ; son nom indique qu'il forme un intermédiaire entre eux (fig. 153). Dans les genres à ouverture simple, l'ouverture a quelquefois une disposition triangulaire

Fig. 153. — Moule interne de la chambre d'habitation du *Mesoceras bohemicum*, à 1/2 grandeur ; *a.* vu de côté ; *b.* vu en dessus pour montrer la forme rétrécie de l'ouverture (d'après M. Barrande). — Silurien supérieur de Bohême.

(*Streptoceras*[1]) ou une tendance au resserrement, comme le montre le dessin ci-dessous du *Cyrtoceras heteroclitum* (fig. 154) ; d'autre part, chez les genres à ouvertures con-

Fig. 154. — *Cyrtoceras heteroclitum*, vu sur la face latérale *a.*, et sur le côté concave *b.*, aux 2/3 de grandeur (d'après M. Barrande). — Silurien supérieur de Bohême, étage F.

tractées, ces ouvertures offrent de grandes variations ; on en pourra juger par les dessins (fig. 155 à 163) qui représentent des *Gomphoceras*. Pour la forme de l'ouverture, il n'y a pas très loin de certains *Orthoceras* au *Gomphoceras semiclausum* (fig. 155), qui lui-même n'est pas loin du *Gompho-*

1. Στρεπτὸς, tourné ; κέρας, corne.

*ceras olla* (fig. 156), qui n'est pas loin du *Gomphoceras inflatum* (fig. 157), qui n'est pas loin du *Gomphoceras myr-*

Fig. 155. — *Gomphoceras semiclausum*, vu en dessus aux 2/3 de grandeur (d'après M. Barrande). Silurien supérieur de Bohême.

Fig. 156. — *Gomphoceras olla*, vu en dessus au 1/3 de grandeur (d'après Saemann). — Dévonien d'Allemagne.

Fig. 157. — *Gomphoceras inflatum*, vu en dessus, grandeur naturelle (d'après Saemann). — Dévonien d'Allemagne.

Fig. 158. — *Gomphoceras myrmido*, vu en dessus, grandeur naturelle (d'après M. Barrande). — Silurien supérieur de Bohême.

Fig. 159. — *Gomphoceras nanum*, vu en dessus, grandeur naturelle (d'après M. Barrande). — Silurien supérieur de Bohême.

Fig. 160. — *Gomphoceras simplex*, vu en dessus, grandeur naturelle (d'après M. Barrande). — Silurien supérieur de Bohême.

Fig. 161. — *Gomphoceras Deshayesi*, vu en dessus, grandeur naturelle (d'après M. Barrande). — Silurien supérieur de Bohême.

Fig. 162. — *Gomphoceras gratum*, vu en dessus, aux 2/3 de grandeur (d'après M. Barrande). — Silurien supérieur de Bohême.

Fig. 163. — *Gomphoceras pollens*, vu en dessus, à 1/3 de grandeur (d'après M. Barrande). — Silurien supérieur de Bohême.

*mido* (fig. 158), qui n'est pas loin du *Gomphoceras nanum* (fig. 159), qui n'est pas loin du *Gomphoceras simplex* (fig. 160), qui n'est pas loin du *Gomphoceras Deshayesi* (fig. 161), qui n'est pas loin du *Gomphoceras gratum* (fig. 162), qui n'est pas loin du *Gomphoceras pollens* (fig. 163). Si, au lieu de s'infléchir en avant, le bord antérieur de l'ouverture s'infléchit en arrière, il en résulte la curieuse forme en croix appelée *Gomphoceras staurostoma* (fig. 164), autour de laquelle se groupent des séries de modifications analogues à celles dont je viens de citer quelques exemples.

FIG. 164. — *Gomphoceras staurostoma*, vu en dessus, grandeur naturelle (d'après M. Barrande). — Silur. supér. de Bohême.

Les *Phragmoceras* qui représentent la forme contractée des *Cyrtoceras* offrent les mêmes séries de variations que le *Gomphoceras*.

*Courbure de la coquille.* — La manière dont les coquilles se courbent et s'enroulent fournit pour la séparation des genres des caractères très apparents ; aussi on en a fait grand usage. Mais évidemment il n'est point possible d'établir des barrières tranchées entre les espèces qui sont droites, arquées ou enroulées sur elles-mêmes. Dans une même espèce d'*Orthoceras* (fig. 165), on voit des individus qui sont droits et d'autres qui sont arqués. Dans les genres *Gomphoceras*, *Phragmoceras*, *Cyrtoceras*, la courbure se fait tantôt du côté du ventre, tantôt du côté du dos. En étudiant les espèces qu'il a appelées *Cyrtoceras Orion* et *Cyrtoceras quasirectum*, M. Barrande a admis que le changement de courbure pouvait se produire dans une même espèce. Les recherches de M. Hall ont montré qu'aux États-Unis il est impossible de séparer les *Cyrtoceras* des *Gyroceras*. Celles de M. Barrande en Bohême nous ont appris

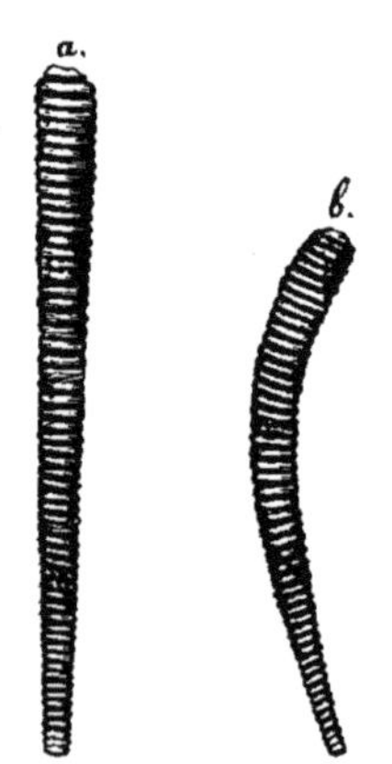


FIG. 165. — *Orthoceras dulce*, au 1/3 de grandeur : *a.* individu droit ; *b.* individu arqué (d'après M. Barrande). — Silurien supérieur de Bohême, étage E².

qu'avant de s'enrouler sur eux-mêmes, les jeunes nautiles ont eu l'aspect des *Cyrtoceras* (sous-genre *Aploceras*, fig. 166 *b*.), puis des *Gyroceras*, et quelquefois, dans leur âge adulte, il y a eu tendance au déroulement (fig. 167). On verra page 172 (fig. 169) des dessins de *Goniatites* qui montrent dans une même espèce un individu *b*. où le premier tour est contigu aux autres, et un *a*. autre où il est disjoint. Ces remarques semblent

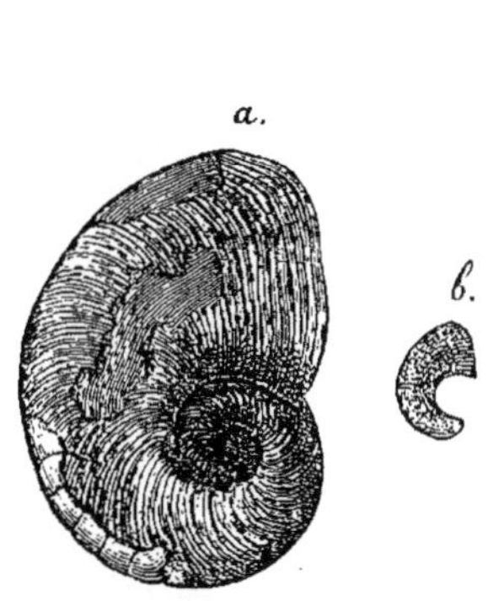


FIG. 166. — *Nautilus bohemicus*: *a*. aux 3/4 de grandeur; *b*. jeune individu (d'après M. Barrande). — Silurien supérieur de Bohême.

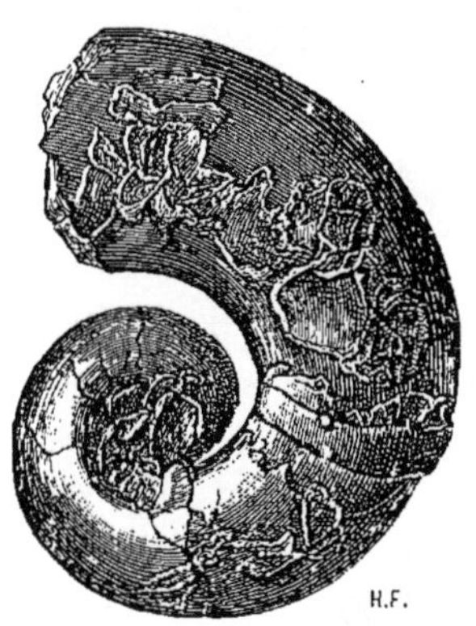


FIG. 167. — *Nautilus Sternbergi*[1], à peu près à 1/2 grandeur (d'après M. Barrande). — Silurien supérieur de Bohême.

permettre de supposer des liens de parenté entre les genres de céphalopodes qui diffèrent par leur courbure.

J'ai essayé dans les dessins théoriques[2] de la figure 168 de faire voir comment les enroulements et les déroulements peuvent donner à un même type des aspects divers. Il est facile de concevoir l'*Orthoceras* F. devenant l'*Aploceras* peu courbé E., plus courbé D., puis passant au *Nautiloceras* C., et enfin

1. Dans son grand ouvrage sur le *Silurien de la Bohême*, M. Barrande désigne ainsi cet échantillon : « *Spécimen remarquable par la disjonction du dernier tour de spire, sans qu'il existe aucune trace d'un accident violent auquel on puisse attribuer cet écartement.* »

2. J'ai trouvé le modèle de quelques-unes de ces coupes théoriques dans un mémoire de M. Barrande intitulé : *Sur Ascoceras, prototype des nautilidés* (*Bulletin de la Soc. géol. de France*, 2me série, vol. XII, pl. V, 1855).

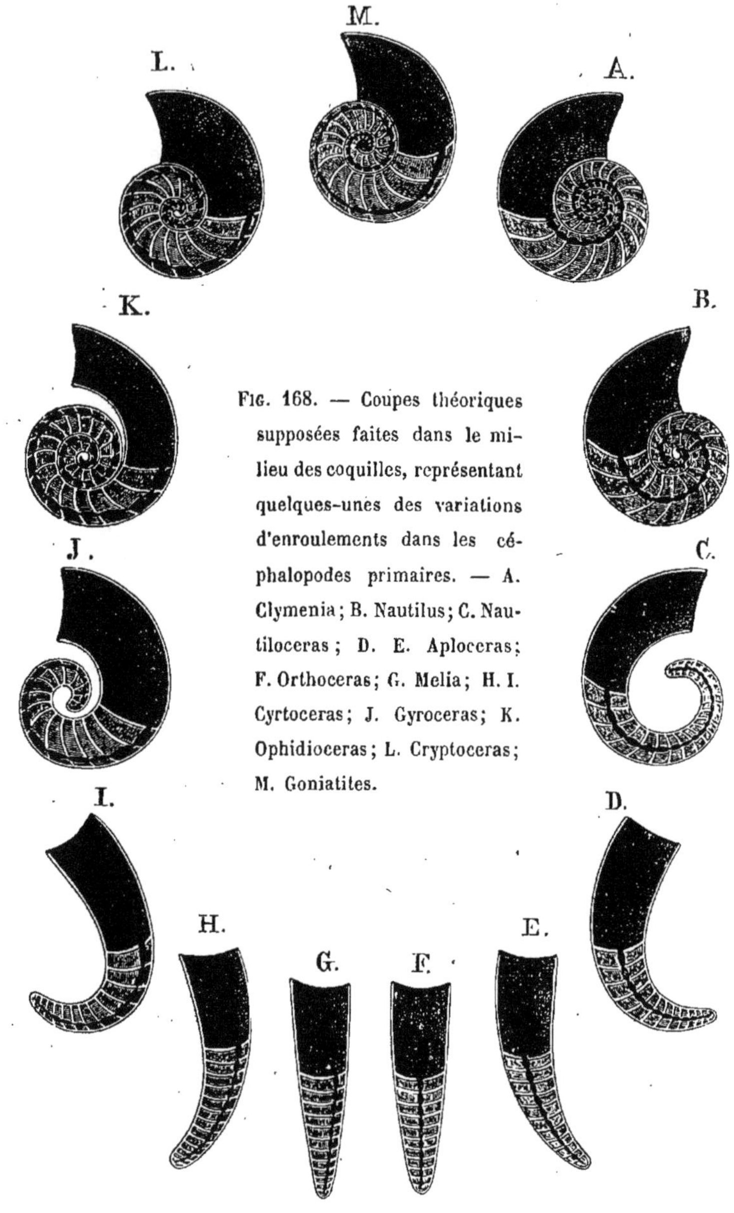


Fig. 168. — Coupes théoriques supposées faites dans le milieu des coquilles, représentant quelques-unes des variations d'enroulements dans les céphalopodes primaires. — A. Clymenia; B. Nautilus; C. Nautiloceras; D. E. Aploceras; F. Orthoceras; G. Melia; H. I. Cyrtoceras; J. Gyroceras; K. Ophidioceras; L. Cryptoceras; M. Goniatites.

prenant la forme de *Nautilus* B., ou de *Clymenia* A. Ainsi se trouve justifié ce mot de M. Barrande[1] : « *Orthoceras est un nautile droit.* » On comprend non moins aisément que la *Melia* G. passe à un *Cyrtoceras* peu courbé H., plus courbé I., puisque ce *Cyrtoceras* devienne un *Gyroceras* J., un *Ophidioceras* K., et enfin un *Cryptoceras* L. ou un *Goniatites* M. Entre le *Goniatites*, la *Clymenia*, le *Nautilus*, il y a cette différence que la première de ces coquilles a son siphon sur le bord convexe, que la seconde a son siphon sur le bord concave, et que la troisième a son siphon placé vers le centre. De même, entre l'*Orthoceras* et la *Melia*, il y a la différence que le premier a son siphon central et la seconde son siphon latéral. Mais on a vu par les travaux de M. Barrande, que la position du siphon varie beaucoup dans une même espèce, et aussi dans un même individu (page 161, fig. 149). Il en résulte que, si l'on peut concevoir le *Goniatites*, le *Nautilus* et la *Clymenia* passant les uns aux autres par suite d'un déplacement de siphon, on peut aussi concevoir une série de déroulements et d'enroulements tels que ceux représentés (fig. 168) par les dessins A, B, C, D, E, F, G, H, I, J, K, L, M, de sorte que, tour à tour, suivant son mode de courbure, un même type se sera présenté sous la forme du *Goniatites* ou sous la forme de la *Clymenia*. Quant aux *Trochoceras*, je pense que la plupart des paléontologistes n'hésitent pas à les regarder comme des *Cyrtoceras*, des *Gyroceras* et des *Nautilus*, dont les tours de spire ont dévié, au lieu de rester dans le même plan.

*Nucléus de la coquille.* — On appelle nucléus la petite coquille qui est formée dans l'embryon; chez beaucoup de mollusques, elle se conserve, alors même que l'animal vieillit; elle fournit ainsi le moyen d'étudier les phases par lesquelles les individus ont passé et de comparer l'évolution embryogénique avec l'évolution paléontologique; aussi plusieurs savants

1. *Système silurien de la Bohême*, vol. II, *Céphalopodes*, 4$^{me}$ partie, p. 151, 1877.

ont-ils voulu l'examiner avec soin. MM. Sandberger ont particulièrement étudié le nucléus des *Goniatites ;* M. Alpheus Hyatt a fait d'importantes recherches sur le développement initial de tous les céphalopodes fossiles : non content des matériaux que les musées des États-Unis lui offraient, il a visité les musées d'Europe, et je me rappelle le zèle avec lequel cet habile paléontologiste a examiné les pièces de notre Muséum de Paris ; M. Barrande s'est aussi beaucoup occupé du même sujet ; enfin M. Branco[1], qui vient de publier un magnifique mémoire sur la constitution des coquilles de céphalopodes, a dû aussi parler de leur premier développement.

Il y a un point sur lequel tous les observateurs sont d'accord,

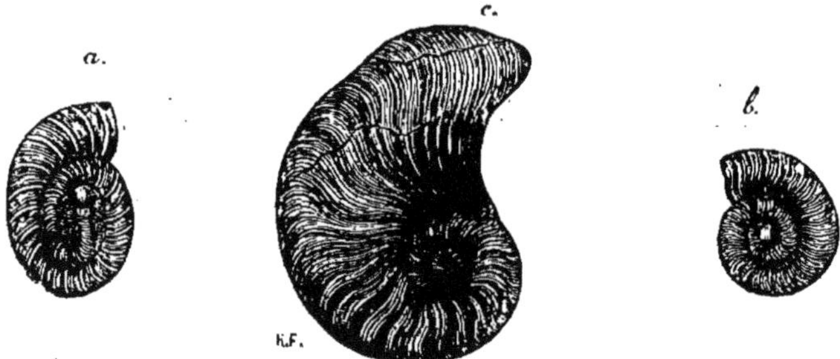


FIG. 169. — *Goniatites fecundus :* l'individu *c.* est aux 3/4 de grandeur ; *a.* et *b.* représentent de jeunes individus grandis 3 fois pour montrer la forme du nucléus (d'après M. Barrande). — Silurien supérieur de Bohême.

c'est qu'à leur début les coquilles des ammonitidés ont présenté une différence très sensible avec celles des nautilidés ; elles ont commencé sous la forme d'un nucléus rond ou ovale auquel on a quelquefois donné le nom d'ovisac (fig. 169 *a.* et *b.*). Chez les nautilidés, on ne voit pas ce nucléus ; la coquille débute sous forme d'un cône tronqué, qui a été appelé calotte initiale (fig. 170 B. *ci.*), et cette calotte a un trou auquel la dénomination de cicatrice a été appliquée (fig. 170 C. *cic.*). Ces diffé-

1. M. Charles Maurice a publié dans les *Annales de la Société géologique du Nord*, un résumé des recherches de M. Branco sur l'embryogénie et les affinités des céphalopodes fossiles (séances du 22 juin 1881 et du 3 mai 1882).

rences des nautilidés et des ammonitidés ont beaucoup frappé quelques naturalistes; vainement, suivant eux, on essayerait de montrer que des modifications de cloison, de siphon et de courbure ont amené le changement des nautilidés en ammonitidés ; la différence des embryons établirait une barrière infranchissable.

On peut tout d'abord répondre qu'il est regrettable d'avoir donné le nom d'ovisac au nucléus sphérique des ammonitidés, car ce mot qui, en embryogénie, est synonyme de vésicule de Graaff, et qui pourrait aussi signifier coque d'œuf (*ovi saccus*) risque de faire imaginer des différences qui n'existent pas. Tout ce qu'il est permis de dire, c'est que la coquille de l'am-

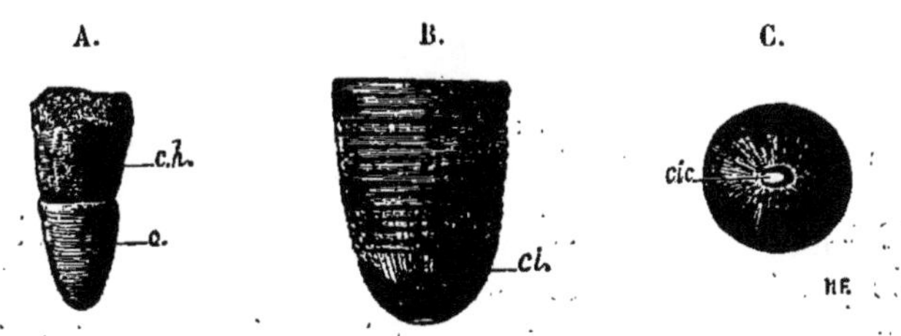


FIG. 170. — *Orthoceras dulce :* A. vu de côté de grandeur naturelle montrant en *c. h.* la chambre d'habitation, et en *c.* la partie où sont les cloisons; B. extrémité inférieure de la coquille qui a été grandie pour faire voir la calotte initiale *c. i.*; C. la même dessinée en dessous avec la cicatrice *cic.* (d'après M. Barrande). Silurien supérieur de Bohême, étage E².

monite et du goniatite commence par un nucléus sphérique, tandis que ce nucléus ne se montre pas dans le nautile.

En second lieu, la partie de la coquille qu'on a appelée calotte initiale est trop grande chez la plupart des nautilidés pour supposer qu'elle a été formée comme le nucléus des ammonites et des goniatites pendant la période embryonnaire ; la calotte des nautilidés et le nucléus sphérique des ammonitidés ne sont pas des parties comparables. Lorsqu'on regarde le centre d'une goniatite (fig. 169), on aperçoit une toute petite coquille qui débute par une sphère presque microscopique ; au contraire, lorsqu'on regarde le centre d'un nautile (fig. 171), on voit un vide qui paraît correspondre à la place occupée par l'animal dans les premiers temps de son développement ; cela porte à penser, comme M. Hyatt l'a dit très justement, qu'on a devant soi une coquillle à laquelle son nucléus manque.

Pourquoi le nucléus manque-t-il ? Deux explications se présentent à l'esprit. D'abord on a supposé que le nucléus était caduc ; il y aurait eu, avant la formation de la cloison appelée calotte initiale, une petite coquille qui, plus tard, aurait été brisée ; une telle idée n'a rien d'invraisemblable, car il est reconnu que plusieurs espèces d'*Orthoceras* ont détruit en

FIG. 171. — *Nautilus subsulcatus*, grandeur naturelle, avec sa pointe primitive intacte. — Carbonifère de Visé (Belgique). Collection de l'École des mines.

avançant en âge la partie de la coquille qu'elles avaient sécrétée pendant leur jeunesse.

Il y a une autre explication que je serais disposé à préférer, par la raison qu'on n'a jamais trouvé des nucléus calcaires de nautilidés. Au lieu de croire que la coquille embryonnaire a été brisée, on peut imaginer qu'elle n'a pas existé. L'embryon des nautilidés serait resté plus longtemps enveloppé dans son albumen et sa coque, de sorte qu'il n'aurait pas eu besoin d'être protégé par une substance dure ; sa coquille n'aurait apparu qu'à l'époque où il était plus avancé dans son développement. Il se serait passé pour lui ce qui se passe de nos jours pour les argonautes chez lesquels la coquille ne se forme qu'après la vie embryonnaire[1].

Dans cette hypothèse comme dans celle d'un nucléus caduc, il faudrait admettre que la calotte dite initiale a été formée plus

1. Dans son *Manuel de conchyliologie*, M. Fischer dit : « *La coquille des argonautes femelles se développe quelque temps après la naissance. H. Müller ne l'a vue apparaître que lorsque les femelles avaient un pouce de longueur. A. Adams ne l'a jamais trouvée chez les embryons.* »

tard que les parois latérales de la coquille, après que l'animal avait rétracté la partie postérieure de son corps ; en se rétractant, il aurait laissé un étroit prolongement analogue au funicule du nautile adulte ; c'est seulement ce prolongement qui aurait passé par la cicatrice de la calotte initiale[1].

Si l'une ou l'autre de ces hypothèses[2] était vraie, il ne faudrait pas dire que les nautilidés diffèrent radicalement des ammonitidés, parce qu'ils ont une calotte initiale, tandis que les ammonitidés commencent par avoir une enveloppe sphérique ; il faudrait dire que les uns et les autres ont pu commencer de même, sauf que chez les nautilidés la coquille, ou bien a été caduque, ou bien s'est formée un peu plus tard.

Quelle que soit la valeur de nos hypothèses pour expliquer la différence entre la calotte des nautilidés et le nucléus des ammonitidés, nous devons avouer que cette différence s'est manifestée dès l'époque du silurien supérieur ; il y a là, dans l'état actuel de nos connaissances, un argument qu'on peut faire valoir contre l'idée des enchaînements de ces animaux.

A cet argument, M. Barrande en a joint plusieurs autres. Ce naturaliste, qui, par ses études sur les migrations des êtres fossiles et par la découverte d'une multitude de formes de transition, me semble avoir fourni plus que personne des bases à la doctrine de l'évolution, n'adopte pas cette doctrine ; il trouve qu'il n'a pas encore comblé assez de lacunes dans la série des êtres pour croire à leur filiation. Il a été particulièrement frappé de la brusque arrivée des céphalopodes en Bohême au temps du silurien inférieur ; on voit tout d'un coup apparaître des formes nombreuses, variées, droites ou courbées comme le *Cyrtoceras*,

1. On a fait remarquer que la cicatrice de la calotte initiale n'est pas toujours en face du siphon, et on en a conclu qu'elle n'avait pas été produite par le prolongement postérieur du corps qui est devenu le funicule ; on peut répondre à cette objection en rappelant que, suivant les observations de M. Barrande, la position du funicule variait dans un même individu.

2. Nous faisons des hypothèses faute de mieux ; il est évident que la moindre observation sur la formation de la coquille chez les embryons des nautiles vivants nous en apprendrait plus que toutes nos suppositions.

ou doublement courbées comme le *Trochoceras*, ou même enroulées comme le *Nautilus*. M. Barrande fait remarquer que c'est dans le silurien qu'on trouve les plus grands nautilidés primaires[1]; cela lui paraît en opposition avec l'idée d'un développement graduel. Il insiste également sur ce qu'il appelle des anachronismes; par exemple, il dit que le *Mesoceras* est anachronique, parce que étant intermédiaire entre le *Gomphoceras* et l'*Orthoceras*, il ne se trouve cependant que dans un étage formé après l'époque où la transition aurait dû s'effectuer, s'il y avait eu dérivation. Moi-même, pour établir les gradations des ouvertures des céphalopodes, j'ai été obligé d'intercaler au milieu des espèces siluriennes deux espèces dévoniennes, c'est-à-dire des espèces qui ne sont pas à la place voulue pour démontrer leur filiation.

Il est bien certain qu'il y a encore d'immenses lacunes dans la série des êtres des temps géologiques, mais ce qui ne l'est pas moins, c'est que ces lacunes diminuent chaque jour au fur et à mesure des progrès de la science. Quand M. Barrande entreprit l'exploration des terrains siluriens et cambriens de la Bohême, on y avait trouvé vingt-deux espèces fossiles. Aujourd'hui le nombre des espèces rassemblées dans la collection formée à Prague par notre illustre compatriote, est évalué par lui à environ 3400. Elles sont réparties dans de nombreuses couches; l'une de ces couches appelée $E^2$ par M. Barrande, a fourni à elle seule plus de céphalopodes que toutes les autres réunies; il n'y a pas de raison pour que les observateurs futurs ne découvrent pas dans plusieurs assises autres que $E^2$ des gisements d'une égale richesse. Et quand même, après tant de recherches, beaucoup de lacunes existeront encore en Bohême, les géologues[2] qui admettent l'idée de migrations des êtres dans les temps anciens, ne seront pas étonnés; ils ne peuvent

1. Le *Nautilus ferox* du silurien a $0^{m},24$ de diamètre.

2. Bigsby, qui a fait de si grandes recherches sur les fossiles primaires, a supposé l'existence d'une faune primordiale encore inconnue, où l'on pourra trouver les ancêtres de la faune seconde.

s'attendre à trouver dans les couches de la Bohême tous les membres de la même famille superposés exactement suivant leur ordre de parenté, car plusieurs de ces membres ont voyagé et ont dû être enfouis dans une région étrangère ; on les y exhumera quelque jour, comme on vient de découvrir, à sa place naturelle, dans le silurien inférieur du Canada, l'*Ascoceras*, prototype des nautilidés qui, en Bohême, avait été rencontré seulement dans le silurien supérieur.

J'engage mes savants lecteurs à consulter les ouvrages si vastes et si consciencieux de M. Barrande. L'auteur du *Système silurien de la Bohême*, avec une netteté qui est un des traits de son génie, a donné les motifs de sa croyance aux créations successives indépendantes. Il a bien fait. Je pense bien faire aussi en exposant les sujets de ma croyance à la continuité de l'œuvre de la Création ; c'est seulement en nous livrant les uns aux autres les résultats de nos méditations que nous découvrirons la vérité.

# CHAPITRE X

## LES ARTICULÉS PRIMAIRES

A l'époque où les naturalistes étaient d'accord avec Cuvier pour admettre dans le monde animal quatre ou cinq divisions principales, on réunissait dans un même embranchement, sous le nom d'annelés, les vers et les articulés. Aujourd'hui, la plupart des zoologistes séparent complètement les vers des articulés.

Les vers, étant des animaux mous, cacheront éternellement aux paléontologistes l'histoire des phases par lesquelles ils ont passé dans les temps géologiques. Un très petit nombre d'entre eux ont pu conserver les traces de leur existence. Les plus favorisés à cet égard sont les annélides tubicoles, qui se construisent des fourreaux calcaires ; on découvre ces fourreaux dans la plupart des terrains. M. R. Etheridge a publié dans le *Geological Magazine* d'intéressantes études sur les annélides tubicoles des terrains primaires : *Spirorbis, Serpula, Ortonia, Ditrupa, Vermilia, Sabella ;* le *Spirorbis helicteres* s'est multiplié tellement que l'agrégation de ses tubes a formé des bancs calcaires de plus d'un mètre d'épaisseur. MM. Nicholson et Vine se sont également occupés des annélides tubicoles des époques anciennes.

M. Grinnell a décrit des mâchoires d'annélides, recueillies dans le silurien inférieur des États-Unis, et M. Hinde, tout récemment, a publié des mémoires sur les mâchoires d'annélides qu'on a trouvées dans les couches siluriennes, dévoniennes et carbonifères ; je reproduis ici deux spécimens des pièces qu'il a figurées (fig. 172 et 173). Il a fallu beaucoup de soins

FIG. 172. — Mâchoire d'*Arabellites*[1] *cornutus*, grandie 12 fois (d'après M. Hinde). — Silurien inférieur de Toronto, Canada.

FIG. 173. — Mâchoire d'*Eunicites*[2] *clintonensis*, grandie 12 fois (d'après M. Hinde.) — Silurien moyen de Dundas, Ontario.

pour découvrir des organismes si chétifs dans des roches d'une grande ancienneté.

On a supposé aussi l'existence de vers à l'époque primaire, d'après des trous qui auraient été formés par ces animaux ou des empreintes qui affectent une disposition en anneaux. Sans doute autrefois, comme aujourd'hui, il y a eu une multitude d'animaux et de plantes qui n'étaient pas de nature à pouvoir se pétrifier, et qui ne nous ont légué que de légères empreintes de leur configuration ou de vagues moulages; le génie investigateur de Salter, de Hall, de Geinitz, de Saporta, etc., nous en a déjà révélé quelque chose. On ne s'en est pas tenu à l'étude des moulages qui ont remplacé les tissus des animaux et des végétaux ; on a examiné les traces que les bêtes anciennes ont pu laisser, en se mouvant sur les roches qui étaient encore dans un état mou; ce genre d'études a été inauguré par un naturaliste américain, Hitchcock, et on lui a donné le nom d'ichnologie[3]. M. Hancock et plus récemment M. Nathorst ont fait des recherches d'ichnologie qui ont provoqué de singulières controverses[4]. On a revendiqué comme appartenant au

1. Voisin du genre vivant *Arabella*.
2. Voisin des *Eunice* actuelles.
3. Ἴχνος, vestige; λόγος, discours.
4. Nathorst, *Mémoire sur quelques traces d'animaux sans vertèbres et sur leur portée paléontologique* (*Kongl. swenska Vetenskaps-Akademiens Handlingar*, vol. XVIII, avec 11 planches, Stockholm, 1881). Une traduction abrégée du texte suédois a été donnée par M. F. Schulthess.

monde animal des empreintes que d'éminents botanistes avaient attribuées à des plantes marines. Un des arguments qu'on a fait valoir, c'est que ces empreintes, n'étant accompagnées d'aucun résidu, ne pouvaient représenter une place occupée autrefois par un corps organisé, et devaient être simplement des traces d'animaux en marche ou de plantes qui avaient été traînées sur les sédiments; mais M. de Saporta a répondu que, journellement, des milliers d'êtres mous disparaissent sans laisser de résidus de leurs tissus, et que les cryptogames cellulaires n'ont pu former des empreintes définies comme les végétaux vasculaires[1].

De pareilles études exigent une sagacité toute particulière. Les savants qui s'y livrent sont comme les hardis voyageurs à la recherche des pays inconnus; ils risquent parfois de s'égarer. Honneur à ceux qui s'enfoncent à travers les parties les plus ténébreuses des temps passés! S'il arrive à ces grands pionniers de la science de mêler quelques erreurs à leurs fécondes découvertes, ce ne sont pas les vrais amis de la paléontologie qui oseront leur en faire un reproche.

Je passe à l'étude des articulés qui, à l'opposé des vers, ont laissé dans les anciennes couches du globe des traces bien reconnaissables.

C'est un immense et curieux monde que celui des articulés. Nulle part peut-être l'Auteur de la nature n'a fait apparaître davantage l'unité dans la diversité; avec quelques anneaux qui se multiplient, manquent ou se soudent, et dont les appendices se modifient pour servir tantôt de branchies, tantôt de pattes, tantôt de lames natatoires, les formes les plus variées ont été obtenues. Je ne m'étonne pas qu'un maître de la zoologie, M. Henry Milne Edwards, se soit complu à rechercher les homologies des pièces des crustacés, et qu'un ingénieux paléontologiste, M. Henry Woodward, consacre la plus grande

1. Marquis de Saporta, *A propos des algues fossiles*, grand in-4°, avec 10 planches, Paris, 1882.

partie de sa vie à suivre leurs modifications à travers les âges géologiques ; les évolutionnistes trouvent dans cette étude une source de jouissances, qui croîtra, je pense, au fur et à mesure des découvertes paléontologiques.

Les articulés à respiration branchiale qu'on appelle des crustacés, à cause de la croûte calcaire qui les enveloppe et les protège, ont eu leur règne avant les vertébrés ; l'époque du cambrien et du silurien peut être nommée l'époque des crustacés. On voit là, à juste titre, un argument en faveur de l'idée du développement progressif. Il y a loin d'un crustacé au type si perfectionné d'un vertébré où les éléments osseux ne forment plus une cuirasse extérieure, mais sont concentrés dans l'intérieur du corps pour envelopper la substance nerveuse et donner une puissante base aux organes du mouvement; le crustacé est un être qui doit encore être protégé. Le vertébré parfait est l'être puissant par excellence, il n'a pas besoin d'être protégé ; une coquille ou une cuirasse ne ferait que nuire à ses mouvements et à son toucher : c'est une personnalité qui s'exprime par une incessante et énergique activité.

Si le fait que les crustacés ont précédé les vertébrés favorise l'idée du développement progressif, le fait qu'ils abondent dans le terrain cambrien présente contre cette même idée une forte objection, car ils indiquent évidemment un certain degré de perfectionnement. Le crustacé est un animal qui exécute des actes variés, et chez lequel, au lieu d'une pièce inflexible formée d'un seul morceau comme une coquille de mollusque, il y a généralement une carapace composée de pièces assez nombreuses pour ne pas gêner les mouvements. Or les dernières recherches de MM. Hicks et Harkness à Saint-David, au sud du pays de Galles, montrent que les entomostracés et les trilobites comptent au nombre des plus anciennes créatures jusqu'à présent découvertes dans les couches de la terre. J'appelle sur ce point important toute l'attention de mes lecteurs, car le savant, qui n'a d'autre but que de découvrir la vérité, doit dire également ce qui est favorable ou défavorable aux théories vers lesquelles son esprit est entraîné.

Pour échapper à l'objection des crustacés du cambrien inférieur, il est nécessaire de faire appel à l'inconnu, et de supposer qu'un jour viendra où les géologues découvriront des couches fossilifères plus anciennes que celles du cambrien inférieur. De même que MM. Hicks et Harkness ont trouvé des fossiles dans des assises qui, avant eux, étaient dites azoïques, leurs successeurs pourront en rencontrer dans des couches bien plus anciennes encore. En parlant des êtres du cambrien inférieur, M. Hicks a écrit[1] : « *Quoique la vie animale fût réduite à peu de types, cependant, à cette époque primitive, les représentants de plusieurs ordres montrent un état qui n'est pas très inférieur..... Les trilobites représentent presque tous les états de développement, depuis le petit Agnostus avec deux anneaux au thorax et Microdiscus avec quatre, jusqu'à Erinnys qui en a vingt-quatre, et depuis les genres aveugles jusqu'à ceux qui ont les plus grands yeux. Cela conduit à la conclusion qu'avant que ces différents états aient pris place, de nombreuses formes antérieures doivent avoir existé, et qu'une énorme période s'est déjà écoulée entre cette époque et celle où la vie a fait son apparition.* »

Les différents groupes d'articulés ont vécu à l'époque primaire; mais leur apparition n'a pas été simultanée, quelques-uns ont eu leur règne pendant cette période, d'autres n'ont paru qu'à la fin, et ont été des raretés : ce sont les articulés à respiration branchiale, et parmi eux les types les moins élevés, qui ont eu d'abord la plus grande importance. Pour se rendre compte des époques d'apparition des animaux articulés, on pourra jeter les yeux sur le tableau suivant dans lequel j'ai marqué par une croix l'époque où, suivant l'état actuel de nos connaissances, chaque groupe a commencé :

1. *Proceedings of the geol. Soc. of London*, vol. XXVIII, p. 174, 1872.

| | OSTRACODES. | BRANCHIOPODES. | TRILOBITES. | MÉROSTOMES. | CIRRHIPÈDES. | ISOPODES. | AMPHIPODES. | STOMAPODES. | DÉCAPODES. | ARACHNIDES. | MYRIAPODES. | INSECTES. |
|---|---|---|---|---|---|---|---|---|---|---|---|---|
| Permien..... | . | . | . | . | . | . | . | . | . | . | . | . |
| Carbonifère. | . | . | . | . | . | . | . | + | + | + | + | . |
| Dévonien.... | . | . | . | . | . | + | . | | | | | + |
| Silurien..... | . | . | . | + | + | | + | | | | | |
| Cambrien... | + | + | + | | | | | | | | | |

*Ostracodes.* — Les crustacés si rudimentaires auxquels on a donné le nom d'ostracodes[1] paraissent être d'une grande antiquité sur la terre. Celui qu'on a appelé *Leperditia cambrensis* partage avec une *Lingulella* l'honneur d'être le plus ancien des fossiles découverts en Europe. On a rencontré des ostracodes dans tous les terrains primaires : « *C'est surtout*, a écrit M. Barrande[2], *à l'initiative et aux travaux multipliés de M. le professeur Rupert Jones que la science doit la principale partie des connaissances acquises sur les ostracodes paléozoï-*

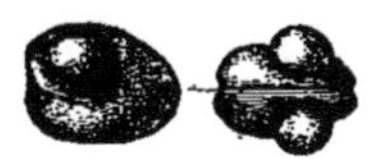

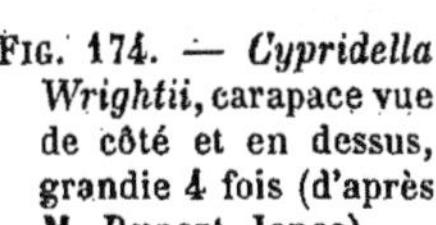

FIG. 174. — *Cypridella Wrightii*, carapace vue de côté et en dessus, grandie 4 fois (d'après M. Rupert Jones). — Carbonifère de Cork, Irlande.

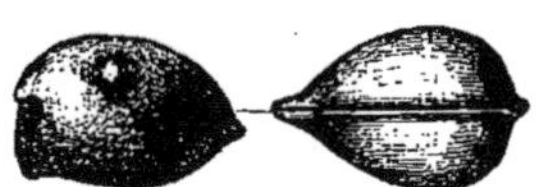

FIG. 175. — *Cypridellina*[3] *Burrovii*, moule d'une carapace, vu de côté et sur la face ventrale, gr. 2 fois (d'après M. Jones). — Carbonifère du Yorkshire.

FIG. 176. — *Cyprella chrysalidea*, carapace vue de côté, grandie 2 fois (d'après M. Rupert Jones). — Carbonifère du Yorkshire.

*ques.* » Il est juste d'ajouter que M. Barrande a aussi contribué à faire connaître les ostracodes. Je représente ici quelques-uns des types qu'a décrits M. Jones (fig. 174, 175, 176).

1. Ὄστρακον, coquille.

2. *Système silurien du centre de la Bohême, supplément au vol. I*, p. 466, in-4. Prague, 1872.

3. Les noms de *Cypridellina*, *Cyprella*, *Cypridella* sont des diminutifs de celui de *Cypris* donné à un ostracode.

Comme ces petits êtres sont séparés de leurs descendants actuels par un laps immense de temps, on aurait pu croire qu'ils étaient fort différents ; mais, en faisant des sections de graines silicifiées de Saint-Étienne, M. Renault a mis à jour des ostracodes dont les organes sont merveilleusement conservés, et se rapprochent beaucoup de ceux des espèces actuelles; ils ont été étudiés avec talent par M. Charles Brongniart ; je reproduis ci-dessous un des dessins qu'il a donnés (fig. 177).

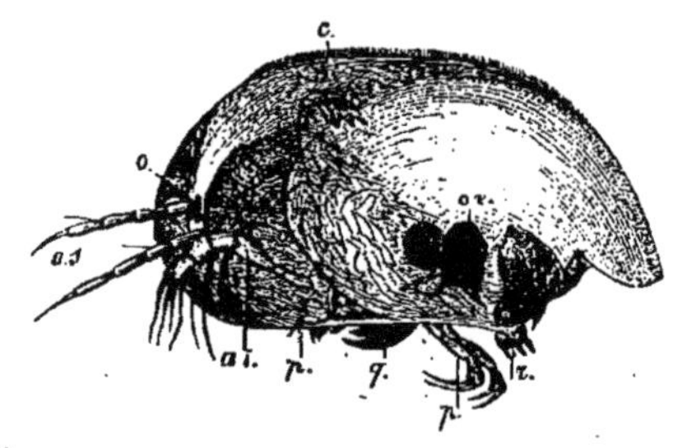

FIG. 177. — *Palæocypris Edwardsii*, animal silicifié, grandi 100 fois : *c.* carapace ; *o.* œil ; *a. s.* antennes supérieures ; *a. i.* antennes inférieures ; *p. p'.* pattes ; *r.* rame post-abdominale ; *q.* queue ; *ov.* ovaires (d'après M. Charles Brongniart). — Houiller de Saint-Étienne.

Nous avons là une preuve frappante des liens qui existent entre le monde présent et le monde passé. Nous y trouvons aussi une preuve de l'inégalité avec laquelle se sont opérés les changements des êtres; à côté d'animaux qui ont disparu pour toujours, d'autres se sont continués, comme si le temps les avait à peine touchés, et comme si, au milieu des grandes modifications de la nature, l'Être infini voulait proclamer la perpétuité de sa puissance directrice.

Aujourd'hui les ostracodes sont de toutes petites créatures qui atteignent rarement 2 ou 3 millimètres de longueur. Dans les temps primaires, ils ont eu des dimensions bien supérieures. Ainsi M. Roemer a fait connaître une espèce du silurien, la *Leperditia gigantea*, de 43 millimètres de longueur, et M. Barrande a décrit des espèces encore plus grandes ; je reproduis ici le dessin d'un ostracode de Bohême, l'*Aristo-*

zoe[1] *regina*, qui a 51 millimètres de long (fig. 178); M. Barrande a décrit un individu de la même espèce auquel il attribue une longueur de 90 millimètres. On a déjà vu les ptéropodes du silurien atteindre une taille bien supérieure à celle des ptéropodes actuels, et je vais citer des branchiopodes qui, à l'époque silurienne, ont, comme les ostracodes,

FIG. 178. — *Aristozoe regina*. Valve gauche, à 1/2 grandeur (d'après M. Barrande). — Silurien supérieur de Konieprus, Bohême.

surpassé beaucoup les êtres des temps plus modernes. Ainsi, dans quelques classes, les types inférieurs ont eu leur plus grand développement avant l'époque du règne des types plus élevés.

*Branchiopodes.* — Plusieurs branchiopodes ont été trouvés dans les terrains primaires, par exemple l'*Hymenocaris* [2] du cambrien, le *Dithyrocaris*[3], le *Ceratiocaris*[4], dont les pointes

FIG. 179. — *Estheria membranacea*, grandie 4 fois (d'après M. Rupert Jones). Dévonien de Caithness.

caudales ont été d'abord décrites comme des aiguillons de poissons. Une des espèces de *Ceratiocaris* (*C. ludensis*) de

1. Ἄριστος, le principal, le meilleur; *Zoe* représente l'état embryonnaire des crabes, c'est-à-dire des crustacés les plus élevés des temps actuels.
2. Ὑμὴν, ένος, membrane; καρὶς, crustacé.
3. Δίθυρος, bivalve, et καρὶς.
4. Κεράτιον, petite corne, et καρὶς.

l'étage de Ludlow (silurien supérieur) avait plus de deux pieds anglais de longueur; cette dimension est énorme comparativement à celle des genres actuels.

C'est parmi les branchiopodes qu'on range maintenant l'*Estheria*[1] (fig. 179) que sa carapace à deux valves a parfois fait prendre pour un mollusque bivalve.

*Cirrhipèdes.* — Des cirrhipèdes[2] tels que le *Plumulites*[3] et l'*Anatifopsis*[4] ont été rencontrés dans le silurien; ils ont été étudiés par M. Barrande et par M. Woodward.

*Trilobites.* — Voici des êtres d'une antiquité bien vénérable; on ne touche pas sans quelque émotion ces créatures dont la vie s'est passée dans des temps tellement reculés que l'imagination a peine à les concevoir. Déjà, dans le cambrien inférieur, l'ordre des trilobites est représenté par quatre genres :

FIG. 180. — *Conocoryphe Lyellii*, vu en dessus, de grandeur naturelle. — Cambrien inférieur de Nun's Well, pays de Galles. Collection du Muséum.

l'*Agnostus*, le *Microdiscus*, le *Plutonia*, le *Conocoryphe;* je figure ici un échantillon de *Conocoryphe*[5] (fig. 180) que j'ai rapporté du pays de Galles, où il m'a été donné par M. Homfray. Le milieu de l'époque cambrienne a vu le règne des *Para-*

1. Nom propre.
2. Animaux dont les pieds portent des cirrhes.
3. *Plumula*, petite plume.
4. Cirrhipède qui a l'aspect d'une anatife.
5. Κῶνος, cône; κορυφή, sommet.

*doxides*[1] (fig. 181) ; sa fin a été marquée par celui des *Olenus*[2]. Dans les temps siluriens, les trilobites ont été abondants et très variés ; en Angleterre la *Calymene*[3] *Blumenbachii* (fig. 182), en Amérique la *Calymene senaria* (fig. 199), en

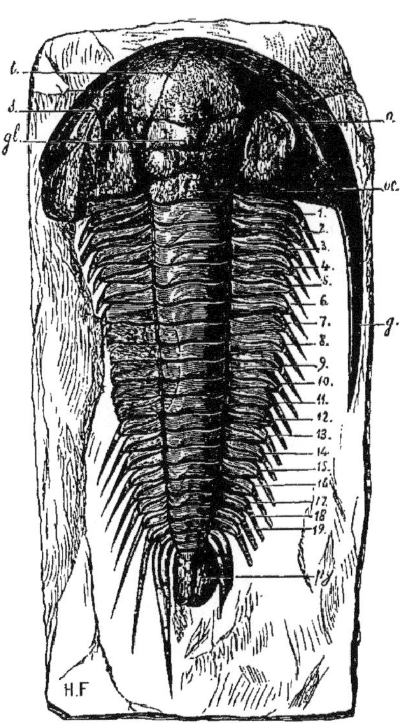


FIG. 181. — *Paradoxides bohemicus*, vu en dessus, aux 2/3 de grandeur : *t.* tête ; *gl.* glabelle avec des sillons ; *o.* œil ; *s.* suture faciale ; *oc.* anneau occipital ; *g.* pointe génale ; 1 à 19, segments thoraciques ; *py.* pygidium. — Cambrien de Ginetz, Bohême. Donné par M. Barrande à l'École des mines.

France la *Calymène Tristani* (fig. 183) sont indiquées parmi les fossiles les plus vulgaires du silurien[4]. Je donne dans cet

1. Ce nom a été donné par Brongniart à l'*Entomolithus paradoxus* de Linné.
2. 'Ωλένη, coude, à cause de la forme coudée des plèvres.
3. Alexandre Brongniart, qui a proposé le nom de *Calymene*, a dit qu'il le tirait par contraction de κεκαλυμμένος, participe passif de καλύπτω, je cache.
4. M. Fr. Schmidt publie en ce moment un important ouvrage sur les trilobites de la Russie (*Mém. de l'Ac. imp. des sc. de Saint-Pétersbourg*, vol. XXX, 1881).

ouvrage des figures de plusieurs autres types de trilobites également communs dans le silurien, par exemple l'*Asaphus* (fig. 190), l'*Ogygia*[1] (fig. 184), le *Dalmanites* (fig. 185),

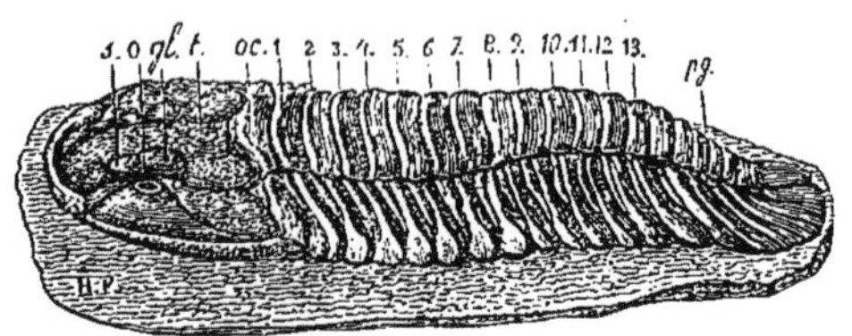

FIG. 182. — *Calymene Blumenbachii*, vue de profil, aux 2/3 de grandeur : *t.* tête ; *o.* œil ; *s.* suture faciale ; *gl.* mamelons de la glabelle ; *oc.* anneau occipital ; 1 à 13, segments du thorax ; *py.* pygidium. — Silurien supérieur de Dudley. Collection du Muséum.

l'*Homalonotus* (fig. 186), le *Trinucleus* (fig. 188), l'*Illænus* (fig. 202).

A l'époque dévonienne, les trilobites ont commencé à décroître ; ils ont été encore moins nombreux à l'époque car-

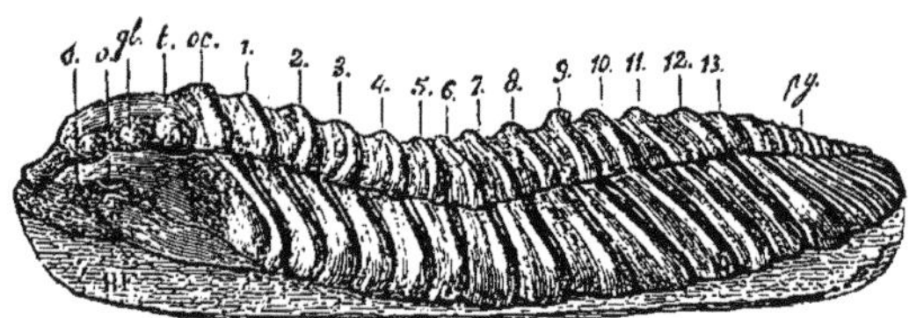

FIG. 183. — *Calymene Tristani*, moule vu de profil, à 1/2 grandeur : *t.* tête *o.* œil ; s. suture faciale ; *gl.* mamelons de la glabelle ; *oc.* anneau occipital ; 1 à 13, segments thoraciques ; *py.* pygidium. — Silurien inférieur de la Hunaudière, commune de Sion, Loire-Inférieure. Donné au Muséum par M. le professeur Bureau.

bonifère ; sauf une espèce de *Phillipsia* qui a été dernièrement découverte en Amérique, on ne trouve plus de trilobites dans le permien. Ainsi, après avoir eu un magnifique épanouissement dans le milieu des temps primaires, ces animaux ont diminué peu à peu, et, avant le commencement de l'époque secondaire, ils avaient disparu pour toujours. Combien de

1. Brongniart a dit que par ce nom il avait voulu marquer qu'*Ogygia* était de la plus grande ancienneté.

créatures ont passé sur notre planète avant la venue de l'humanité ? A une époque où il n'y avait pas encore des êtres d'un ordre élevé, les trilobites ont servi à animer, à orner le monde, afin que, même dans ses jours de simplicité primitive, il eût déjà un certain degré de beauté. Ils sont une preuve de ce que j'ai dit précédemment, à savoir, qu'en dépit de notre orgueil humain, nous devons admettre que tout n'a pas été fait pour

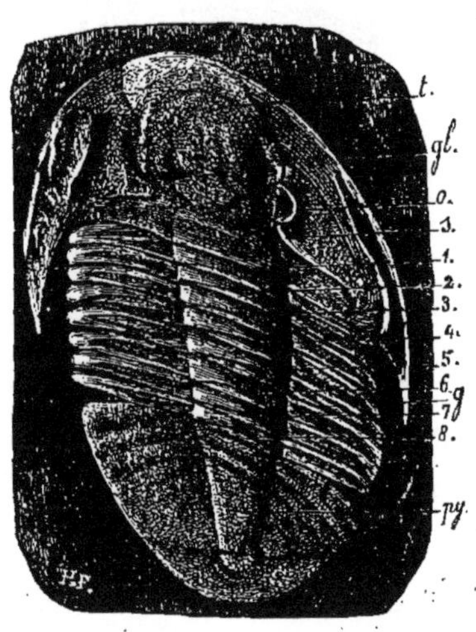


Fig. 184. — *Ogygia Desmaresti*, vue en dessus, à moitié de la grandeur : *t.* tête ; *gl.* glabelle ; *o.* œil ; *s.* suture faciale ; *g.* pointe génale allant jusqu'au cinquième segment du thorax ; 1 à 8, segments thoraciques ; *py.* pygidium. — Silurien inférieur de Sion, Loire-Inférieure. Échantillon donné au Muséum par M. le professeur Bureau.

nous ; il y a bien des merveilles que le Créateur semble avoir faites pour lui seul.

Les trilobites tirent leur nom de ce que leur corps est divisé en trois lobes : un lobe médian et deux lobes latéraux (fig. 185). Mais la trilobation n'est pas toujours également marquée ; on voit ici le dessin du genre *Homalonotus*[1] (fig. 186), dont la trilobation est presque effacée ; le *Bumastus* (fig. 193) montre la même particularité. D'avant en arrière, les trilobites pré-

1. 'Ομαλὸς, uni, plan ; νῶτος, dos, parce que les plèvres n'ont ni sillons, ni bourrelets.

sentent aussi trois parties : la tête, le thorax et le pygidium (fig. 202). La tête peut être si simple, qu'on ait de la peine

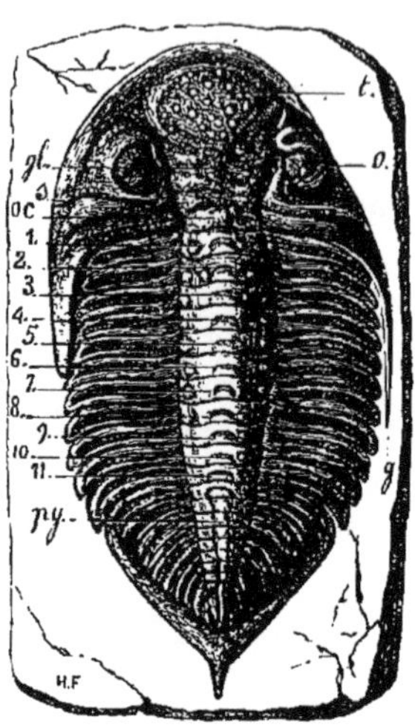


Fig. 185. — *Dalmanites caudatus*, vu en dessus, de grandeur naturelle : *t.* tête; *gl.* glabelle avec des sillons; *o.* œil; *s.* suture faciale; *oc.* anneau occipital; *g.* pointe génale; 1 à 11, segments thoraciques ; *py.* pygidium. — Silurien supérieur de Dudley. Collection du Muséum.

à la distinguer de la partie postérieure du corps (*Agnostus*[1], fig. 187). Mais en général elle est plus compliquée; elle est

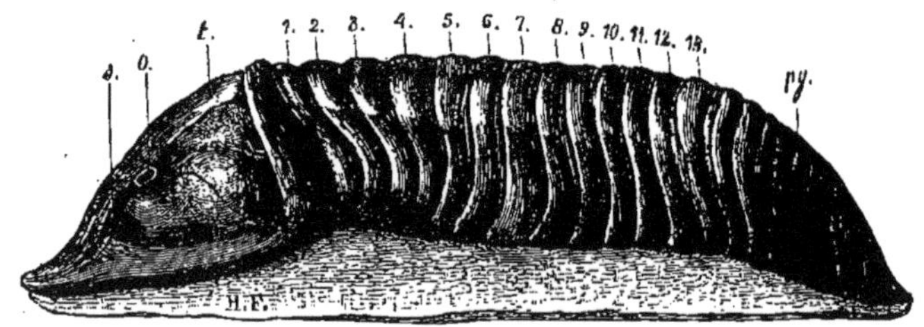


Fig. 186. — *Homalonotus delphinocephalus*, vu de profil, aux 2/3 de grandeur : *t.* tête; *o.* œil; *s.* suture faciale; 1 à 13, segments du thorax; *py.* pygidium. — Silurien supérieur de Dudley. Collection du Muséum.

parfois entourée par un grand limbe, comme on le voit dans le

1. Ἄγνωστος, inconnu. Brongniart a imaginé ce nom parce que *Agnostus* lui a paru un être énigmatique, différent de tout ce qui est connu dans la nature actuelle.

dessin de *Trinucleus*[1] (fig. 188), ou bien elle est bordée d'épines (*Acidaspis*[2], fig. 189). La partie qui forme le lobe médian est

FIG. 187. — *Agnostus nudus*, vu en dessus au double de la grandeur : *t*. tête; *th*. les deux segments thoraciques; *a*. anneau; *p*. plèvre; *py*. pygidium. — Cambrien de Skrej, Bohême. Échantillon donné par M. Barrande à l'École des mines.

appelée la glabelle[3] (fig. 188, *gl*.); elle a fréquemment des marques de segmentation en plusieurs anneaux (fig. 181 et 185). Les joues constituent les lobes latéraux (fig. 188, *j*.); chaque joue est séparée en deux par une suture qu'on nomme la suture faciale; cette suture se termine soit en côté (fig. 185), soit en arrière (fig. 184). Les joues s'arrêtent au niveau de la

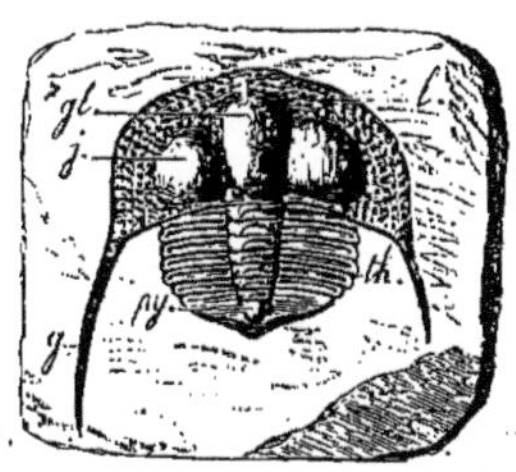


FIG. 188. — *Trinucleus ornatus*, vu en dessus, grandeur naturelle : *gl*. glabelle; *j*. joue; *l*. limbe; *g*. pointe génale; *th*. les six segments thoraciques; *py*. pygidium. — Silurien inférieur, étage D de Bohême, Trubin. Collection de l'École des mines.

tête (fig. 183), ou elles ont des prolongements, souvent très longs, qu'on appelle les pointes génales (fig. 188 et 190).

1. *Tres*, trois, et *nucleus*, noyau, à cause des trois bombements formés par la glabelle et les deux joues.

2. 'Ακὶς, ἴδος, piquant; ασπὶς, bouclier, à cause des épines dont la tête, le thorax et le pygidium sont garnis.

3. Ce terme est emprunté à l'anatomie humaine; chez l'homme, on nomme glabelle l'espace compris entre les sourcils.

Les yeux présentent des variations considérables; ils manquent dans plusieurs espèces; chez d'autres, ils sont très grands ; en général sessiles, parfois fortement bombés (fig. 191), ou même portés sur un pédicule (fig. 189). Dans l'*Harpes*, chaque œil est formé seulement de trois ocelles, mais le plus souvent les yeux sont composés d'une multitude d'ocelles. M. Barrande dit que l'*Asaphus* a eu douze mille lentilles dans chaque œil, et que le *Remopleurides* en a eu quinze mille. On a là un frappant exemple de la répétition des organes; déjà,

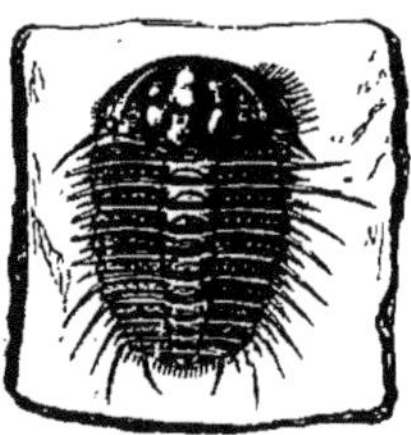

FIG. 189. — *Acidaspis mira*, vue en dessus, grandeur naturelle. — Silurien supérieur, étage E, Lodenitz, Bohême. Collection de l'École des mines.

dans les temps siluriens, la nature avait une grande fécondité; cette fécondité, au lieu de se porter sur des organes différents, répétait les mêmes organes indéfiniment; c'était quelque chose d'analogue à ce que nous avons vu chez les échinodermes. On ne peut pas dire que cette répétition des yeux chez plusieurs animaux siluriens offre une objection contre l'idée du développement progressif, car sans doute deux bons yeux valent mieux que trente mille petits yeux. Dans le *Phacops* et dans le *Dalmanites*, les yeux présentent une disposition curieuse : le test calcaire du bouclier céphalique s'est prolongé au-dessus d'eux, laissant autant de trous qu'il y avait de lentilles; la figure 192 montre cette particularité.

Le thorax est formé de segments distincts, jouant les uns sur les autres, de telle sorte que plusieurs espèces ont pu se mettre en boule comme les isopodes. Le milieu de chaque segment est appelé anneau, et ses lobes latéraux sont connus sous le nom de plèvres [1]. La forme, aussi bien que le nombre des segments, a présenté de grandes variations; on en aura l'idée en comparant les figures 181, 183, 184, 187, 188, 189, 202.

On est convenu de nommer pygidium [2] l'abdomen des trilobites. Ce nom nouveau a été accepté, parce qu'au début on a hésité à décider si le pygidium représentait l'abdomen ou la queue des autres animaux. Les personnes étrangères aux sciences croient volontiers que nous sommes plus savants, lorsque nous employons des termes qui leur sont inconnus; souvent, au contraire, cela prouve notre ignorance; quand l'étude des homologies, c'est-à-dire la compréhension des rapports des êtres aura fait des progrès, on cessera de donner des noms différents à des choses qui sont identiques, et le langage scientifique se simplifiera.

FIG. 190. — *Asaphus Guettardi*, vu en dessus, au 1/3 de grandeur : *t.* tête; *s.* suture faciale; *o.* œil; 1 à 8, segments du thorax; *g.* pointe génale très prolongée; *py.* pygidium. — Silurien inférieur d'Angers. Collection du Muséum.

Le pygidium se distingue du thorax, parce qu'au lieu d'être composé de segments séparés, jouant les uns sur les autres, il est formé de segments réunis en une seule pièce (fig. 193); quelquefois des sillons (fig. 185) indiquent une segmentation originaire. De même que la tête et le thorax, le pygidium

1. Πλευρὸν, côte.
2. Πυγίδιον, diminutif de πυγὴ, derrière.

varie beaucoup pour la forme et pour la dimension ; on s'en convaincra en regardant les figures 181, 182, 185, 187, 189, 193 et 194.

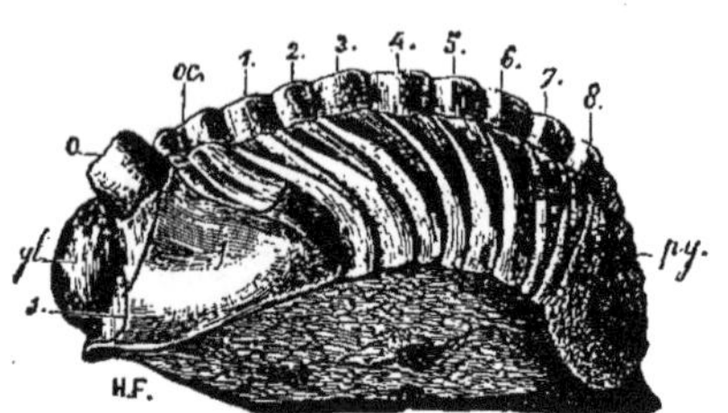


Fig. 191. — *Asaphus expansus*, vu de profil pour montrer le bombement des yeux *o.*, grandeur naturelle. M. Bayle pense que cette espèce doit être distinguée de l'*Asaphus expansus*, dont le type est de Norwège : *gl.* glabelle ; *s.* suture faciale ; *j.* joue ; *oc.* anneau occipital ; 1 à 8, segments thoraciques ; *py.* pygidium. — Silurien inférieur de Saint-Pétersbourg. Collection de l'École des mines.

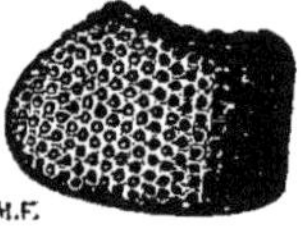


Fig. 192. — Œil de *Dalmanites verrucosa*, grandi deux fois et demie, vu de côté. — Silurien supérieur de Waldron, Indiana. Donné au Muséum par M. de Cessac.

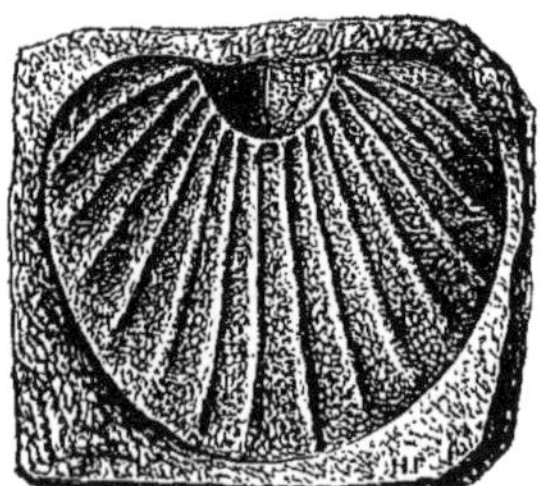

Fig. 193. — Pygidium du *Bronteus*[1] *flabellifer*, aux 3/4 de grandeur. — Dévonien de l'Eifel. Collection du Muséum.

Les détails qui précèdent s'appliquent à la face dorsale. Quand on tourne les trilobites sur la face ventrale, on voit au-

1. Βροντή, foudre.

dessous de la tête une pièce que l'on a appelée hypostome[1]; elle me semble la même que le labre des branchiopodes actuels du genre *Apus;* pour le prouver, je place ici à côté les unes

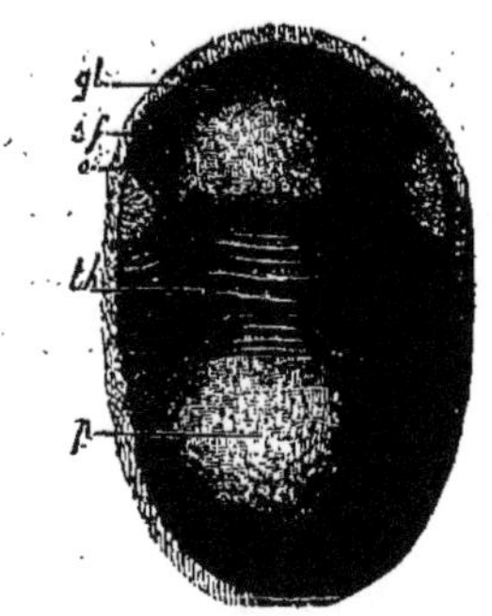


Fig. 194. — *Bumastus barriensis*, grandeur naturelle : *gl.* glabelle; *s. f.* suture faciale; *o.* œil; *th.* thorax formé de 10 segments; *p.* pygidium d'un seul morceau. — Silurien supérieur de Dudley. Collection de l'École des mines.

des autres des figures de trilobites et d'*Apus* (fig. 195 et 197). La figure 195 a été faite d'après un *Asaphus* de la collection

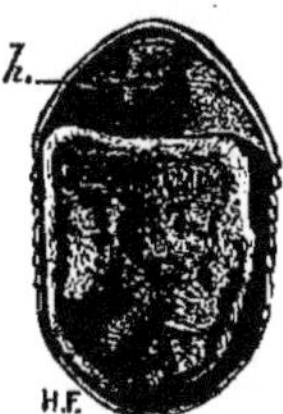


Fig. 195. — *Asaphus expansus*, vu en dessous, montrant l'hypostome *h.* au 1/3 de grandeur. — Sil. inf. de Saint-Pétersbourg. Coll. de l'École des mines.

Fig. 196. — Hypostome de *Dalmanites Hausmanni*, à 1/2 grandeur. — Silurien supérieur de Dvoretz. Étage G. Collection de l'École des mines.

Fig. 197. — Carapace d'*Apus*, vue en dessous pour montrer le labre, grandeur naturelle. — Époque actuelle, environs de Paris.

de l'École des mines où l'hypostome a pu être dégagé, malgré la dureté de la pierre, et est resté parfaitement en place. La figure 197 montre un *Apus* avec son labre qui occupe la même

1. Ὑπὸ, sous; στόμα, bouche.

position que dans l'*Asaphus;* sa forme est un peu différente, mais j'ai placé à côté (fig. 196) un autre hypostome de trilobite qui se rapproche beaucoup par sa forme du labre de l'*Apus*.

Sauf l'hypostome, les parties de la face inférieure des trilobites sont restées presque inconnues jusqu'à ces dernières années. D'Eichwald avait trouvé une patte de trilobite bien conservée ; on n'avait pas tenu compte de cette découverte. Pander avait remarqué sur les plèvres des trilobites de petits tubercules[1] qui, suivant plusieurs naturalistes, devaient avoir donné insertion à des pattes ou à des lames natatoires; ces vues avaient été contestées.

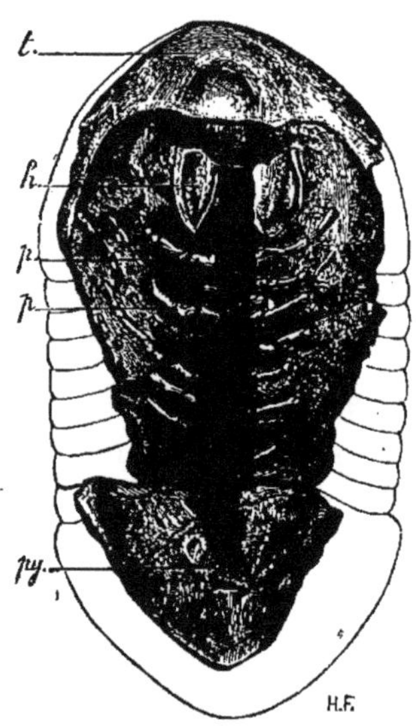

FIG. 198. — *Asaphus platycephalus*, vu en dessous, aux 2/3 de grandeur : *t.* tête; *h.* hypostome ou labre; *p. p.* pattes; *py.* pygidium (d'après M. Billings). — Silurien inférieur, calcaire de Trenton.

En 1870, Billings signala une pièce qui fit beaucoup de bruit parmi les paléontologistes : c'était un *Asaphus* dont la face ventrale montrait huit paires de pattes correspondant aux huit segments du thorax; je reproduis ici le dessin de cet échantillon (fig. 198). Les pattes s'attachent près du milieu de chaque segment; elles se courbent en avant, et ainsi paraissent avoir dû servir à la marche plutôt qu'à la natation. Billings a observé sur le pygidium trois petits tubercules ovales qu'il a supposés avoir servi de bases à des lames branchiales. Ces remarques ont été confirmées par M. Woodward; en examinant un *Asaphus* du calcaire de Trenton, qui avait été envoyé par le docteur Bigsby, il y a vu trois

1. Billings les a nommés organes pandériens pour rappeler qu'ils avaient été découverts par Pander.

paires de pattes, et en outre il a trouvé un palpe auprès de l'hypostome.

M. Walcott vient de publier un curieux travail sur les appendices des trilobites[1]. Il a mis à jour sur une large surface une petite couche du calcaire silurien de Trenton (État de New-York) dans laquelle les trilobites sont conservés avec leurs appendices. Ses fouilles ont amené la découverte de 3500 trilobites entiers, sur lesquels 2200 peuvent fournir de bonnes coupes. On a obtenu 270 coupes montrant des appendices : 205 proviennent du genre *Ceraurus ;* il y en a 49 de *Calymene,* 11 d'*Asaphus*, 5 d'*Acidapsis*. Ces chiffres sont importants pour prouver qu'il ne s'agit pas de faits isolés. Je

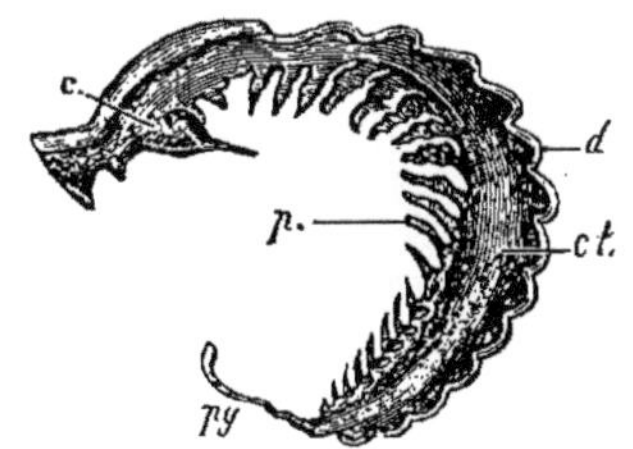


FIG. 199. — Section longitudinale d'une *Calymene senaria*, grandie 3 fois : *c.* cavité céphalique; *c. t.* cavité thoracique; *d.* carapace dorsale; *py.* pygidium; *p.* pattes (d'après M. Walcott). — Silurien inférieur de Trenton-Falls, État de New-York.

reproduis ici un des dessins de coupes qui ont été donnés par M. Walcott (fig. 199); on y voit le dessous du corps garni de nombreuses pattes.

Le savant paléontologiste américain admet que non seulement le thorax, mais aussi l'abdomen est muni de pattes ; sous la tête, il y a, en arrière de l'hypostome, quatre paires d'appendices. En outre, chaque patte thoracique porte, en dehors, un épipodite; entre l'épipodite et la plèvre, il y a une

1. *The trilobite, New and old evidence relatings to its organization* (*Bull. of the Museum of comp. zool. at Harvard College*, vol. VIII, n° 10, p. 191. Cambridge, 1881). — *Notes on some sections of Trilobites from the Trenton limestone* (31st *Report on the New-York State Museum Natural History*. Albany, March 1879).

paire de filaments spiraux qui sont des supports branchiaux ou peut-être les branchies elles-mêmes; pour comprendre ces dispositions, on peut consulter la figure ci-dessous (fig. 200).

D'après ces découvertes, nous commençons à nous faire quelque idée des affinités des trilobites. La forme de crustacé la plus généralisée et qui semble servir de point de départ pour les divers ordres, est la forme branchiopode, représentée de nos jours par l'*Apus* et le *Branchippus;* on trouve là une répétition de segments semblables et munis des mêmes appendices. Plusieurs genres de trilobites offrent aussi de remarquables exemples de répétitions des parties ; cependant ils indiquent un degré d'évolution plus avancé que les branchiopodes, car la

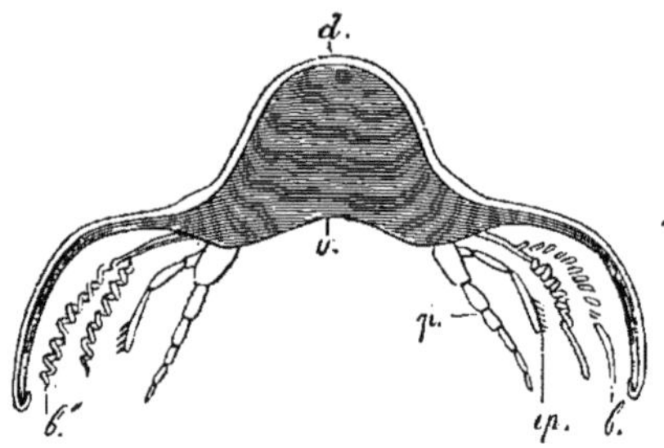


FIG. 200. — Section transverse du thorax de *Calymene senaria*, en partie restaurée, grandie 4 fois : *d.* côté du dos; *v.* cavité viscérale; *p.* pattes restaurées; *ép.* épipodite; *b.* appareil branchial non restauré; *b'.* appareil branchial restauré (d'après M. Walcott). — Calcaire de Trenton.

tête et le pygidium se sont différenciés; les organes de la respiration et de la locomotion sont devenus distincts, et l'on a vu que, dans l'*Asaphus* (fig. 198), les pattes articulées, dirigées en avant, semblent avoir été adaptées pour la marche plutôt que pour la natation. Il se peut du reste que, sous l'apparence trilobitique, on réunisse des animaux qui ont présenté des différences pour la disposition des pattes et des branchies, et chez lesquels les appendices n'ont pas eu le même degré de consistance; ceci expliquerait comment ils ont échappé à l'attention de plusieurs éminents observateurs.

Les trilobites ressemblent aux isopodes parce qu'ils ont de

même leur carapace séparée en trois parties : l'une céphalique, la seconde thoracique avec des segments libres, et la troisième abdominale avec des segments ankylosés. La trilobation n'établit pas une barrière entre les trilobites et les isopodes, car, d'une part, certains isopodes actuels, tels que les séroles (fig. 201), ont une disposition trilobée et, d'autre part,

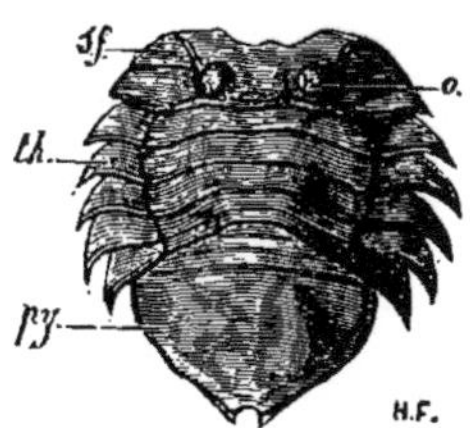


FIG. 201. — *Serolis Orbignyii*, vu en dessus, sans les antennes et les pattes, grandeur naturelle : *s. f.* sutures faciales; *o.* œil; *th.* thorax; *py.* pygidium. Fonta-Arena, détroit de Magellan. — Collection zoologique du Muséum.

chez l'*Homalonotus* (fig. 186) et le *Bumastus* (fig. 194), la trilobation est presque effacée. Mais, dans les isopodes, la différenciation des parties s'est prononcée davantage, puisque les organes de locomotion sont localisés sous les segments thoraciques, et que les organes de respiration sont localisés sous les segments abdominaux.

Malgré leurs nombreuses variations, les trilobites forment un groupe qui reste facilement reconnaissable, et montre avec quelle facilité la nature modifie les apparences d'un même type. M. Henry Woodward en a été très frappé, et il a dit : « *Par le moyen des divers ornements des trilobites, leurs saillies, leurs tubercules, par la compression du corps dans un sens, l'allongement dans un autre, par l'addition ou la soustraction des segments, par l'élargissement ou la réduction des yeux... nous voyons les trilobites présenter d'indéfinies modifications de formes, comme ces amusantes faces humaines en caoutchouc que les enfants se plaisent à comprimer*[1]. »

1. *Life forms of the past and present* (*The popular science Review*, octobre 1872, in-8°, p. 397.)

La preuve des difficultés qu'on rencontre pour tracer des séparations nettes entre les trilobites est établie par la divergence des classifications proposées par les hommes qui ont le mieux étudié ces animaux : la classification de Salter est fort différente de celle de M. Barrande. Les divisions des trilobites qui me semblent adoptées par le plus grand nombre de paléontologistes sont les suivantes :

| | | | | |
|---|---|---|---|---|
| Trilobites proprement dits (nombreux segments au thorax). | Plèvres à bourrelets..... | | à grand thorax | Deiphon. Acidaspis. |
| | | | à petit thorax.. | Bronteus. |
| | Plèvres à sillons | Grand thorax | 26 segments.... | Harpes. |
| | | | 11 à 20 segments | Conocoryphe. Sao. Olenus. Paradoxides. |
| | | Thorax moyen | yeux à réseau calcaire | Dalmanites. Phacops. |
| | | | yeux ordinaires | Homalonotus. Calymene. |
| | | Petit thorax | petit pygidium | Ampyx. Trinucleus. |
| | | | grand pygidium | Asaphus. Ogygia. |
| | Plèvres planes.......................... | | | Nileus. Illænus. |
| Agnostidés (peu de segments au thorax). | 4 segments au thorax..................... | | | Microdiscus. |
| | 2 segments au thorax..................... | | | Agnostus. |

Comme on le voit, la principale division des trilobites est celle en agnostidés et en trilobites proprement dits. Les premiers n'ont que deux segments au thorax, et leur bouclier céphalique est très simple, au lieu que les seconds peuvent avoir jusqu'à vingt-six segments au thorax et ont un bouclier céphalique souvent très orné. Mais, entre les formes extrêmes, on trouve des intermédiaires : le *Microdiscus* a quatre segments thoraciques; l'*Æglina* en a cinq ou six; le *Trinucleus* (fig. 188) en a six; l'*Asaphus* (fig. 190) en a huit; l'*Illænus* (fig. 202) en a huit, neuf ou dix; le *Dalmanites* (fig. 185) en a onze; le *Cyphaspis*, le *Cheirurus* en ont quelquefois douze; le *Calymene* (fig. 182) en a treize; l'*Ellipsocephalus* en a douze ou quatorze; le *Co-*

*nocoryphe*, l'*Olenus* en ont parfois quinze ; le *Paradoxides* (fig. 181) en a de seize à vingt ; l'*Arethusina* en a vingt-deux.

Après la division en agnostidés et en trilobites proprement dits, la principale division des trilobites admise par M. Barrande a été basée sur la disposition des plèvres. On a remarqué que, dans un grand nombre de genres, les plèvres portaient un sillon bien marqué, comme on le voit dans les figures 181, 184, 185, et que dans d'autres genres, au lieu d'un sillon, les plèvres avaient un bourrelet (fig. 189), et alors on a admis deux grandes catégories. Mais, entre les trilobites dont les plèvres ont des sillons et ceux dont les plèvres ont des bourrelets, se placent des trilobites à plèvres planes qui n'ont ni sillons, ni bourrelets tels que l'*Illænus*[1] (fig. 202). On conçoit facilement comment, selon que les plèvres d'un *Illænus* se sont déprimées ou se sont soulevées dans leur milieu, il en est résulté des plèvres à sillons ou des plèvres à bourrelets. Évidemment le fait d'avoir des plèvres soit planes, soit à sillons, soit à bourrelets, n'a pas une grande valeur anatomique ; Salter en a tenu peu de compte. Si M. Barrande s'y est attaché, c'est sans doute parce que d'autres

Fig. 202. — *Illænus giganteus*, vu en dessus, à 1/2 grandeur : *t.* tête ; 1 à 10, anneaux du thorax ; *py.* pygidium. — Silurien inférieur d'Angers. Collection du Muséum.

1. Ἰλλαίνω, je louche ; les yeux sont reportés sur les côtés si loin l'un de l'autre qu'ils semblent n'avoir pu fixer ensemble le même point.

caractères plus importants, comme ceux de la grandeur relative ou de la forme de la tête, du thorax et de l'abdomen ont paru encore plus variables.

La difficulté d'établir des genres ou des espèces à limites bien tranchées a été mise en relief par les études que M. Barrande a entreprises sur les métamorphoses des trilobites : c'est une chose à peine croyable qu'on ait pu surprendre la série des développements d'animaux cambriens, comme on suit dans nos laboratoires les métamorphoses qu'un individu parcourt depuis sa sortie de l'œuf jusqu'à l'âge adulte. Cependant, à force de patience, l'auteur du *Système silurien de la Bohême* est parvenu à rassembler des trilobites de tout âge appartenant à une même espèce, de manière à retrouver les marques de leurs successives métamorphoses. Parmi les espèces qu'il a étudiées, je citerai *Sao*[1] *hirsuta*, ainsi nommée parce qu'à l'âge adulte elle est ornée au point de paraître hérissée ; *Sao* commence par avoir une extrême simplicité ; c'est un petit ovale où l'on ne distingue pas de segments ; les segments se multiplient à mesure que l'animal avance en âge ; quand il est adulte, il en a dix-neuf, y compris celui de la tête et celui du pygidium. M. Barrande a constaté que *Sao* se présente dans vingt états différents ; il a donné la figure de chacun de ces vingt états ; je reproduis ici quelques-uns de ses dessins (fig. 203). Il est arrivé une singulière chose : c'est que ces métamorphoses ont trompé les naturalistes au point que, pour la seule espèce *Sao hirsuta*, ils ont proposé 13 noms de genres et 22 noms d'espèces. Les noms de genres sont les suivants : *Sao*, *Ellipsocephalus*, *Monadina*, *Goniacanthus*, *Enneacnemis*, *Acanthocnemis*, *Acanthogramma*, *Endogramma*, *Micropyge*, *Selenosema*, *Crithias*, *Tetracnemis*, *Staurogmus*.

Voilà qui doit donner beaucoup à penser aux savants désireux de connaître la nature véritable de ce qu'on est convenu

1. M. Walcott vient de constater douze métamorphoses sur un trilobite américain, le *Triarthrus Becki* (*Transactions Albany Institute*, vol. X, juin 1879).

d'appeler un genre et une espèce. Lorsque nous voyons des naturalistes très habiles établir avec une seule espèce à divers états de développement 13 noms de genres et 22 noms d'espèces, ne pouvons-nous pas supposer que les différences appelées différences d'espèces et de genres sont de même nature que les

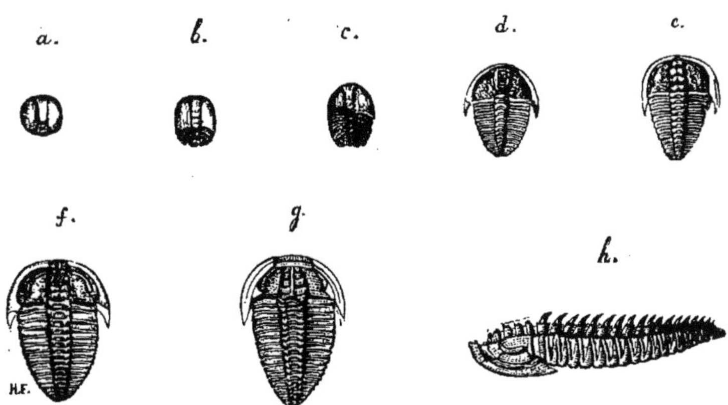


Fig. 203. — Métamorphoses de *Sao hirsuta* : *a.* individu dont le thorax n'est pas encore séparé de la tête, grandi 6 fois. — *b.* individu un peu moins jeune que *a.*; son thorax est distinct et montre des indications de trois segments qui ne sont pas encore bien séparés, grandi 6 fois. — *c.* individu moins jeune que *b.* chez lequel on voit 6 segments dont deux bien séparés, grandi 5 fois. — *d.* individu moins jeune que *c.* avec 11 segments, grandi 4 fois. — *e.* individu moins jeune que *d.*, avec 13 segments, grandi 4 fois. — *f.* individu moins jeune que *e.*, avec 17 segments, grandi 3 fois. — *g.* individu moins jeune que *f.*, avec 18 segments, non compris la tête, grandi 2 fois; il ne lui manque que la taille et les ornements de l'âge adulte. — *h.* individu adulte représenté de profil pour montrer les ornements qui ont valu à l'espèce le nom de *Sao hirsuta*, grandi d'un tiers (d'après M. Barrande). — Cambrien supérieur de Skrey (Bohême).

différences résultant du développement graduel d'un même être[1] ? Nous tous qui travaillons à découvrir les créatures fossiles ou vivantes, nous avons l'habitude, quand nous rencontrons des formes qui offrent quelque particularité, de leur

1. Les métamorphoses, les dimorphismes des animaux actuels et surtout des crustacés ont donné lieu aux mêmes erreurs que *Sao*. Je me contenterai de rappeler ici que, suivant les remarques de l'ingénieux naturaliste Gerbe, le prétendu genre *Phyllosome* n'est pas autre chose qu'une larve de langouste, et que le genre *Zoe* a été imaginé pour la larve du crabe commun (*Carcinus mænas*).

donner des noms spéciaux, et souvent en cela nous ne sommes pas répréhensibles, car il nous faut des noms, c'est-à-dire des points de repère, pour que nous puissions nous reconnaître à travers les merveilles accumulées dans l'indéfini du temps et de l'espace ; mais, en pensant à *Sao*, dont M. Barrande nous a tracé la curieuse histoire, nous devons nous demander si beaucoup de formes que nous appelons espèces, et même que nous appelons genres, au lieu de représenter des êtres distincts, ne représentent pas simplement les diverses phases d'un même type qui poursuit son évolution paléontologique.

Dans les couches les plus anciennes où des trilobites ont été trouvés, ces animaux constituent déjà deux groupes d'une perfection très inégale : celui des *Agnostus* et celui des *Paradoxides*. *Agnostus* (fig. 187), a dit Salter, *est la forme la plus basse et la plus rudimentaire des trilobites, et ressemble grandement, sous quelques rapports, à l'état jeune des groupes plus élevés.* Il n'a que deux segments au thorax. Au contraire, le *Paradoxides* (fig. 181), la *Sao* et les genres qui en sont voisins se font remarquer par le grand nombre des segments de leur thorax. Aux yeux de quelques savants paléontologistes, cela fournit une objection contre l'idée d'un développement progressif; mais d'autres paléontologistes n'attachent pas de valeur à cette objection : « *Les trilobites primordiaux*, a écrit Salter, *soit par une excessive réduction des segments comme dans Agnostus, soit par une excessive multiplication comme dans Paradoxides, montrent une organisation défectueuse comparativement à ceux des formations plus récentes.* » Au premier abord, il semble paradoxal de dire qu'*Agnostus* est un type inférieur parce qu'il a très peu de segments, et que *Paradoxides* est encore un type inférieur parce qu'il en a beaucoup. Les remarques de M. Henry Woodward[1] donnent l'explication de ces paroles de Salter; suivant lui, on doit considérer trois phases dans le développement des types crustacés : une phase

1. *Geological Magazine*, novembre 1871.

d'apparition pendant laquelle ils ont très peu de segments, c'est la phase *Agnostus;* une phase moyenne pendant laquelle ils ont de nombreux segments, c'est la phase des branchiopodes, et celle de nombreux trilobites; enfin une dernière phase pendant laquelle les segments se soudent en partie, de sorte que leur nombre semble diminuer; c'est la phase des crustacés supérieurs tels que les décapodes. Ainsi, bien que le *Paradoxides* soit supérieur à l'*Agnostus*, il ne peut encore être considéré comme un crustacé très élevé.

*Mérostomes.* — Comme les trilobites, les mérostomes comptent parmi les créatures les plus caractéristiques de l'époque primaire. Leur organisation est tellement singulière qu'il a fallu l'esprit investigateur de Salter, de MM. Hall, Huxley et Henry Woodward pour la bien comprendre. On en a trouvé des débris en Angleterre dans le silurien moyen (étage de Llandovery)[1]; ils se sont multipliés à l'époque du silurien supérieur, du dévonien, du carbonifère; puis, à l'exception du genre limule, ils ont disparu.

Ces anciens crustacés nous montrent un curieux procédé d'économie qui a été employé par la nature dans un temps où elle n'était pas riche comme elle l'est aujourd'hui. Les mêmes organes servaient pour marcher et pour se nourrir; à leur extrémité, les appendices céphaliques (fig. 206, *ma.*, 1 *m.*, 2 *m.*, *m. p.*), remplissaient les fonctions de pattes; leur base munie de denticules jouait le rôle de mâchoires; c'est ce qui a fait imaginer le nom de mérostomes[2]. De même qu'il y a aujourd'hui des décapodes à corps allongé (macroures) et à corps condensé (brachyures), il y a eu autrefois des mérostomes à

1. On a observé aux États-Unis dans le grès de Potsdam (cambrien supérieur) des empreintes de pas qui ont été décrites sous le nom de *Protichnites* (πρῶτος, premier; ἴχνος, vestige); elles ont été attribuées tantôt à des mérostomes, tantôt à des trilobites.

2. Μηρὸς, cuisse; στόμα, bouche.

corps allongé et des mérostomes à corps condensé; on appelle les premiers des euryptérides, les seconds des xiphosures.

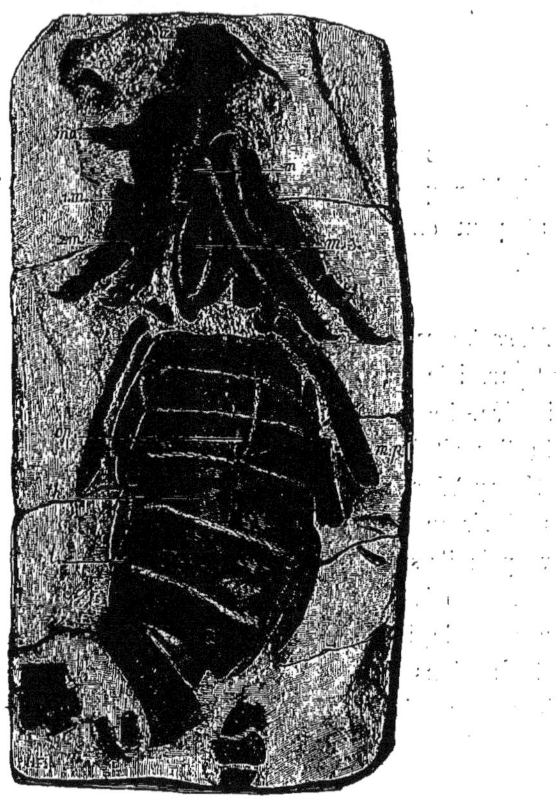

Fig. 204. — *Slimonia acuminata*, vue sur le ventre, à 1/6 de grandeur : *o.* œil; *a.* antenne; *ma.* mandibule; 1 *m.*, 2 *m.* première et deuxième mâchoires; *m. p.* maxillipède; *m. s.* métastome; *op.* opercule; *th.* anneaux thoraciques; *l.* apparences de lames branchiales sur les côtés des anneaux thoraciques. — Silurien supérieur de Lesmahago, Écosse. Collection du Muséum.

Les euryptérides sont : l'*Eurypterus*[1], la *Slimonia*[2] (fig. 204), le *Stylonurus*[3], le *Pterygotus*[4]. On voit ici (fig. 205) la figure

1. Ἐυρὺς, large; πτερὸν, aile, rame.

2. Ce nom a été donné par M. Page, en l'honneur de M. Slimon auquel on doit la découverte de beaucoup de crustacés dans le silurien d'Écosse.

3. Στῦλος, stylet; οὐρὰ, queue, à cause de la pointe de la queue.

4. Πτέρυξ, υγος, aile; οὖς, ὠτὸς, oreille.

du *Pterygotus bilobus* qui est une espèce du silurien ; il est de petite dimension, mais on trouve dans le dévonien une espèce que les carriers d'Écosse appellent le séraphin et qui avait jusqu'à 1$^{m}$,80 de longueur; elle dépassait la taille des

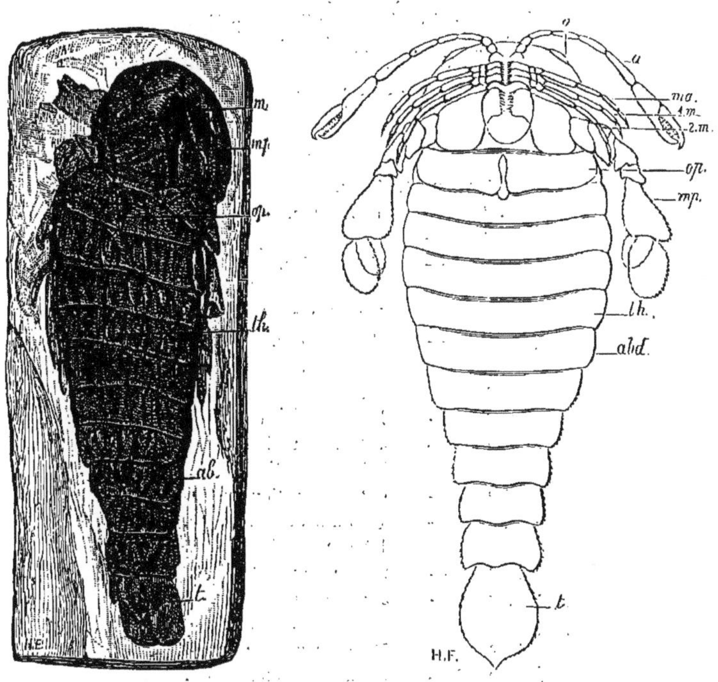


Fig. 205. — *Pterygotus bilobus*, vu sur la face ventrale, aux 3/5 de grandeur : *m.* mâchoires; *m. p.* maxillipèdes; *op.* opercule; *th.* anneaux thoraciques avec des impressions latérales qui sont peut-être des lames branchiales; *ab.* anneaux de l'abdomen; *t.* telson. — Silur. sup. de Lesmahago. Coll. zool. du Muséum.

Fig. 206. — Restauration du *Pterygotus anglicus*, vu sur le ventre au 1/20 environ de la grandeur : *o.* œil; *a.* antenne; *ma.* mandibule; 1 *m.*, 2 *m.* première et deuxième mâchoires; *m. p.* maxillipède; *op.* opercule; *th.* dernier anneau thoracique; *abd.* premier anneau de l'abdomen; *t.* telson (d'après M. Henry Woodward). — Dévonien d'Écosse.

plus grands homards actuels; je reproduis (fig. 206) un essai de restauration que M. Woodward en a donné dans son admirable monographie des mérostomes britanniques. Cette restauration nous montre un exemple d'articulé au moment géologique où il atteint le nombre typique de ses segments et où les soudures n'ont pas encore caché ce nombre. Depuis les travaux de M. Henry Milne Edwards, la plupart des zoologistes admettent que le nombre typique des segments des crustacés est de 21, si on y comprend le telson [1] : 7 segments pour la tête ; 7 pour le thorax, 7 pour l'abdomen. Or, dans le *Pterygotus*, sauf le deuxième segment de la tête représenté par les antennules, tous les segments existent ; en voici le détail :

| | | | |
|---|---|---|---|
| Tête. | $1^{er}$ segment. | | Yeux. |
| | $2^{me}$ | — | Il manque. |
| | $3^{me}$ | — | Antennes. |
| | $4^{me}$ | — | Mandibules. |
| | $5^{me}$ | — | Premières mâchoires. |
| | $6^{me}$ | — | Deuxièmes mâchoires. |
| | $7^{me}$ | — | Maxillipèdes. |
| Thorax. | $8^{me}$ | — | Opercule. |
| | $9^{me}$ | — | Anneaux recouverts par l'opercule. |
| | $10^{me}$ | — | |
| | $11^{me}$ | — | $4^{me}$ anneau thoracique. |
| | $12^{me}$ | — | $5^{me}$ anneau thoracique. |
| | $13^{me}$ | — | $6^{me}$ anneau thoracique. |
| | $14^{me}$ | — | $7^{me}$ anneau thoracique. |
| Abdomen. | $15^{me}$ | — | $1^{er}$ anneau abdominal. |
| | $16^{me}$ | — | $2^{me}$ anneau abdominal. |
| | $17^{me}$ | — | $3^{me}$ anneau abdominal. |
| | $18^{me}$ | — | $4^{me}$ anneau abdominal. |
| | $19^{me}$ | — | $5^{me}$ anneau abdominal. |
| | $20^{me}$ | — | $6^{me}$ anneau abdominal. |
| | $21^{me}$ | — | Telson. |

Jusqu'à présent, on a pensé que les branchies étaient placées seulement dans la partie antérieure du thorax, et on n'a pas signalé de lames branchiales sur les côtés des segments du thorax. En regardant l'échantillon de *Slimonia* sur lequel a été faite la figure 204 et nos échantillons de *Pterygotus* (fig. 205), je vois sur les côtés des impressions qui me semblent indiquer des lames branchiales. Je présente cette supposition avec toute réserve, car il se pourrait qu'il y eût là de trompeuses

1. On appelle ainsi la lame natatoire qui forme l'extrémité postérieure du corps des crustacés.

apparences comme la fossilisation en offre quelquefois, et que les avances latérales des plèvres fussent simplement des épimères[1].

Tous les euryptérides ne sont pas également allongés ; l'*Eurypterus obesus* et surtout l'*Hemiaspis*[2] *limuloides* (fig. 207), établissent une transition entre eux et les xiphosures.

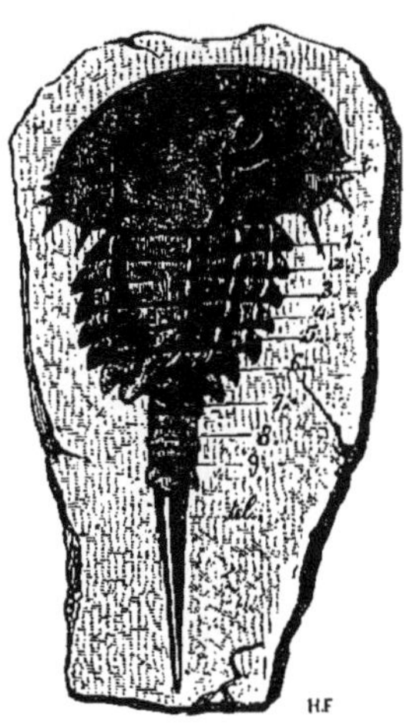

Fig. 207. — *Hemiaspis limuloides*, vu en dessus, de grandeur naturelle : *t.* tête ; 1, 2, 3, 4, 5, 6, segments thoraciques ; 7, 8, 9, segments de l'abdomen ; *tel.* telson (d'après M. Henry Woodward). — Silurien supérieur de Leintwardine.

Les xiphosures[3] qui forment la seconde division des mérostomes tirent leur nom de ce que leur type actuel, le limule, a sa queue en forme d'épée. Le *Neolimulus*[4] se rencontre dans le silurien ; mais la plupart des xiphosures paraissent s'être développés un peu plus tard que les euryptérides. Les uns (fig. 208) ont eu les segments de leur thorax libres comme ceux des jeunes limules, les autres (fig. 209) ont eu leurs segments soudés comme ceux des limules adultes.

Il serait curieux d'apprendre quels sont les êtres qui ont pu avoir des affinités avec ces bizarres créatures, si isolées dans la nature actuelle. Grâce aux travaux des deux Milne Edwards, de Lockwood, Packard, Dohrn, Richard Owen, on connaît bien les limules. M. Packard a montré l'apparente ressemblance qui existe entre le limule sur le point de sortir de sa coque (fig. 210) et les trilobites tels que les *Trinucleus* (fig. 188). Il y a

1. Chez plusieurs isopodes actuels, tels que *Livoneca* et *Nerocila*, les épimères des segments thoraciques prennent un grand développement.

2. Ἥμισυς, demi ; ἀσπὶς, bouclier.

3. Ξίφος, épée ; οὐρὰ, queue.

4. Νέος, nouveau et *Limulus*.

cependant, entre le limule et les trilobites dont on a découvert les pattes, cette différence que les appendices locomoteurs ont été

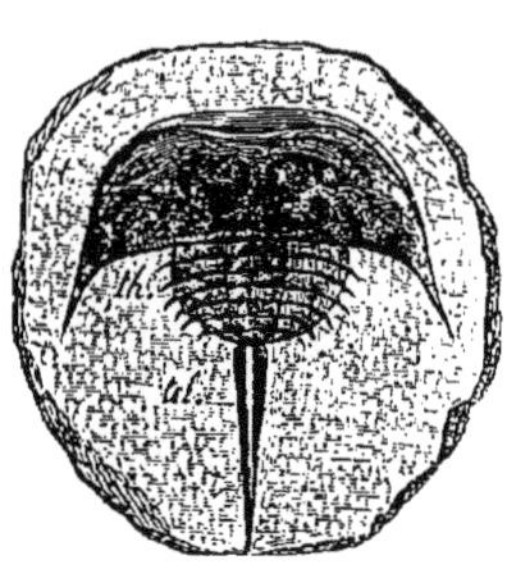


FIG. 208. — *Belinurus*[1] *bellulus*, vu en dessus, grandeur naturelle : *t.* tête avec grandes pointes génales; *th.* thorax avec segments séparés; *tel.* telson en forme d'épée comme dans les limules actuels (d'après M. Henry Woodward). — Houiller de Coalbrook-Dale.

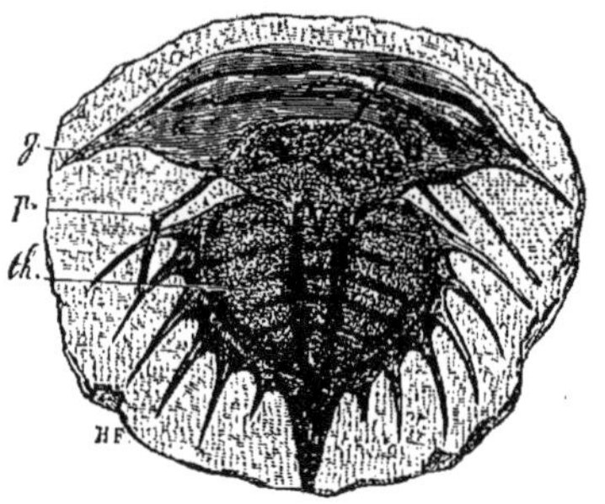


FIG. 209. — *Prestwichia*[2] *anthrax*, vu en dessus, aux 2/3 de grandeur; on voit passer en dessous les appendices céphaliques *p.* : *g.* pointes génales; *th.* thorax à segments soudés (d'après M. H. Woodward). — Terrain houiller de Coalbrook-Dale.

localisés dans le limule au-dessous de la tête (fig. 210), au lieu que, dans les trilobites, ils se montrent, dit-on, sous tous les

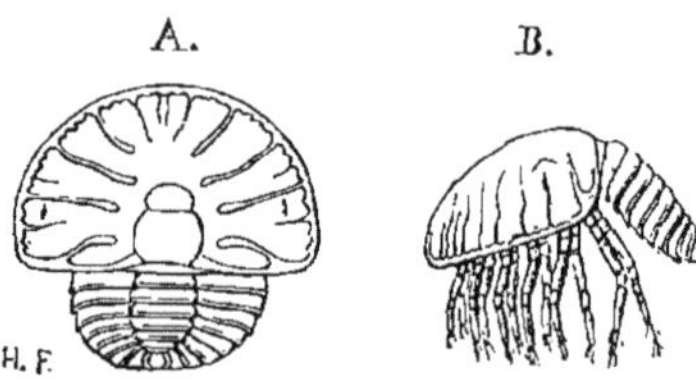


FIG. 210. — Embryon de *Limulus Polyphemus* immédiatement avant l'éclosion, grandi. A. vu en dessus; B. vu de profil (d'après M. Packard)[3].

anneaux du corps (p. 197, fig. 199); ainsi le mérostome est un animal où les organes sont plus spécialisés, et il indique par conséquent une évolution plus avancée.

1. Βέλος, dard; οὐρά, queue.

2. Ainsi nommé en l'honneur de l'éminent géologue Prestwich qui a le premier signalé ce crustacé dans son *Mémoire sur la Géologie de Coalbrook-Dale.*

3. Ces figures sont tirées d'une note intitulée : *Embryology of Limulus Polyphemus* (*The American Naturalist*, vol. IV, p. 498, 1871).

Si les ascendants des mérostomes ont pu se rapprocher des trilobites, leurs descendants ont pu se rapprocher des arachnides. Chez les arachnides et les mérostomes, les appendices locomoteurs sont localisés au-dessous de la tête. Un habile zoologiste, M. Jules Barrois, en étudiant l'embryogénie des araignées, a indiqué dans ces animaux un stade qu'il a nommé limuloïde (fig. 211) ; suivant lui, ce stade où

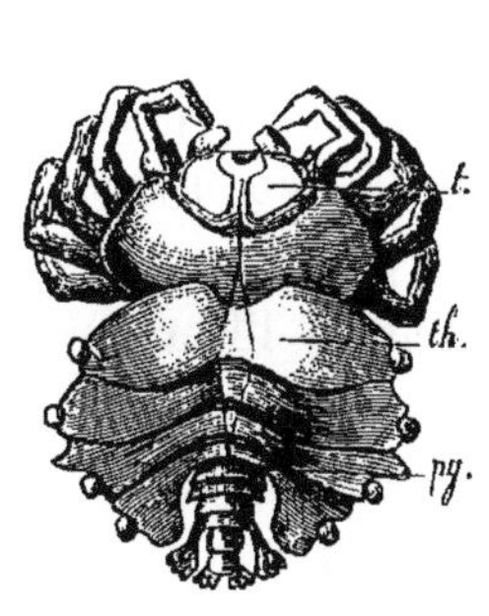


Fig. 211. — Stade limuloïde d'une jeune araignée, grandie, vue sur le dos (d'après M. Jules Barrois).

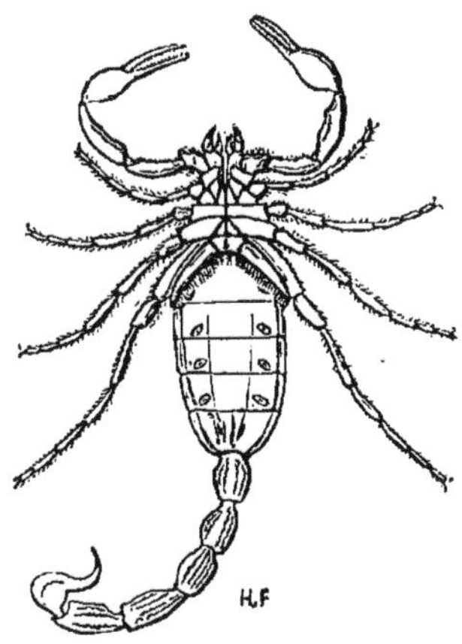


Fig. 212. — *Buthus occitanus* du Levant, vu en dessous, aux 2/3 de gr. — Coll. zoolog. du Muséum.

le thorax et l'abdomen sont distincts, rappelle l'état du xiphosure silurien, l'*Hemiaspis*. Le lecteur se rendra compte de l'exactitude de ce rapprochement en comparant la figure 211 avec celle de l'*Hemiaspis* (fig. 207, p. 209). On ne peut aussi manquer d'être frappé des analogies qui existent entre le *Pterygotus* et les scorpions (fig. 212) : un corps allongé avec de nombreux segments, des yeux placés de même, des antennes en forme de pince, quatre paires de pattes céphaliques. A la vérité, le scorpion a une respiration aérienne, tandis que le *Pterygotus* avait une respiration branchiale ; mais son peigne est un organe énigmatique qui s'expliquerait, si l'on admettait qu'il représentât la plaque branchiale d'un euryptéride devenue sans usage, lorsque cet animal a quitté la vie aquatique pour adopter les habitudes terrestres. Comme l'a fait remarquer très justement M. H. Woodward, quand nous voyons tous les jours les crapauds et les libellules provenir de la transformation de bêtes aquatiques, nous devons être disposés à admettre que des scorpions à respiration aérienne ont pu avoir pour ancêtres dans les temps géologiques des animaux à branchies tels que les *Pterygotus*.

*Edriophthalmes*[1] *et podophthalmes*[2]. — Ces crustacés sont aussi rares dans les terrains primaires que les trilobites y sont communs ; il semble que les crustacés les plus élevés soient ceux qui ont paru le plus tard. M. H. Woodward a fait connaître sous le nom de *Præarcturus*[3] *gigas* des fragments d'un crustacé découvert dans le dévonien de l'Herefordshire

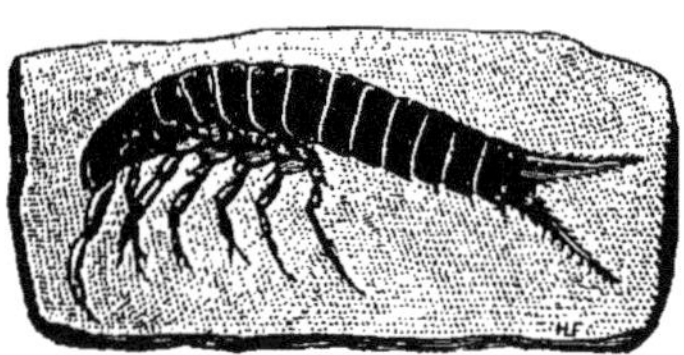

Fig. 213. — *Acanthotelson Stimpsoni*, grandeur naturelle (d'après MM. Meek et Worthen). — Houiller de l'Illinois.

qu'il a supposé être un isopode[4] gigantesque. MM. Meek et Worthen ont rangé dubitativement près des isopodes les genres carbonifères de l'Illinois qu'ils ont appelés *Acanthotelson*[5] (fig. 213) et *Palæocaris*[6]. Ces crustacés ont des caractères

1. Ἑδραῖος, sessile ; ὀφθαλμὸς, œil. Les édriophthalmes sont les isopodes et les amphipodes.

2. Ποῦς, ποδὸς, pied et ὀφθαλμὸς. Les podophthalmes sont les stomapodes et les décapodes.

3. *Præ*, devant ; *Arcturus* est un isopode actuellement vivant.

4. Ἴσος, égal ; ποῦς, ποδὸς, pied, parce que les isopodes ont des pattes sensiblement égales.

5. Ἄκανθα, piquant ; τέλσον, extrémité ; on appelle telson le dernier article qui forme la queue.

6. Παλαιὸς, ancien ; καρὶς, crustacé.

mixtes; le premier, suivant M. Dana, appartient à un groupe intermédiaire entre les isopodes et les amphipodes. Quant au *Palæocaris*, ses tendances seraient vers les décapodes macroures. « *Nous voyons en lui*, ont dit MM. Meek et Worthen [1], *un de ces types embryonnaires ou compréhensifs qu'on rencontre si souvent dans les divers départements de la paléontologie, et qui fournissent aux avocats de l'hypothèse darwinienne quelques-uns de leurs plus forts arguments.* »

Les amphipodes [2] ont été représentés par le *Necrogammarus* [3], le *Gampsonyx* [4], le *Prosoponiscus* [5]. M. Brocchi classe près de ces animaux un petit crustacé du permien d'Autun qu'il vient de décrire sous le titre de *Nectotelson* [6]. Il croit qu'il faut également regarder comme un amphipode le *Palæocaris* cité dans le précédent paragraphe.

Quelques restes ont été attribués par M. H. Woodward aux stomapodes [7] sous le nom de *Pygocephalus* [8] et de *Necroscilla* [9].

Les décapodes [10] les plus anciens que l'on connaisse sont les *Anthracopalæmon* [11] du terrain houiller. Bien que les décapodes soient les plus élevés des crustacés, ils n'ont pas joué dans la nature des rôles principaux; les trilobites et les mérostomes qui, à certains égards, leur sont inférieurs, ont été rois dans le monde organique, tandis que les décapodes

1. *Geology of Illinois*, vol. III, 1868.

2. Ἀμφὶ, autour, auprès; ποῦς, ποδὸς, pied; les branchies sont placées près de la base des pattes.

3. Νεκρὸς, mort; *Gammarus*, genre actuel d'amphipode; ce mot est tiré de κάμμαρος, crevette. Le *Necrogammarus* a été signalé par M. H. Woodward dans le silurien supérieur.

4. Γαμψὸς, courbe; ὄνυξ, ongle.

5. Πρόσωπον, visage, apparence; ὀνίσκος, cloporte.

6. Νηκτὸς, qui peut nager; τέλσον, telson, parce que le telson est disposé de manière à pouvoir servir à la natation.

7. Στόμα, bouche; ποῦς, ποδὸς, pied.

8. Πὺξ, πυγὸς, derrière; κεφαλὴ, tête.

9. Νεκρὸς, mort; *Squilla*, squille.

10. Δέκα, dix; ποῦς, parce qu'ils ont cinq pattes de chaque côté du thorax. M. Boas a publié un important travail sur l'évolution des décapodes. Copenhague, in-4°, 1880.

11. Ἄνθραξ, ακος, charbon; *Palæmon*, salicoque.

ne l'ont jamais été. C'est que les trilobites et les mérostomes ont apparu dans un temps où il n'y avait pas encore de puissants poissons comme à l'époque carbonifère, de terribles reptiles comme dans les âges secondaires, de gigantesques cétacés comme ceux d'aujourd'hui, tandis que les décapodes se sont multipliés dans des mers où régnaient déjà des vertébrés. Ce ne sont pas les créatures les plus élevées qui ont eu les plus hautes destinées; l'importance des êtres a été subordonnée à celle de leurs contemporains.

*Articulés à respiration aérienne.* — De même que les crustacés supérieurs, les articulés à respiration aérienne, c'est-à-dire les arachnides, les myriapodes et les insectes, sont encore

FIG. 214. — *Eophrynus Prestvicii*, grandeur naturelle, vu en dessous pour montrer les stomates (d'après M. H. Woodward). — Houiller de Dudley. Collection Hollier.

inconnus dans les parties les plus anciennes des terrains primaires.

Les arachnides n'ont pas été rencontrés au-dessous du carbonifère, mais on en a recueilli dans ce terrain plusieurs échantillons très bien conservés; on en pourra juger par la figure ci-dessus de l'*Eophrynus*[1] (fig. 214) qui a été trouvé en Angleterre. M. Roemer a signalé dans le terrain houiller d'Allemagne une araignée, la *Protolycosa*[2] *anthracophila*,

1. Ἔως, aurore; φρῦνος, bête venimeuse.
2. Πρῶτος, premier; *Lycosa*, genre actuel d'araignée.

dont la pétrification n'est pas moins curieuse; elle montre non seulement les quatre paires de pattes avec tous leurs segments et les deux palpes, mais encore le tégument coriacé du corps et les poils attachés aux pattes.

Comme les arachnides, les myriapodes n'ont pas été observés au-dessous du carbonifère. L'existence de ces animaux pendant l'époque houillère a été révélée par la découverte du *Xylobius*[1], de l'*Anthracerps*[2], de l'*Euphoberia*[3] (fig. 215), etc.

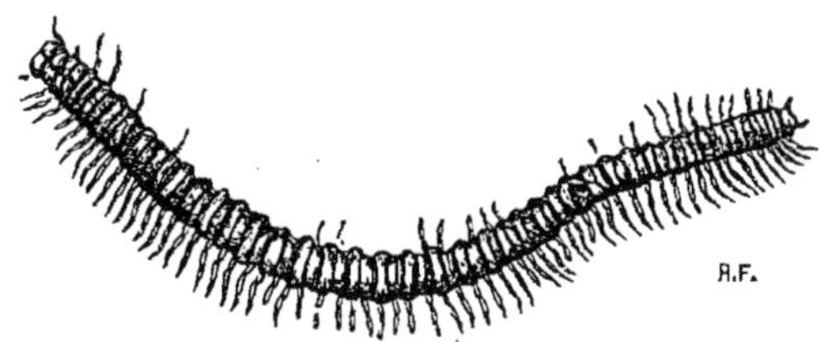


Fig. 215. — *Euphoberia Brownii*, aux 3/4 de grandeur (d'après M. Henry Woodward). — Terrain houiller de Glascow, Écosse.

M. Scudder vient de signaler dans le houiller de l'Illinois un énorme myriapode, l'*Acantherpestes*[4].

Des insectes ont été découverts dans les couches dévoniennes du Nouveau-Brunswick. Les cinq espèces qu'on a recueillies sont des névroptères et des pseudo-névroptères. L'une d'elles, la *Platephemera*[5] était gigantesque; elle avait, dit-on, plus de 0m,20 de largeur, quand elle étalait ses ailes. M. Scudder, et plus récemment M. Hagen, ont étudié ces intéressants fossiles. Il faut avouer que la brusque apparition de névroptères bien développés fournit, dans l'état actuel de la science, une objection contre l'idée du développement progressif.

A l'époque houillère, les insectes se sont multipliés; les tra-

1. Ξύλον, bois; βίος, vie, parce que le *Xylobius* a été trouvé dans des troncs d'arbres.

2. Ἄνθραξ, ακος, charbon; ἕρπω, je rampe.

3. Εὖ, bien; φοβέριος, effrayant.

4. Ἄκανθα, épine; ἑρπηστής, animal rampant.

5. Πλατὺς, large; ἐφήμερον, éphémère.

vaux de MM. Scudder aux États-Unis, Woodward en Angleterre, Goldenberg en Allemagne, Preud'homme de Borre en Belgique, nous les ont fait connaître. Il y avait des coléoptères de la famille des charançons et de celle des scarabées; des orthoptères des familles des blattes, des sauterelles, des mantes; des névroptères nombreux. Une aile trouvée par M. Dawson dans le houiller du Canada annonce, suivant M. Scudder, un orthoptère qui avait, en étalant ses ailes, $0^m,177$ de largeur.

En France, la houillère de Commentry (Allier) a fourni à

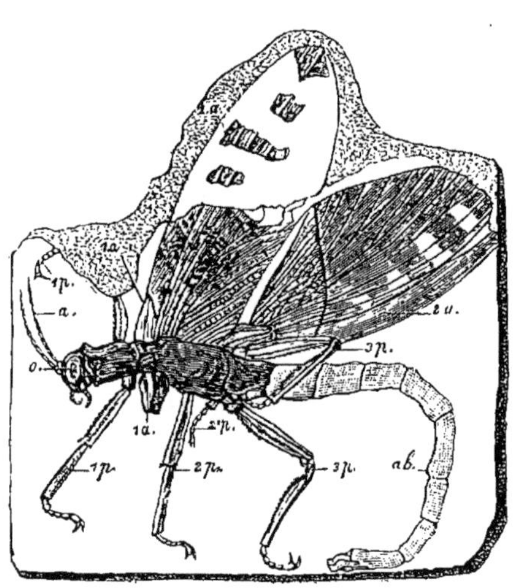


FIG. 216. — *Protophasma Dumasii*, à 1/2 grandeur : *a.* antennes; *o.* œil; 1 *p.*, 2 *p.*, 3 *p.* première, seconde et troisième paires de pattes ; 1 *a.* ailes de la première paire ; 2 *a.* ailes de la seconde paire ; *ab.* restauration imaginaire de l'abdomen (d'après M. Charles Brongniart). — Partie supérieure du houiller, Commentry, Allier.

M. Fayol un grand nombre d'insectes que M. Charles Brongniart étudie en ce moment. Quelques-uns sont dans un état remarquable de conservation, comme on en jugera par le dessin ci-dessus du *Protophasma*[1] (fig. 216). Le *Titanophasma*[2] dépassait les plus grands insectes de notre époque; il avait $0^m,25$ de long (sans les antennes). M. Charles Brongniart a

1. Πρῶτος, premier; φάσμα, spectre.
2. Τιτὰν, ᾶνος, Titan, géant, et φάσμα.

fait observer qu'en général les insectes houillers différaient peu des formes actuelles et étaient déjà très élevés en organisation. D'après cela, il faudrait croire qu'à l'époque houillère les continents ont vu le règne des articulés, de même qu'ils ont vu à l'époque secondaire le règne des reptiles, et à l'époque tertiaire le règne des mammifères. Ce que nous connaissons des articulés à respiration aérienne des temps primaires révèle des êtres qui ont achevé leur perfectionnement, et non pas des êtres qui sont en voie d'évolution.

A cet égard, ils contrastent avec les articulés marins, car ceux-ci, ainsi que l'a montré le tableau de la page 183, paraissent indiquer une marche évolutive : d'une part, le règne dans l'époque cambrienne et silurienne des crustacés les plus inférieurs, tels que les ostracodes, les branchiopodes, les trilobites, d'autre part, la tardive arrivée ou la rareté des crustacés les plus élevés favorisent l'idée d'un développement progressif.

D'où vient ce contraste offert par les articulés à respiration branchiale et ceux à respiration aérienne? Il résulte peut-être en partie de ce qu'à l'exception de quelques vestiges trouvés dans le dévonien, tous les articulés à respiration aérienne jusqu'à présent connus, proviennent du terrain houiller; ce terrain, quoique rangé dans le primaire, est récent comparativement aux couches cambriennes dans lesquelles on a déjà recueilli une multitude de crustacés.

---

# CHAPITRE XI

## LES POISSONS PRIMAIRES

Il y a quelques années, allant visiter tout au nord de l'Écosse une pauvre cité qu'on nomme Cromarty, je vis une colonne qui domine le pays d'alentour et au sommet de laquelle a été placée la statue d'Hugh Miller; près de là, on me montra la chaumière où ce paléontologiste était né : c'est un touchant contraste que celui de cette glorieuse colonne et de cette humble demeure. Miller était un ouvrier carrier; en cassant les pierres du terrain dévonien, il y trouvait des poissons fossiles. Son esprit en fut émerveillé; un jour, il laissa la pioche pour prendre la plume; il se mit à enseigner aux montagnards écossais la science nouvelle qui fait découvrir dans les pierres des créatures de Dieu, et ainsi augmente la grandeur de nos idées sur la Puissance organisatrice du monde [1].

En vérité, ce sont d'étranges bêtes que celles dont Hugh Miller a étudié l'organisation. Plusieurs d'entre elles ont un cachet d'êtres embryonnaires. Il n'en est pas de l'histoire des premiers vertébrés comme de celle des premiers invertébrés; ceux-ci se cachent dans des feuillets si vieux et si altérés, que d'ici à longtemps peut-être on ne pourra déchiffrer l'énigme de leurs commencements. Mais, comme les vertébrés sont moins

1. *The old red sandstone, or New walks in an old field.* Edinburgh, in-8°, 1841.

anciens sur le globe, nous n'avons pas besoin de nous enfoncer aussi profondément dans les couches terrestres pour découvrir leurs débuts.

Des vertébrés ont été découverts en Angleterre dans l'étage de Ludlow, à la partie supérieure du silurien. En Amérique, on n'en a pas encore rencontré plus bas que dans le dévonien inférieur appelé Schoharie Grit. Récemment, M. Marsh a fait l'histoire de l'arrivée et de la succession des vertébrés en Amérique[1] : « *Dans l'état présent de la science*, a-t-il dit, *aucune vie vertébrée n'est connue avoir existé sur le continent américain dans les périodes archéenne, cambrienne ou silurienne; cependant, durant ce temps, plus de la moitié des roches stratifiées américaines a été déposée.* »

Non seulement, à en juger par nos connaissances actuelles, les vertébrés ont paru plus tard que les invertébrés, mais encore ils se sont manifestés sous la forme de poissons, c'est-à-dire d'animaux à sang froid, se développant sans allantoïde, avec des membres incapables de servir à la préhension, ayant un cerveau très petit, représentant ce qu'il y a de moins élevé parmi les vertébrés : ce sont là des faits qui favorisent l'idée d'évolution.

Si on laisse de côté le problématique *Amphioxus*, auquel sa nature molle n'a point permis de se conserver à l'état fossile, on peut partager la classe des poissons en deux sous-classes : celle des poissons cartilagineux tels que les raies, les squales, les lamproies, et celle des poissons osseux tels que les brochets, les anguilles, les lépidostés, les dipnoés. Les naturalistes sont en désaccord sur la question de savoir laquelle de ces deux sous-classes a la priorité. Cela provient de ce qu'ils les considèrent à des points de vue différents. Un poisson cartilagineux, comme un requin, est plus élevé qu'un poisson osseux, par exemple un brochet, car il est plus rapproché des vertébrés

1. *Introduction and succession of vertebrate life in America, An address delivered before the American Association at Nashville.* Tennesse, Auguste 30, 1877.

supérieurs ; un poisson dipnoé est plus élevé lui-même qu'un brochet, puisque sa respiration pulmonaire et d'autres caractères le placent plus près des batraciens. Cependant, le brochet est un type plus divergent, il a dû passer par plus de modifications, il est plus poisson que les autres ; par conséquent, il annonce un état d'évolution plus avancé.

*Cartilagineux.* — On désigne aussi ces poissons sous les noms de chondroptérygiens[1], de sélaciens[2] ou de placoïdes[3]. Ils présentent de nombreuses différences avec les poissons osseux. Nous verrons que, dans les temps primaires, ces derniers ont eu également une partie de leur squelette cartilagineux ; mais cela a tenu à ce qu'appartenant aux anciens âges du monde, ils ressemblaient aux fœtus chez lesquels les éléments osseux n'ont pas encore envahi tous les cartilages ; cet état a été transitoire, au lieu que, dans la plupart des pièces du squelette des poissons cartilagineux, l'état cartilagineux a été permanent.

Les poissons de la sous-classe des cartilagineux, sauf ceux du groupe des lamproies, vivent actuellement dans la mer ; il n'en a pas été ainsi à l'époque primaire. M. Davis a en recueilli des débris dans la couche du terrain houiller du Yorkshire qu'on appelle le cannel-coal, et qui a été formée dans des eaux douces. En Allemagne et en France, on a fait de semblables remarques ; les dépôts permiens des environs d'Autun ont offert en même temps des plantes et des reptiles soit lacustres, soit terrestres avec des restes nombreux de poissons cartilagineux tels que les *Pleuracanthus*.

Les débris des poissons cartilagineux qui ont été rencontrés dans les terrains primaires sont surtout des dents isolées.

1. Χόνδρος, cartilage ; πτερύγιον, nageoire.
2. Σέλαχος, poisson cartilagineux.
3. Πλὰξ, αχὸς, plaque ; εἶδος, apparence. Ce nom a été imaginé par Louis Agassiz, parce que plusieurs cartilagineux, tels que les raies, ont leur peau renforcée par des plaques osseuses.

Quelques-unes de ces dents rappellent des animaux actuels; par exemple celles du genre *Psammodus*[1] (fig. 217) se rapprochent des dents des cestraciontes qui vivent maintenant dans les mers australes; mais la plupart sont différentes, comme on

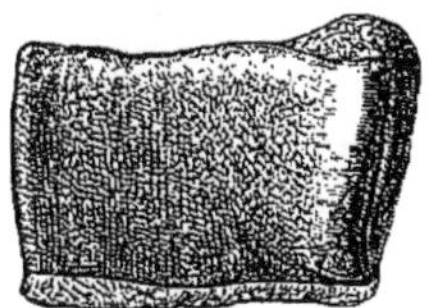

Fig. 217. — Dent de *Psammodus porosus*, à 1/2 grandeur. — Carbonifère du comté d'Armagh, Irlande. Collection du Muséum.

Fig. 218. — Dents d'*Orodus ramosus*, grandeur naturelle. — Calcaire carbonifère d'Oreton, Shropshire. Collection du Muséum.

en jugera par la figure 218 qui représente une pièce d'*Orodus*[2], et encore mieux par les figures des dents de *Cochliodus*[3]. Leur singularité les a rendues célèbres; trouvées isolées comme

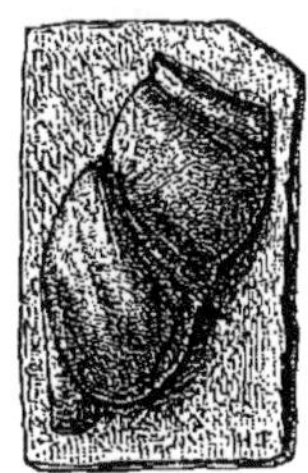

Fig. 219. — *Cochliodus* (*Strebbodus*) *oblongus*, grandeur naturelle. — Carbonifère du comté d'Armagh, Irlande. Collection du Muséum.

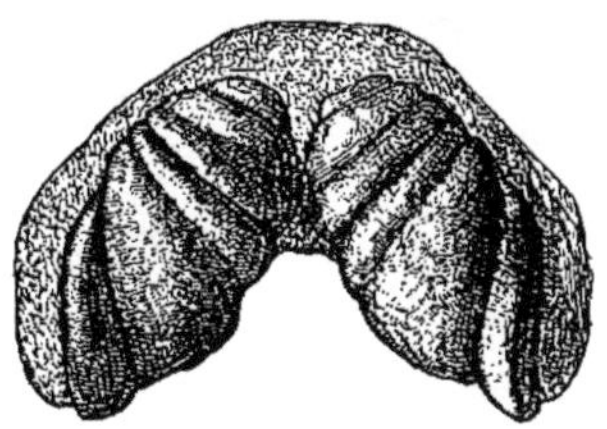

Fig. 220. — Moulage d'une mâchoire de *Cochliodus contortus*, aux 2/3 de grandeur. — Carb. du comté d'Armagh. Coll. du Muséum.

dans la figure 219, elles seraient restées incompréhensibles; heureusement on a pu en découvrir qui étaient en place dans la mâchoire, ainsi qu'on le voit dans la figure 220.

Outre les dents, on rencontre des épines[4] analogues à celles

1. Ψάμμος, sable; ὀδοὺς, dent.
2. Ὄρος, colline; ὀδοὺς.
3. Κοχλίας, ου, colimaçon; ὀδοὺς. Ces dents simulent une spire comme une coquille de colimaçon; de là est venu leur nom.
4. Les paléontologistes donnent quelquefois à ces épines la désignation d'*Ichthyodorulites* (ἰχθὺς, ύος, poisson; δόρυ, lance; λίθος, pierre).

des sélaciens actuels ; la figure 221 en montre une qui ressemble singulièrement à celles des animaux du groupe des raies qu'on appelle des mourines. Certaines de ces épines annoncent des poissons de grande taille ; pour s'en rendre compte, il faut noter que la pièce représentée dans notre figure 222 est dessinée aux 3/5 de grandeur ; j'en ai vu dans le Musée d'Édimbourg qui sont encore plus fortes.

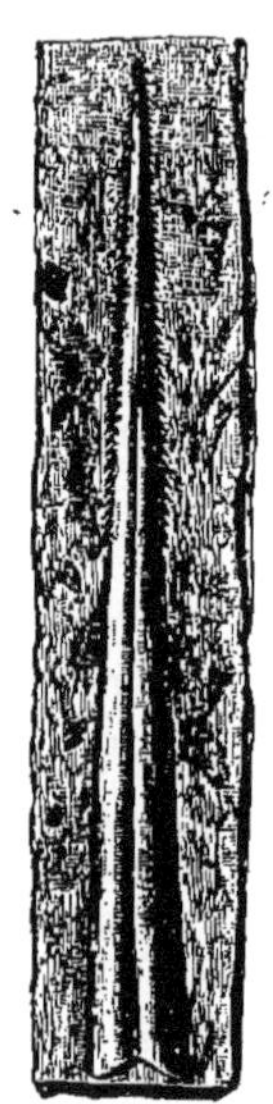

Fig. 221. — Aiguillon de *Pleuracanthus* [1] *Frossardi*, grandeur naturelle. — Permien moyen de Dracy-Saint-Loup, près d'Autun. Collection du Muséum.

Fig. 222. — Aiguillon dorsal de *Ctenacanthus* [2] *hybodoides*, aux 3/5 de gr. — Houiller de Dalkeith, Écosse. Coll. du Mus.

Sauf les dents, les aiguillons et quelques pièces dermiques, on connaît peu le squelette des poissons cartilagineux ; les animaux entiers sont des raretés dans les collections de fossiles primaires. Il en résulte qu'il est impossible d'essayer de tracer l'histoire de leur évolution. Tout ce que nous pouvons dire, c'est que sans doute leurs vertèbres ont été incomplètement ossifiées, car, si leurs corps eussent été aussi

1. Πλευρὸν, côté ; ἄκανθα, épine, parce que, de chaque côté de l'aiguillon, il y a des piquants. Depuis l'époque où j'ai proposé le nom de *Pleuracanthus Frossardi* pour des épines trouvées dans le permien de Muse, nos collections ont reçu de nombreux échantillons de la même espèce recueillis dans le permien de Dracy-Saint-Loup. Dernièrement M. Davis a signalé sous le nom de *Pleuracanthus pulchellus* un aiguillon du cannel-coal de la Grande-Bretagne qui ressemble beaucoup au *Pleuracanthus Frossardi*.

2. Κτεὶς, κτενὸς, peigne ; ἄκανθα, épine.

solides que dans les squales actuels, il est probable qu'ils se seraient conservés.

*Poissons osseux.* — Il n'en est pas des poissons osseux comme des cartilagineux ; on en a recueilli de nombreux squelettes entiers. Lorsque nous suivons ces animaux à travers les âges géologiques, nous voyons qu'ils se sont trouvés dans deux états différents : l'état téléostéen et l'état ganoïde. L'état téléostéen, ainsi que le nom l'indique[1], est celui d'un poisson où l'ossification est achevée. L'état ganoïde est celui des poissons dont l'ossification est incomplète; pour compenser la faiblesse qui en résulte, le corps est protégé par de grandes plaques ou des écailles osseuses couvertes d'un émail brillant; c'est ce qui a fait imaginer le nom de ganoïdes[2]. Comme bien d'autres désignations de classe, d'ordre, de famille, de genre, le mot de ganoïde est souvent appliqué à des animaux qui n'ont pas le caractère que leur titre semble indiquer : beaucoup de ganoïdes n'ont pas des écailles ganoïdes. Le nom d'atéléostéen[3] serait, dans un grand nombre de cas, préférable; mais, outre qu'il serait injuste de faire disparaître celui de ganoïde qui rappelle une des plus belles œuvres dues au génie d'Agassiz, le nom d'atéléostéen ne serait pas lui-même toujours exact, car plusieurs ganoïdes, notamment le polyptère et le lépidostée, aujourd'hui vivants, ont leur squelette bien ossifié : ceci prouve qu'il est impossible d'établir des séparations tranchées entre les êtres d'une même classe.

Ce qui est bien certain (et c'est là une des plus curieuses révélations de la paléontologie), c'est que, si l'on place d'un côté les poissons osseux dont le squelette est inachevé, et d'un autre côté ceux dont le squelette est achevé, on remarque que la plupart des premiers appartiennent aux anciennes époques,

1. Τέλειος, achevé; ὀστέον, os.
2. Γάνος, éclat; εἶδος, apparence.
3. Ἀτελής, inachevé; ὀστέον, os.

et que, sauf très peu d'exceptions, les seconds sont postérieurs aux temps primaires.

Pour classer les fossiles, nous n'avons que les parties dures susceptibles de se conserver dans les couches de la terre. En se basant sur ces moyens imparfaits, on peut provisoirement partager les ganoïdes en deux groupes : les placodermes et les ganoïdes proprement dits.

*Placodermes.* — Les placodermes sont les poissons ganoïdes qui ont, au lieu d'écailles, de grandes plaques dures [1]. Ce sont les plus anciens des poissons ; ils vivaient déjà à la fin des temps siluriens (étage de Ludlow) ; ils ont eu leur règne

FIG. 223. — *Scaphaspis Lloydii*, aux 2/3 de grandeur. — Dévonien inférieur de Cradley, Herefordshire. Collection du Muséum.

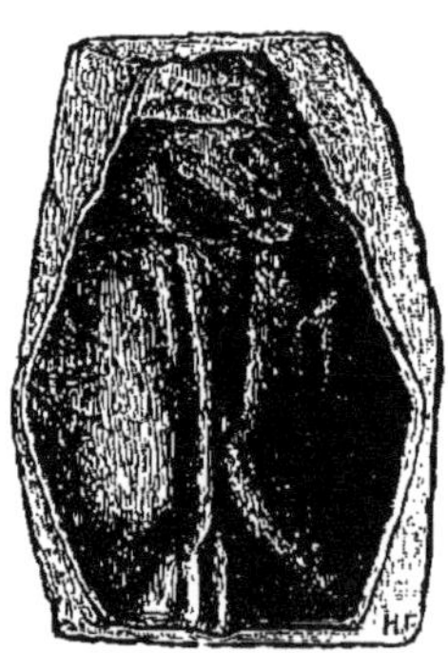

FIG. 224. — *Pteraspis rostratus*, aux 2/3 de grandeur. — Dévonien inférieur de Cradley, Herefordshire. Collection du Muséum.

à l'époque dévonienne. C'est parmi eux que l'on range le *Scaphaspis* [2] et le *Pterapsis* [3] représentés ici dans les figures 223 et 224. Comme ces figures, faites d'après des empreintes, ne donnent pas de détails de structure, j'ai ajouté un dessin (fig. 225) copié dans un mémoire de MM. Powrie et Lankester.

1. Πλὰξ, ακὸς, plaque ; δέρμα, peau.
2. Σκάφη, barque ; ἀσπὶς, bouclier.
3. Πτερὸν, aile et ἀσπὶς. M. Schmidt a émis l'opinion que le *Pteraspis* et le *Scaphaspis* sont un même animal (*Geolog. Magazine*, vol. X, p. 152, 1873).

Pour prouver que les *Scaphaspis* sont des poissons d'un caractère tout à fait initial qui marquent le passage de l'invertébré au vertébré, il suffit de rappeler l'histoire de leur découverte. En 1835, dans son grand ouvrage sur les poissons fossiles, Agassiz attribua leurs débris à des poissons.

FIG. 225. — Portion de l'os qui représente la carapace du *Scaphaspis Lloydii*, aux 3/4 de grandeur (d'après M. Ray Lankester). — Dévonien inférieur de l'Herefordshire.

Un peu plus tard, Rudolph Kner prétendit que ce n'étaient pas des restes de poissons ; il supposa que c'étaient des coquilles internes de mollusques, analogues à l'os de la seiche. En effet, si l'on compare le tracé d'un os de seiche (fig. 226)

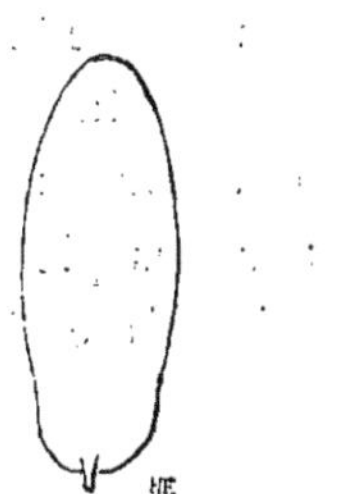

FIG. 226. — Os de *Sepia officinalis*, à peu près au 1/3 de grandeur. Époque actuelle.

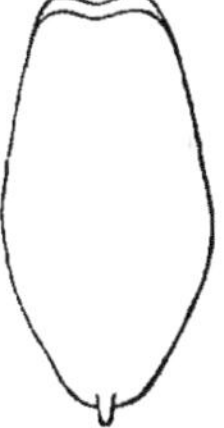

FIG. 227. — Restauration d'un os de *Scaphaspis*, d'après M. Ray Lankester, à 1/2 grandeur.

et celui de la plaque singulière qui représente la carapace du *Scaphaspis* (fig. 227), on ne peut manquer d'être frappé de leur ressemblance apparente. En 1856, M. Ferdinand Roemer exprima l'opinion que la pièce attribuée par Kner à un mollusque provenait d'un crustacé, et il considéra la plaque d'un *Scaphaspis* du dévonien de l'Eifel comme un os de seiche ; il l'inscrivit sous le nom de *Palæoteuthis*[1]. Deux ans après,

1. Παλαιὸς, ancien ; τευθὶς, calmar.

M. Huxley étudia la structure des plaques du *Scaphaspis*, et déclara que c'étaient bien des os de poissons. Mais, pour enlever tous les doutes, il fallut que M. Ray Lankester eût, en 1863, la bonne fortune d'obtenir un morceau de *Pterapsis*[1], genre voisin du *Scaphaspis*, qui avait, contre sa plaque, des écailles semblables à celles des poissons.

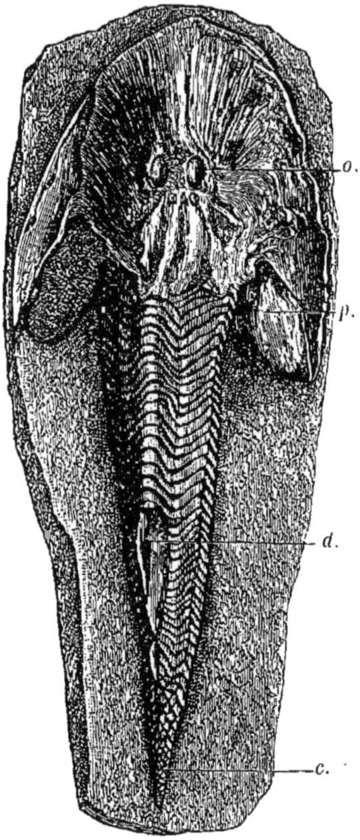

Fig. 228. — *Cephalaspis Lyellii*, vu en dessus, à 1/2 grandeur: *o*. orbites; *p*. nageoires pectorales; *d*. nageoire dorsale; *c*. caudale (d'après M. Ray Lankester). — Dévonien inférieur de Glammis, Écosse.

On ne saurait s'étonner que d'éminents naturalistes, comme Kner et Roemer, aient cru ces poissons primitifs plus près des invertébrés que des vertébrés. En effet, des vertébrés, qui justifient leur nom, devraient avoir des vertèbres; le *Scaphaspis* n'en montre pas plus de traces que l'*Amphioxus* de nos mers actuelles. Les vertébrés ont leurs membres soutenus par des pièces solides; les *Scaphaspis* et leurs alliés n'ont aucun vestige de ces pièces ou d'un os interne quelconque; ils ont seulement une ou plusieurs plaques qui forment, à la périphérie, un lambeau de cuirasse, comme chez les crustacés. Ces plaques, vues au microscope, n'ont pas laissé découvrir les ostéoplastes et les canalicules qui caractérisent en général[2] les os des vertébrés.

1. Πτερὸν, aile; ἀσπὶς, bouclier

2. Même chez les poissons actuels, les os sont très souvent dépourvus d'ostéoplastes; cela montre combien les poissons sont inférieurs aux autres vertébrés.

Les membres de la famille dont le *Cephalaspis*[1] (fig. 228 et 229) est le chef, ont apparu à la fin de l'époque silurienne, et n'ont pas dépassé le dévonien inférieur. Ils ont donc été les contemporains de la famille du *Scaphaspis*. La structure de leurs os est plus compliquée, car ils ont des ostéoplastes, comme le montre la figure 230. En outre, ils ont des nageoires

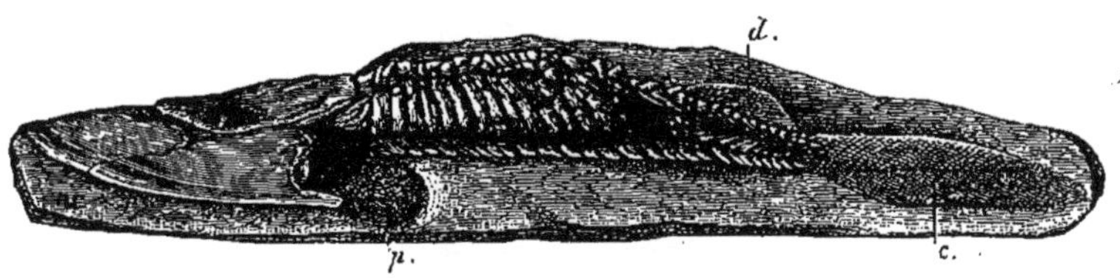


Fig. 229. — *Cephalaspis Lyellii*, vu de profil, à 1/2 grandeur : *p*. nageoires pectorales ; *d*. nageoire dorsale ; *c*. nageoire caudale (d'après M. Ray Lankester). — Dévonien inférieur d'Arbroath, Écosse.

pectorales *p*., dorsale *d*., et caudale *c*. Cependant ce sont encore des poissons tellement différents de tous ceux qui existent actuellement qu'on est embarrassé pour décider s'il convient de les ranger dans la sous-classe des poissons osseux ou dans celle des poissons cartilagineux. Ils sont dépourvus de vertèbres et

Fig. 230. — Section horizontale d'un lit moyen du bouclier de *Zenaspis*, grandie 200 fois (d'après M. Ray Lankester).

d'os internes. Vainement chercherait-on dans leur tête les dispositions des poissons actuels ; on voit un bouclier (fig. 228) où il est impossible de tracer les divisions des os du crâne ; sa forme rappelle celle des trilobites ; il a des prolongements qui

1. Κεφαλή, tête et ἀσπὶς, bouclier, à cause du grand bouclier céphalique.

ressemblent à leurs pointes génales. Il est curieux de comparer à cet égard la tête du poisson *Eukeraspis* qui est un sous-genre de *Cephalaspis*, et la tête du crustacé *Acidaspis*. Le dessous de la tête des céphalaspidés a également des rapports de formes avec les trilobites.

Tandis que le *Cephalaspis* et ses sous-genres rappellent les

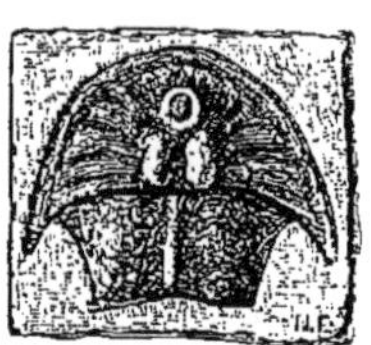

FIG. 231. — Moule d'*Auchenaspis Salteri* (*Egertoni*), gr. nat. — Passage-beds (silurien le plus élevé). Ledbury, Herefordshire. Coll. du Muséum.

trilobites, l'*Auchenaspis*[1] (fig. 231) et le *Didymaspis*[2] (fig. 232) rappellent les crustacés branchiopodes. Je ne peux mettre à côté l'une de l'autre la carapace du *Didymaspis* (fig. 232), et celle d'un *Apus* (fig. 233), sans remarquer leurs rapports de

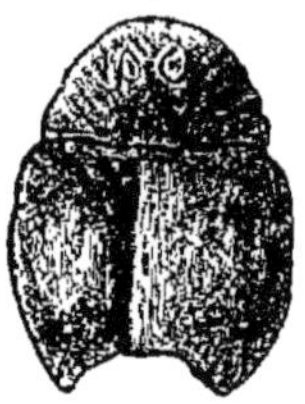

FIG. 232. — *Didymaspis Grindrodi*, gr. nat. (d'après M. Lankester). — Dévon. inf. de Ledbury.

FIG. 233. — *Apus productus*, vu en dessus, grandeur naturelle. — Époque actuelle. Environs de Paris.

forme; on voit aussi que les yeux sont placés à peu près de la même manière.

Les *Pterichthys*[3] (fig. 234) diffèrent beaucoup des céphalaspidés, mais, comme eux, ce sont d'étranges bêtes. En commençant son chapitre sur les *Pterichthys*, Agassiz s'est exprimé

1. Ἀυχὴν, ένος, cou; ἀσπὶς, bouclier.
2. Δίδυμος, double et ἀσπὶς.
3. Πτερὸν, aile; ἰχθὺς, poisson.

ainsi : « *Il est impossible de rien voir de plus bizarre dans toute la création que le genre dont nous allons nous occuper. Le même étonnement qu'éprouva Cuvier en examinant pour la première fois les plésiosaures qui semblaient porter un défi à toutes les lois de l'organisation, je l'ai éprouvé moi-même, lorsque M. H. Miller..... me fit voir les échantillons qu'il en avait ramassés*[1]. » Les *Pterichthys* se trouvent abondamment

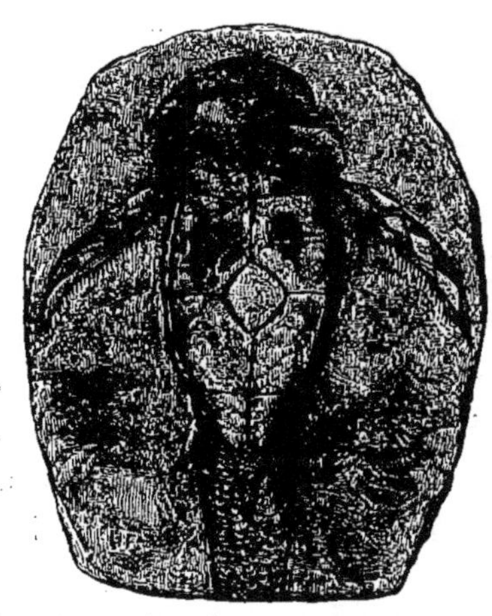

FIG. 234. — *Pterichthys cornutus*, à 1/2 grandeur, vu sur la face ventrale. Pour faire ce dessin, l'artiste s'est servi de l'empreinte et de la contre-empreinte. — Dévonien du nord de l'Écosse. Collection du Muséum.

dans certains gisements, notamment à Lethen-Bar, dans le nord de l'Écosse. On en voit de nombreux échantillons dans les musées de Londres, d'Édimbourg, d'Elgin et de Forres. Pour faire saisir de suite leur bizarrerie, je dirai qu'à l'origine on a attribué leurs carapaces, tantôt à des insectes, tantôt à des crustacés, tantôt à des tortues.

Je conçois qu'on ait eu quelque peine à reconnaître en eux de vrais poissons, car, bien qu'on les range parmi les vertébrés, ils n'ont aucune partie de leur colonne vertébrale qui soit

1. Agassiz, *Monographie des poissons fossiles du vieux grès rouge ou système dévonien*, p. 6, in-4°. Neuchâtel, 1844.

endurcie. L'ossification, au lieu de se produire à l'intérieur, s'est portée vers la surface, de sorte que plus de la moitié du corps est enfermée et en partie immobilisée dans une cuirasse, comme chez les crustacés ; les membres antérieurs sont eux-mêmes cuirassés et articulés à la façon de ceux des écrevisses ; ils semblent avoir été faits, non pour nager comme ceux des poissons, mais pour sauter ou marcher. La partie postérieure du corps est mobile, porte de petites écailles et des nageoires. Ainsi, on peut dire que le *Pterichthys* est partagé en deux portions : une antérieure par laquelle il se rapproche des invertébrés, et une postérieure par laquelle il appartient aux vertébrés.

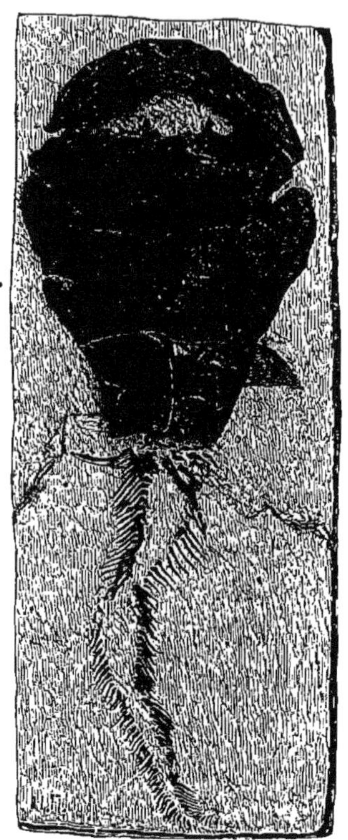

FIG. 235. — *Coccosteus decipiens*, face ventrale, au 1/3 de grandeur ; on voit en avant la partie du corps cuirassée, et en arrière le corps tout à fait nu, avec la notocorde entourée d'arcs neuraux et hémaux. — Dévon. de Stromness, Orcades. Coll. du Muséum.

Le *Coccosteus*[1] (fig. 235) se rencontre dans les mêmes gisements que le *Pterichthys ;* comme il est bien plus grand et armé de dents aiguës (fig. 236), on suppose qu'il en faisait sa proie. Je donne ici un essai de restauration de cet animal d'après les dessins d'Agassiz, Miller, Pander, M. Huxley et d'après ce que j'ai vu dans les musées d'Écosse (fig. 237). Je n'ai pas mis de nageoires pectorales, parce que je ne connais pas leur forme ; mais,

1. Κόκκος, grain ; ὀστέον, os, à cause des granulations de la surface des os.

suivant M. de Trautschold[1], des échantillons trouvés dans le dévonien de Ssjass indiqueraient que le *Coccosteus* avait de très puissantes nageoires pectorales.

Ce poisson rentre plus franchement dans le type vertébré que ceux dont j'ai précédemment parlé; il présente des com-

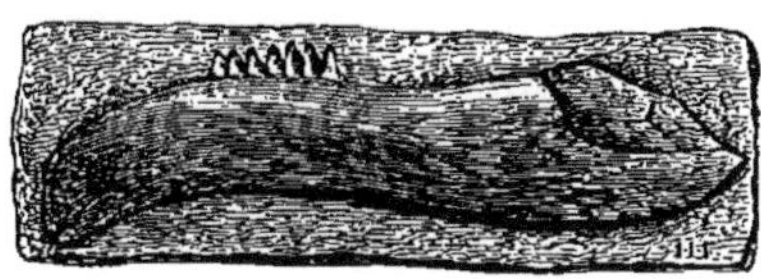

FIG. 236. — Mâchoire inférieure de *Coccosteus decipiens*, grandeur naturelle, d'après un échantillon que j'ai trouvé dans le dévonien moyen de Lethen-Bar, nord de l'Écosse.

mencements de vertèbres. Chacun sait que, de nos jours, les vertébrés adultes ont une colonne vertébrale formée de petits os *c*. appelés centrum ou corps de vertèbres (fig. 238), qui supportent en-dessus un arc neural[2] *n*. servant à protéger la

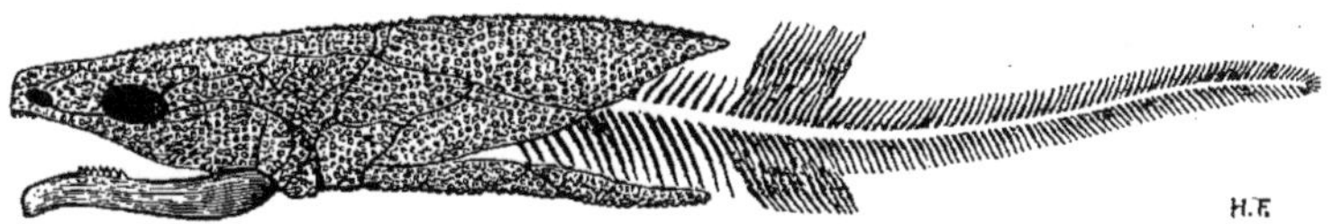

FIG. 237. — Essai de restauration du squelette de *Coccosteus decipiens*, au 1/3 de grandeur. — Dévonien moyen d'Écosse.

moelle épinière, et en dessous un arc hémal[3] *h*. servant à protéger deux grands vaisseaux sanguins. Lorsque nous suivons dans un aquarium le développement des jeunes poissons, nous voyons des individus où il n'existe pas encore de vertèbres; on remarque seulement une corde blanche qui indique la future colonne vertébrale; cette corde on l'appelle la notocorde[4] ou

1. *Ueber Dendrodus und Coccosteus*, in-8° avec 8 planches. Moscou, 1879.
2. Νεῦρον, nerf.
3. Αἷμα, sang.
4. Νῶτος, dos et χορδή, corde.

corde dorsale; les vertèbres ne se forment que plus tard. On peut supposer qu'il s'est produit, dans la série des temps géologiques, la succession des phénomènes que nous observons aujourd'hui dans un même individu depuis son état fœtal jusqu'à l'état adulte, car les poissons de l'époque silurienne semblent avoir eu une notocorde sans aucune ossification, et la plupart des poissons de l'époque dévonienne ont eu un commencement d'ossification; c'est sur les arcs qu'elle s'est portée. Le *Coccosteus* (fig. 235) offre un exemple d'un poisson où les arcs destinés à protéger la moelle épinière et les vaisseaux sont déjà ébauchés, tandis que les corps des vertèbres ne le sont pas encore.

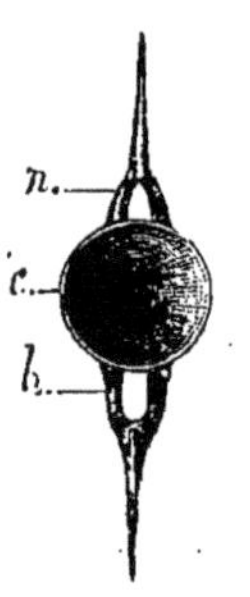

FIG. 238. — Vertèbre caudale d'un saumon, vue en avant, de grandeur naturelle : *c.* centrum ou corps de la vertèbre ; *n.* arc neural ; *h.* arc hémal.

La partie postérieure du corps de *Coccosteus* était tout à fait nue; aucune écaille n'empêche de voir son squelette interne; la partie antérieure du corps formait un curieux contraste; elle avait une cuirasse très solide; cela a fait dire à M. Richard Owen[1] : « *Coccosteus était armé comme un dragon français avec un fort casque et une courte cuirasse; nous voyons ses restes dans l'état où l'on pourrait un jour rencontrer ceux de quelques-uns des soldats de la vieille garde de Napoléon, qui, ayant été ensevelis tout habillés, seraient déterrés, dans le fatal champ de Borodino ou sur les rives de la Dwina.* » L'illustre naturaliste, dont je viens de citer les paroles, pense que le *Coccosteus* devait cacher dans la vase la partie postérieure de son corps qui était sans défense. Il raconte, sur l'autorité de M. Duff, qu'un petit poisson de l'Inde, le *Pimelodus gulio*, dont le corps est nu et dont la tête porte un casque très dur, s'enfonce dans la vase, et que, lorsqu'un poisson passe au-dessus de lui, il saute et le tue en lui

1. *Palæontology*, 2me édition, p. 149. Edinburgh, 1861.

donnant un coup de sa tête cuirassée; peut-être le *Coccosteus* se comportait de même.

On n'a pas encore des données bien précises sur la manière dont fonctionnaient les mâchoires de ce singulier poisson; une des grandes différences des animaux articulés et des vertébrés consiste dans le jeu de leurs mâchoires : chez les premiers, elles sont en général disposées horizontalement, celle de gauche opérant avec celle de droite; chez les seconds, elles sont placées verticalement; il y a une mâchoire inférieure dont les dents rencontrent celles de la mâchoire supérieure située du même côté. Il serait curieux de trouver des poissons primaires qui présentassent des transitions entre ces dispositions de mâchoires.

*Ganoïdes proprement dits.* — Tandis que le nom de placodermes a été donné aux ganoïdes dont le corps porte de

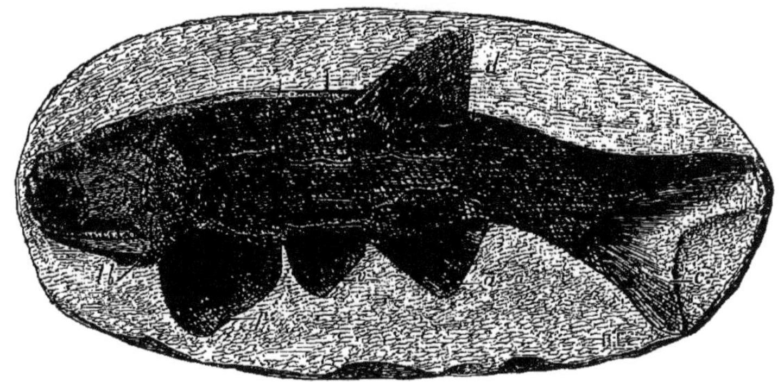

FIG. 239. — *Amblypterus*[1] *macropterus* (sous-genre *Rhabdolepis*) aux 2/3 de grandeur : *l. b.* lames branchiostèges; *p.* grandes nageoires pectorales; *v.* ventrales; *d.* dorsale; *c.* caudale dont l'extrémité supérieure est enlevée; *an.* anale. — Dans un sphérosidérite du permien de Lébach, Prusse rhénane. Collection du Muséum.

grandes plaques, on a réservé particulièrement la désignation de ganoïdes à ceux qui ont des écailles (fig. 239); quelquefois

1. 'Αμϐλὺς, émoussé; πτερὸν, aile, rame.

pour mieux préciser, on les appelle des ganolépides ou des lépidoganoïdes[1].

Les ganoïdes écailleux ont paru à l'époque dévonienne, pendant le règne des étranges placodermes; ceux-ci ayant disparu à l'époque carbonifère, ceux-là ont pris un grand développement; ils sont devenus très variés de forme et ont atteint une taille considérable, comme on en peut juger par l'écaille de *Rhizodus*[2] représentée dans la gravure 242 et par la dent de *Megalichthys*[3] qui est figurée ici (fig. 240).

Fig. 240. — Dent de *Megalichthys Hibberti*, aux 3/4 de grandeur. — Carbonifère de Burdie-House. Collection du Muséum.

Depuis la curieuse découverte des *Ceratodus* vivants de l'Australie, on est porté à penser que plusieurs animaux classés sous le titre de ganoïdes ont été des dipnoés[4], c'est-à-dire des poissons qui respiraient à la fois par des branchies comme

1. Γανὸς̓, éclat; λεπὶς, ἴδος, écaille.
2. Ῥίζα, racine; ὀδοὺς, dent.
3. Μέγας, grand; ἰχθὺς, poisson.
4. Δὶς, deux fois; πνοὴ, respiration. Pour se rendre compte de l'état intermédiaire des dipnoés, il suffit de lire, dans le *Recueil de la Palæontographical Society*, le récit que M. Miall a fait de leur découverte : en 1837, Natterer reconnut que la vessie natatoire de la *Lepidosiren paradoxa* remplit les fonctions d'un poumon; Natterer et Fitzinger classèrent cet animal parmi les reptiles à côté des batraciens pérennibranches. En 1839. M. Owen décrivit la *Lepidosiren* (*Protopterus*) *annectens* et la regarda comme un poisson. MM. Bischoff, Gray, Milne Edwards ont mis les dipnoés avec les batraciens; Agassiz, Muller, Hyrt, Peters es ont rangés avec les poissons. Depuis l'étude du *Ceratodus* par M. Günther, on ne doute plus que les dipnoés soient des poissons.

les poissons ordinaires, et par des poumons comme les vertébrés supérieurs; tel serait notamment le cas du genre *Dipterus*[1] qui, avec l'aspect d'un ganoïde ordinaire, avait une dentition presque semblable à celle du dipnoé actuel appelé *Ceratodus*. Assurément rien n'est plus instructif pour l'étude des enchaînements du monde animal que l'organisation de ces dipnoés qui nous révèlent des liens entre deux classes différentes de vertébrés. Malheureusement, dans l'état actuel de nos connaissances, il nous est le plus souvent impossible de savoir si un poisson fossile a été un dipnoé, ou bien a respiré seulement par des branchies; ainsi nous devons réunir sous

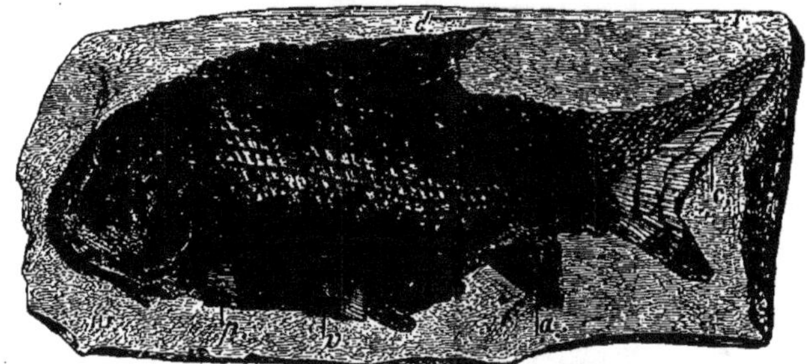


Fig. 241. — *Palæoniscus*[2] *Blainvillei*, aux 2/3 de grandeur : *d*. nageoire dorsale; *c*. caudale; *a*. anale; *p*. pectorale; *v*. ventrale. — Permien de Muse près Autun. Collection du Muséum.

un titre commun des animaux qui ont eu sans doute des rôles différents dans l'histoire de l'évolution.

Le caractère le plus apparent qui distingue les ganoïdes est celui des écailles osseuses couvertes d'émail (fig. 241). Ces écailles indiquent des êtres mieux adaptés pour la vie passive que pour la vie active; elles formaient une cuirasse qui devait gêner le sens du toucher et les mouvements; en

1. Nommé ainsi parce qu'il a deux nageoires dorsales (δύο, deux; πτερὸν, aile). Au sujet des relations de plusieurs ganoïdes anciens et des dipnoés actuels, on pourra lire une intéressante note de MM. Hancock et Athey intitulée : *A few remarks on Dipterus, Ctenodus, and on their relationship to Ceratodus Forsteri* (*Ann. and Magaz. of natural history*, 4e série, vol. VII, p. 190, 1871).

2. Παλαιὸς, ancien; ὀνίσκος, poisson.

compensation elles constituaient une armure impénétrable; nul chevalier du moyen âge, en sa cotte de maille, n'a été mieux protégé que les poissons ganoïdes des temps primaires.

La forme et les dimensions des écailles ont été très variables; tantôt elles étaient arrondies (*Rhizodus*, fig. 242), tantôt elles étaient en losange (fig. 241), et d'après cela on a distingué des ganoïdes cyclifères[1] et des ganoïdes rhombifères[2]. Quelquefois elles étaient très grandes (fig. 242); d'autres fois elles étaient si petites, qu'elles donnaient à l'enveloppe du corps l'aspect d'une peau de chagrin comme dans les squales (fig. 243). Il résulte de là quelque ressemblance avec les poissons cartilagineux; cette ressemblance a pu être augmentée par la présence, en avant des nageoires, de grands piquants qui devaient être enfoncés dans les chairs, comme dans les cestraciontes (fig. 244). Mais ce ne sont là que des

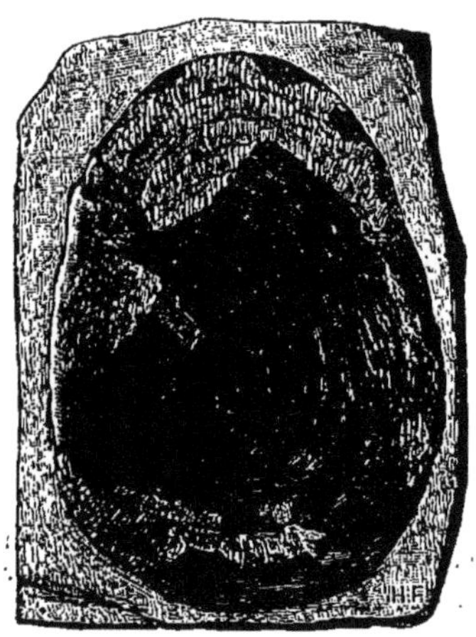

FIG. 242. — Écaille du *Rhizodus ornatus*, représentée de grandeur naturelle sur la face interne; là où elle est brisée, elle laisse voir l'empreinte de sa face externe. — Carbonifère de Burdie-House, Écosse. Collection du Muséum.

1. Κύκλος, cercle; φέρω, je porte.
2. Ῥόμβος, losange et φέρω.

apparences; vues à la loupe, les écailles présentent l'aspect de celles des poissons osseux ganoïdes (fig. 245).

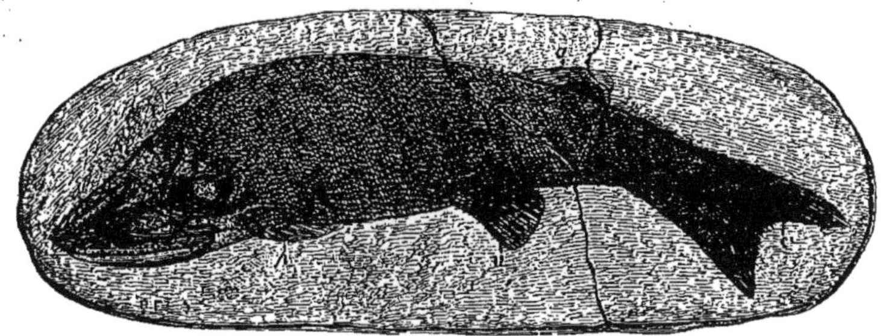

Fig. 243. — *Cheirolepis*[1] *Cummingiæ* dans un nodule, aux 3/4 de grandeur : *p.* pectorale; *a.* anale; *d.* dorsale; *c.* caudale. — Dévonien moyen de Lethen-Bar, Écosse. Collection du Muséum.

Dans beaucoup de poissons dévoniens, les écailles se sont prolongées jusque sur les nageoires, ainsi qu'on le voit chez

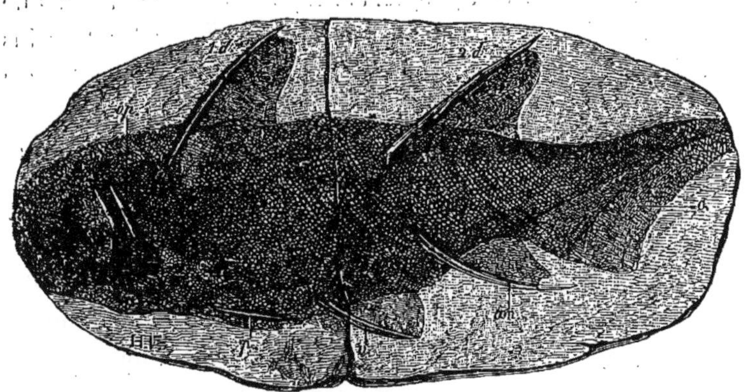

Fig. 244. — *Diplacanthus longispinus*, à 1/2 grandeur : *op.* opercule; 1 *d.* première dorsale; 2 *d.* deuxième dorsale; *c.* caudale; *an.* anale; *v.* ventrale; *p.* pectorale. — Dévonien de Gamrie, Écosse. Collection du Muséum.

le ganoïde actuellement vivant dans le Nil, le *Polypterus*. M. Huxley[2] a proposé de réunir dans un même groupe, sous

1. Χεὶρ, χειρὸς, main; λεπὶς, écaille.

2. M. Huxley a donné de très intéressants détails sur les poissons anciens dans un mémoire intitulé : *Preliminary essay upon the systematic arrangement of the fishes of the devonian epoch* (*Mem. of the geol. survey.*, Décade X, 1861).

le nom de crossoptérygidés[1] (ou crossoptères), les ganoïdes qui présentent cette disposition.

Le second caractère qui distingue les ganoïdes primaires, c'est l'imparfaite ossification des vertèbres. La colonne verté-

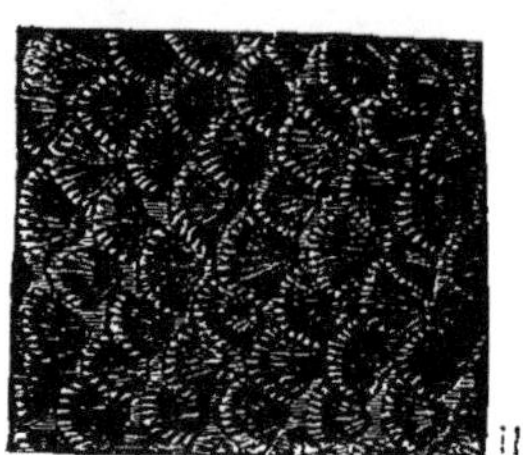

Fig. 245. — Écailles de *Diplacanthus longispinus*, grandies 5 fois, vues sur leur face interne[2]. — Dévonien de Gamrie, Écosse. Collection du Muséum.

brale était entièrement ossifiée chez le *Tristichopterus* et le *Megalichthys*; elle l'était dans la partie postérieure du corps du *Dipterus*; chez le *Pygopterus*, il y avait des rudiments de centrum. Mais les autres poissons trouvés dans les terrains primaires n'ont pas eu leur notocorde ossifiée; on trouve quelquefois des arcs neureaux et hémaux; quant aux centrum, ils ne sont pas formés. J'ai fait représenter (fig. 246) un poisson du terrain permien, c'est-à-dire de la dernière époque des temps primaires, où la colonne vertébrale était encore à l'état de notocorde dans l'âge adulte comme dans les embryons des poissons actuels; les centrum ne sont pas ossifiés; on voit seulement de petits arcs neuraux. Il y a là des faits qui ont une importance considérable : le centrum est la partie qui donne de la force aux vertèbres, et, comme la colonne vertébrale est l'axe sur lequel s'appuient les principaux organes

1. Κροσσὸς, frange; πτερύγιον, nageoire.

2. Cette figure est un exemple des difficultés de détermination qu'offrent parfois les échantillons fossiles; on croirait voir des écailles dirigées en avant. Mais, comme me l'a suggéré mon savant collègue du Muséum, M. Vaillant, il est probable que, par suite du mode de brisure de l'échantillon, les écailles se montrent sur leur face interne; les parties placées en avant et qui semblent en saillie sont celles qui s'enfonçaient dans la peau; les parties externes, qui faisaient réellement saillie sur le vivant et sont dirigées en arrière, sont cachées dans la pierre.

du mouvement, il est vraisemblable que les animaux primaires, dont les vertèbres étaient dépourvues de centrum, n'avaient pas

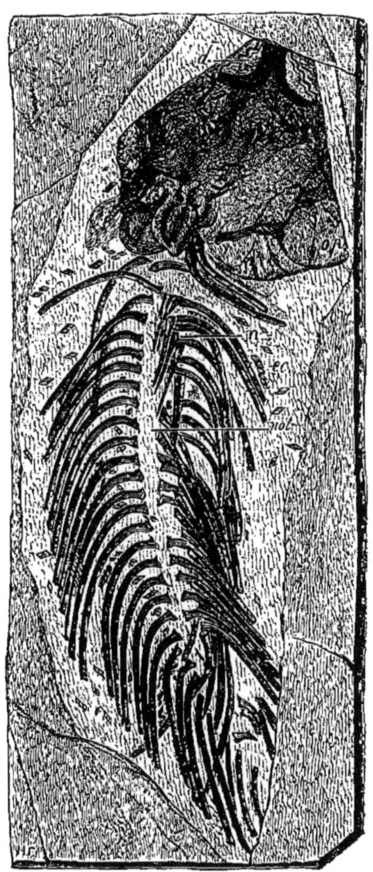


Fig. 246. — *Megapleuron Rochei*, au 1/4 de grandeur. Pour cette gravure, M. Formant s'est aidé de l'empreinte du fossile et d'une contre-empreinte en plâtre, qui a été faite par M. Stahl. On voit en *d.* des plaques dentaires qui rappellent le *Ceratodus ;* les opercules sont en *op.*; il y a, au milieu du tronc, un vide *not.* laissé par la notocorde; de chaque côté s'étendent de grandes côtes; on remarque en *n.* des épines qui représentent les arcs neuraux; de nombreuses écailles sont disséminées çà et là ; sur les points marqués *éc.*, elles sont restées alignées. — Permien d'Igornay, Saône-et-Loire. Donné au Muséum par M. Roche.

la même somme d'activité que les poissons actuels. Plus tard, dans le cours de cet ouvrage, nous verrons que le développement de la colonne vertébrale a eu lieu, au fur et à mesure de l'atténuation des écailles osseuses qui protégeaient le corps; avant d'être devenus plus capables de se mouvoir et par conséquent de se défendre, les poissons ont eu plus besoin d'être bien cuirassés; la solidification de l'exosquelette a été en proportion inverse de celle de l'endosquelette.

Un troisième moyen de distinguer les poissons primaires de ceux des époques plus récentes est fourni par le mode de terminaison de la colonne vertébrale, ou, en d'autres termes, par la disposition de la queue. On a d'abord attaché beaucoup d'importance au plus ou moins d'inégalité des lobes de la queue, parce qu'on a remarqué qu'un très grand nombre de poissons primaires ont eu une queue à lobes inégaux, tandis que les poissons osseux de l'époque actuelle ont une queue en apparence symétrique; on a appelé hétérocerques[1] les poissons dont la queue a des lobes inégaux, et homocerques[2] ceux dont la queue a des lobes égaux. Mais bientôt on s'est aperçu que, dans les temps anciens, il y a eu des poissons dont la queue avait des lobes très égaux, et que, de nos jours, la plupart des poissons homocerques ne sont que des hétérocerques modifiés. Nous commençons à connaître l'histoire de la queue des poissons; les dessins théoriques 247, 248, 249, 250, 251 montrent les phases par lesquelles la queue a passé dans les temps géologiques. La figure 247 représente l'état le plus simple sous lequel on puisse concevoir la colonne vertébrale; elle diminue successivement, comme dans une queue de rat ou de lézard, et partage la partie postérieure du corps en deux moitiés égales; MM. M'Coy et Huxley ont proposé d'appeler diphycerque[3] cet état de régularité parfaite, pour le distinguer de l'état homocerque qui est une hétérocercie dissimulée. Supposons que la colonne vertébrale se relève à son extrémité, et que ses apophyses hémales, au lieu de décroître

1. Ἕτερος, autre; κέρκος, queue
2. Ὁμὸς, égal et κέρκος.
3. Διφυής, double; κέρκος, queue.

progressivement, s'agrandissent et supportent un grand lobe caudal, il en résultera une queue d'un aspect irrégulier; on voit dans la figure 248 un dessin de semi-hétérocerque, c'est-à-dire

FIG. 247. — Poisson diphycerque.

FIG. 248. — Poisson semi-hétérocerque.

FIG. 249. — Poisson hétérocerque.

FIG. 250. — Poisson stégoure.

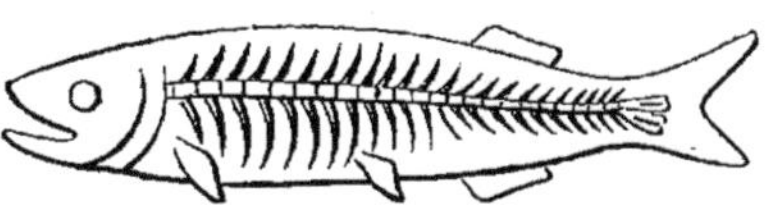

FIG. 251. — Poisson homocerque.

d'un diphycerque qui est en voie de devenir hétérocerque; la figure 249 représente un vrai hétérocerque. Admettons ensuite que l'extrémité caudale de la colonne vertébrale ne s'est pas allongée, et que les apophyses hémales aient pris plus d'importance, on aura l'état appelé stégoure[1] (fig. 250). Enfin, si les apophyses hémales se soudent pour former une grande plaque verticale d'une disposition à peu près régulière, on aura l'état homocerque (fig. 251).

Dans ces modifications, ce qui me paraît important, ce n'est pas que la queue soit restée droite ou se soit recourbée à son extrémité, mais c'est que la colonne vertébrale se soit terminée en pointe ou bien ait formé une grande pièce terminale; pour appeler l'attention sur cette différence, on pourrait nommer leptocerques, ceux dont la colonne vertébrale se termine en pointe, stéréocerques ceux où elle se termine par une large dilatation. Les leptocerques (soit diphycerques, soit hétérocerques à des degrés divers) rentrent dans le type le plus ordinaire des vertébrés; aussi, bien que plusieurs d'entre eux, comme les anguilles, se soient perpétués jusqu'à nos jours, on constate qu'ils ont eu leur règne dans les âges primaires; les stégoures, qui marquent le passage des leptocerques aux stéréocerques, ont vécu surtout dans les temps secondaires; quant aux stéréocerques, on n'en a pas encore trouvé dans les terrains primaires; ils caractérisent les époques plus récentes. On ne peut pas dire que les stéréocerques soient des créatures plus parfaites que les poissons dévoniens et carbonifères, mais on peut dire qu'ils sont plus spécialisés. Avec leur grande plaque caudale qui sert de gouvernail et augmente la force des coups de queue, avec leur colonne vertébrale bien ossifiée qui fournit de puissantes bases d'insertions aux muscles spinaux, avec leurs écailles molles qui ne gênent pas les mouvements, les poissons de notre époque sont mieux adaptés que leurs ancêtres des temps primaires pour la locomotion aquatique; ce sont les plus poissons de tous les poissons. Moquin-Tandon a dit[2] : « *Les poissons savent avancer et reculer sans effort, tourner en tout sens,*

1. Στέγη, toit; οὐρά, queue.
2. *Le monde de la mer*, 2e édition, p. 481, in-8°. Paris, 1866.

*bondir, s'élancer et s'arrêter brusquement..... Ils s'avancent, reviennent, se pressent, se forment en escadrons, s'éparpillent, se réunissent de nouveau, s'égarent, disparaissent, et la trace de feu qu'ils ont laissée scintille encore à nos yeux émerveillés. L'agitation et l'inconstance de la mer semblent s'empreindre sur les êtres qui vivent au milieu de ses ondes, dans la souplesse, la rapidité et la vivacité de leurs allures.* » Sans doute les poissons primaires n'ont pas eu une vivacité pareille à celle des poissons actuels si bien décrits par l'ingénieux auteur du *Monde de la mer*.

M. Alexandre Agassiz, voulant continuer les belles recherches que son père a faites sur la classe des poissons, s'est livré à l'étude embryogénique des poissons vivants, et, dans une série de mémoires remarquables, il a confirmé les idées de Louis Agassiz sur l'accord des développements paléontologiques et des développements embryogéniques ; les nombreuses figures de jeunes poissons qu'il a données montrent que les poissons traversent depuis l'état embryonnaire jusqu'à l'état adulte les mêmes phases par lesquelles ils ont passé depuis les temps primaires jusqu'aux temps actuels.

Aux remarques qui précèdent sur les caractères distinctifs des poissons primaires, je dois en ajouter quelques-unes qui sont importantes pour la discussion de la théorie vertébrale dont j'aurai à parler dans les pages suivantes. Ainsi je ne peux omettre de rappeler que, chez des poissons dévoniens dont les vertèbres n'ont pas encore leur centrum ossifié, on trouve des côtes parfaitement formées. Je fus bien frappé de ce fait lors d'une excursion que je fis en Écosse à Saint-Andrews. Après m'avoir montré la curieuse collection de poissons fossiles qui appartient à l'Université de cette ville, le professeur Mac Donald me conduisit à la célèbre localité de Dura Den ; chez le propriétaire du moulin de Dura Den, comme dans le musée de Saint-Andrews, il me fit voir de nombreux blocs de grès dévoniens couverts de poissons ayant tout à la fois des côtes très développées et des vertèbres incomplètement solidifiées[1]. La figure 246 représente un poisson permien où l'on observe le même contraste : les côtes sont très grandes, bien qu'il n'y ait aucune trace de corps de vertèbre.

Je prie encore mes lecteurs de noter la ressemblance des nageoires paires qui représentent les membres antérieurs et postérieurs avec les nageoires impaires que l'on regarde généralement comme des parties dermiques. Un éminent anatomiste, M. Mivart, a publié récemment un mémoire où il a montré chez les poissons cartilagineux actuels la ressemblance des nageoires paires avec les nageoires impaires, et il

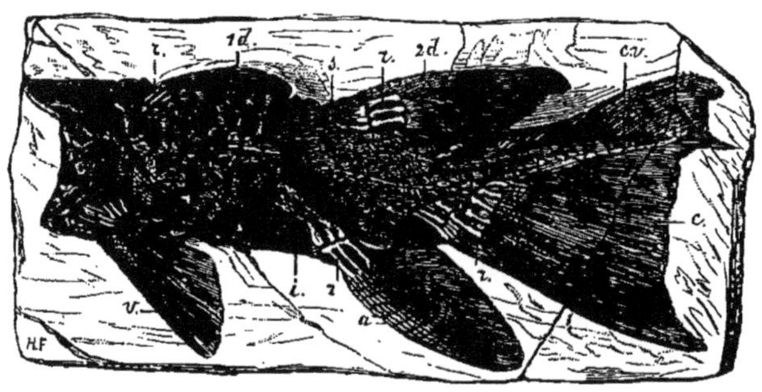


Fig. 252. — *Tristichopterus alatus*, à 1/2 grandeur : *s.* et *i.* os qui soutiennent la seconde dorsale 2 *d.* et l'anale *a.*; *r.* rayons inter-épineux ; *c.* nageoire caudale dans laquelle on voit se continuer la pointe de la colonne vertébrale ossifiée *c. v.*; 1 *d.* première dorsale ; *v.* ventrale (d'après Egerton). — Dévonien d'Écosse.

en a conclu que les unes et les autres devaient être également considérées comme ayant leur point de départ à la périphérie du corps. L'examen des poissons anciens confirme tout à fait ces remarques. Dans plusieurs d'entre eux, on voit les écailles s'avancer sur les nageoires impaires aussi bien que sur les nageoires paires. Le genre *Tristichopterus*[2] (fig. 252) qu'Egerton et M. Ramsay Traquair ont fait connaître, avait ses

1. M. Huxley a donné à l'un de ces genres de poissons le nom de *Phaneropleuron* pour rappeler que les côtes sont très apparentes (φανερὸς, manifeste ; πλευρὸν, côte).

2. Τρεῖς, trois ; στίχη, rangée ; πτερὸν, aile, parce que la seconde dorsale et l'anale ont chacune trois rangées de gros inter-épineux.

nageoires dorsale et anale soutenues par des pièces qui ressemblent singulièrement à des os des membres; ces nageoires devaient avoir beaucoup de force. Nous avons là un exemple frappant d'un déplacement de fonction ; les nageoires les mieux adaptées pour la locomotion n'étaient pas celles qui sont les homologues des membres, mais c'étaient les nageoires impaires[1]; ainsi les parties considérées comme de simples dépendances de la peau remplissaient les fonctions dévolues spécialement aux membres chez les êtres supérieurs.

*Remarques sur la théorie de l'archétype.* — J'ai rappelé que dans les temps primaires, on trouve des poissons trop élevés pour ne pas supposer que ce sont des types déjà avancés dans leur évolution. Mais on y rencontre aussi des poissons si peu perfectionnés, qu'ils se rapprochent de la forme la plus simple sous laquelle nous pouvons concevoir le type vertébré; il est permis de croire qu'ils ont été des descendants peu modifiés des prototypes[2] vertébrés, c'est-à-dire des premiers vertébrés qui ont paru sur notre terre.

Il m'a semblé intéressant de rechercher si l'étude de ces êtres primitifs indiquait des relations entre les prototypes vertébrés et le type idéal des vertébrés auquel on a donné le nom d'archétype[3]. Il n'y a pas de question qui ait plus préoccupé les anatomistes que la théorie de l'archétype. C'est Oken qui l'a établie : « *En août* 1806, dit-il[4], *je voyageais dans le Hartz; comme je cheminais dans une forêt, je vis à mes pieds un crâne de chevreuil blanchi par le temps; le ramasser, le retourner, le regarder, fut l'affaire d'un instant; c'est, m'écriai-je, une colonne vertébrale. Cette pensée me frappa comme un éclair, et, depuis ce temps-là, on sait que*

1. Dans les poissons, la locomotion est effectuée surtout par les muscles attachés à la colonne vertébrale, au lieu d'être effectuée par les muscles des membres, comme dans les quadrupèdes et les oiseaux.

2. Πρῶτος, premier ; τύπος, type.

3. 'Αρχή, domination et τύπος.

4. Isis, p. 511, 1818.

*le crâne est une colonne vertébrale.* » La théorie vertébrale devint bientôt célèbre; l'ensemble du squelette des êtres les plus élevés parut n'être qu'une répétition de parties homologues plus ou moins modifiées. Les panthéistes accueillirent favorablement la nouvelle doctrine qui paraissait révéler l'identité de parties en apparence différentes; elle fut acceptée de même par plusieurs spiritualistes, car les idées de simplicité de plan charment toujours les esprits philosophiques. Spix, de Blainville, Bojanus, Gœthe, Etienne Geoffroy Saint-Hilaire, Carus, Strauss, Gervais, M. Richard Owen, etc., ont, avec des variations diverses, adopté l'idée d'Oken. Les disciples de Démocrite et d'Épicure, a dit M. Owen, raisonnaient ainsi : « *Si le monde a été fait par un esprit ou une intelligence préexistante, c'est-à-dire par un Dieu, il faut qu'il y ait eu une Idée et un Exemplaire de l'univers avant qu'il fût créé... N'ayant découvert aucun indice d'un archétype idéal dans le monde ou dans quelqu'une de ses parties, ils concluaient qu'il ne pouvait y avoir eu aucune connaissance, ni intelligence, avant le commencement du monde, comme sa cause.* » M. Owen a consacré à l'étude de l'archétype un livre spécial[1], et il s'en est occupé encore dans son *Anatomie comparée des vertébrés*[2]. Il pense que tout est vertèbre chez le vertébré, sauf quelques os que l'on trouve dans la peau, les viscères, ou qui se forment dans les muscles. Suivant lui, la tête serait composée de quatre vertèbres ainsi constituées :

La vertèbre du nez comprendrait :

Un centrum (vomer);
Un arc supérieur (préfrontaux et nasal);
Un arc inférieur (palatins, maxillaires, inter-maxillaires);
Des appendices (ptérygoïdes, jugaux).

La vertèbre du front comprendrait :

Un centrum (présphénoïde);
Un arc supérieur (orbitosphénoïdes, postfrontaux, frontal);
Un arc inférieur (tympaniques et mandibules).

1. *Principes d'ostéologie comparée* ou *Recherches sur l'Archétype et les homologies du squelette vertébré*, avec 15 planches et 3 tableaux, Paris, 1855.
2. Vol. I, p. 27 à 30. Londres, 1866.

La vertèbre pariétale comprendrait :

Un centrum (basisphénoïde);
Un arc supérieur (alisphénoïdes, mastoïdes, pariétal);
Un arc inférieur (les os de l'hyoïde);
Des appendices (rayons branchiostèges des poissons).

La vertèbre occipitale comprendrait :

Un centrum (basi-occipital);
Un arc supérieur (ex-occipitaux, para-occipitaux, sus-occipital);
Un arc inférieur (ceinture thoracique);
Des appendices (humérus et les autres os du membre antérieur).

Les vertèbres du tronc comprendraient :

Des centrum;
Des arcs supérieurs;
Des arcs inférieurs représentés par les côtes, les pièces du sternum, les os du bassin, les os en V;
Des appendices (membres postérieurs).

On ne saurait nier qu'il soit possible d'imaginer un type dans lequel se retrouvent des traits communs aux différents vertébrés. Le poisson, le reptile, l'oiseau, le mammifère, ont un grand nombre de pièces dont les homologies sont manifestes. On a cherché à saisir le plan général de ces homologies, et, comme, au fur et à mesure du perfectionnement des vertébrés, la colonne vertébrale a pris plus d'importance, on a supposé un système dans lequel tout aurait été ordonné par rapport à elle. C'est dans ce sens qu'on peut entendre ces mots de M. Owen[1] : « *L'idée de l'archétype se manifesta dans les organismes, sous diverses modifications, à la surface de notre planète, longtemps avant l'existence des espèces animales chez lesquelles nous la voyons aujourd'hui développée... La nature a avancé à pas lents et majestueux, guidée par la lumière de l'archétype au milieu des ruines des mondes antérieurs, depuis l'époque où l'idée vertébrale s'est manifestée sous sa vieille dépouille ichthyique jusqu'au moment où elle s'est montrée sous le vêtement glorieux de la forme humaine.* »

1. Ouvrage cité, p. 12 et 13.

Si la nature actuelle offre certaines apparences qui expliquent comment d'éminents naturalistes ont été portés à imaginer la théorie de l'archétype, il n'en est plus de même pour la nature des temps primaires. Les plus anciens vertébrés connus sont l'opposé de l'archétype vertébré; personne ne pourra supposer qu'ils aient été dérivés d'un être qui aurait réalisé l'idée de l'archétype.

En effet, ce qui caractérise l'archétype, c'est une colonne vertébrale composée de corps (centrum) avec des arcs en dessus et en dessous. Or les centrum manquent chez presque tous les anciens poissons, et les arcs n'ont pas encore été signalés dans les animaux des groupes *Cephalaspis*, *Pteraspis*, *Pterichthys*, etc.; ces animaux ont eu des os à l'extérieur avant d'en avoir à l'intérieur.

Dans la théorie de l'archétype, le crâne est composé de vertèbres qui se sont agrandies; par conséquent, si les premiers vertébrés, qui ont paru dans le monde, eussent été dérivés de l'archétype, ils devraient avoir eu un crâne de petite dimension, et les vertèbres de ce crâne seraient facilement reconnaissables, car elles n'auraient pas eu le temps de subir de profondes modifications. Tout au contraire le crâne est très grand dans plusieurs des poissons les plus anciens, et rien ne ressemble moins à une réunion de vertèbres; le sus-occipital, les pariétaux, les frontaux qui, dans la théorie de l'archétype, sont supposés des apophyses épineuses de vertèbres, sont aussi différents que possible de ces apophyses; on ne distingue ni le basilaire, ni les ex-occipitaux, ni les alisphénoïdes, ni les orbito-sphénoïdes que l'on a regardés comme des parties des vertèbres crâniennes. Le crâne a eu son complet développement avant les vertèbres; il n'est donc pas naturel de croire qu'il en procède.

Dans la théorie de l'archétype, on admet que les os des membres sont des parties ou des appendices des vertèbres. Mais les poissons primaires ne nous permettent pas d'accepter cette supposition, puisque, chez plusieurs d'entre eux, la formation des membres a précédé celle des vertèbres. En parlant du genre *Tristichopterus* (fig. 252), j'ai dit que la seconde nageoire dorsale et la nageoire anale ne sont pas sans analogie avec les membres des vertébrés; comme on ne prétend pas qu'elles dépendent de la colonne vertébrale, il n'y a pas non plus de raison de prétendre que les nageoires paires, c'est-à-dire les membres, sont des dépendances du système vertébral. Les animaux ont eu des pattes, longtemps avant d'avoir des vertèbres.

Enfin, dans la théorie de l'archétype, les côtes des vertébrés sont supposées des parties de vertèbres interposées entre les parapophyses ou les centrum et les hémapophyses. Mais plusieurs des premiers vertébrés n'ont point présenté une telle disposition; j'ai rappelé que, dans le *Phaneropleuron*, il y avait des côtes bien développées, quoique les centrum ne fussent pas encore formés, et j'ai donné (fig. 246) le dessin d'un poisson qui a d'énormes côtes, et où cependant on n'aperçoit aucune trace de corps de vertèbres. Les côtes n'ont pu être une dépendance du système vertébral, puisqu'elles ont été formées plus tôt que lui.

Ainsi il n'est pas vraisemblable que les premiers vertébrés soient descendus d'êtres qui auraient réalisé l'idée du prétendu archétype. Mais alors on demandera de quoi ils peuvent provenir. Si j'avais à choisir entre les hypothèses de l'origine des vertébrés primitifs tels que les placodermes, je les supposerais provenant d'animaux qui, au lieu d'avoir eu un squelette interne, ont eu une enveloppe externe comme les crustacés[1]. Ce qui donnerait quelque probabilité à cette

1. Il importe toutefois de faire remarquer que l'idée de faire descendre les vertébrés des invertébrés n'est raisonnable qu'à la condition de supposer dans les temps anciens des animaux sans vertèbres organisés autrement que ceux d'aujourd'hui; car il y a des différences profondes entre les vertébrés et les invertébrés. A l'époque actuelle, les poissons ont des cartilages, des os en phosphate et carbonate de chaux, leur vésicule ombilicale se continue avec le ventre, tandis que les crustacés ont de la chitine, n'ont pas de cartilages, n'ont pas de phosphate de chaux, et se développent en ayant la vésicule ombilicale sur le dos.

supposition, c'est que plusieurs d'entre eux nous ont montré de singulières ressemblances avec les crustacés.

Les philosophes qui ont imaginé l'archétype vertébré, ont eu en vue un germe d'abord microscopique, qui grandit, tout en restant le centre de la vie ; ils ont pensé que le développement a eu lieu de dedans en dehors. Mais l'étude de l'embryogénie nous montre qu'à l'origine les granules nutritifs restent dans le centre et que les granules destinés à se changer en blastoderme se portent vers la périphérie ; c'est là que l'organisation commence. Il peut en avoir été ainsi dans l'évolution générale du monde animal : les animaux auront eu d'abord une solidification externe, c'est ce que nous appelons l'état crustacé ; plus tard ils auront eu un axe central ossifié,

FIG. 253.

c'est ce qu'on nomme l'état vertébré. Je ne suppose pas les vertébrés, à leur début, se rapprochant de la forme représentée

FIG. 254.

dans la figure 253 ; je les suppose plutôt commençant sous la forme représentée dans la figure 254. Ce n'est pas en lui-même, mais c'est dans le milieu qui l'entoure qu'un être puise les éléments au moyen desquels il s'accroît ; on conçoit donc que le développement ait pu se produire de dehors en dedans.

# CHAPITRE XII

## LES REPTILES PRIMAIRES

Dès 1710, d'après les invitations de Leibnitz, un médecin de Berlin, nommé Spener, a décrit un reptile qui avait été tiré des schistes permiens de la Thuringe[1]. Mais, c'est seulement vers 1847, lors de la découverte des *Archegosaurus*, que l'attention des paléontologistes a été attirée vers les quadrupèdes des temps primaires. D'intéressants travaux sur ces animaux ont été publiés : en Russie, par Kutorga, Fischer de Waldheim, Eichwald ; en Allemagne, par Goldfuss, Hermann de Meyer, MM. Geinitz, Fritsch, Credner, Deichmüller ; en Angleterre, par MM. Owen, Huxley, Wright, Hancock, Miall, Athey ; au Canada, par M. Dawson ; aux États-Unis, par MM. Wyman, Newberry, Leidy, Cope, Marsh, etc.

En France, sauf l'*Aphelosaurus*[2], trouvé par M. de Rouville auprès de Lodève, on n'avait signalé avant 1867 aucun reptile primaire. Aujourd'hui, nous avons le *Protriton*, le *Pleuronoura*, l'*Actinodon*, l'*Euchirosaurus*, le *Stereorachis*, tous extraits du permien des environs d'Autun ; c'est surtout à MM. Roche père et fils, directeurs des usines d'Igornay, que

1. On a donné à cet animal le nom de *Proterosaurus* (πρότερος, prédécesseur et σαῦρος, lézard).

2. Ἀφελής, simple et σαῦρος, lézard. L'*Aphelosaurus* a été décrit et figuré par Gervais dans la *Paléontologie française*.

nous sommes redevables de leur découverte. L'abondance des reptiles qu'on a retirés de couches, où on n'en avait jamais rencontré jusqu'à ces dernières années, prouve combien nous devons prendre garde de ne pas attribuer à la nature des lacunes qui n'existent que dans nos esprits ignorants.

Les plus anciens reptiles connus appartiennent aux terrains carbonifère et permien, c'est-à-dire à la partie supérieure des formations primaires. Tandis que les invertébrés ont été nombreux dans les temps siluriens, et que les poissons, plus élevés que les invertébrés, ont eu leur règne dès l'époque dévonienne, les reptiles, supérieurs aux poissons, ne se sont multipliés qu'à partir de la période carbonifère. Il y a là des faits favorables à l'idée d'un développement progressif du monde animal.

La classe des reptiles est divisée en deux : la sous-classe des reptiles anallantoïdiens, représentée de nos jours par les batraciens, et la sous-classe des reptiles proprements dits, ou allantoïdiens, tels que les crocodiles, les lézards, les tortues, les serpents. Tous les naturalistes s'accordent à considérer cette seconde sous-classe comme plus élevée que la première, car l'allantoïde est une extension du feuillet interne du blastoderme qui sert à envelopper le fœtus, et est destinée, dans la plupart des êtres parvenus au stade de mammifère, à former le placenta. Comme le placenta met le fœtus en communication intime avec sa mère, et lui permet de prendre un grand développement avant de venir au jour, il marque un notable perfectionnement. A la vérité, chez les reptiles proprement dits et chez les oiseaux, l'allantoïde ne se change pas en placenta; mais sa seule présence révèle une tendance vers les états les plus élevés de l'organisation. Il est impossible d'affirmer que les plus anciens reptiles aient été des anallantoïdiens; néanmoins, cela est assez vraisemblable, attendu qu'à en juger par leur squelette, ils se rapprochent plus des batraciens actuels que des reptiles allantoïdiens. Il y aurait là encore un indice favorable à l'idée d'un développement progressif.

Je ne peux exposer ici les formes si variées que plusieurs paléontologistes habiles ont mises en lumière. Je m'attacherai particulièrement à l'étude du *Protriton*, du *Pleuronoura*, de l'*Archegosaurus*, de l'*Actinodon*, de l'*Euchirosaurus* et du *Stereorachis*. Je choisis ces genres par la seule raison que je les connais mieux que les autres. Ils me semblent d'ailleurs assez bien représenter les principales gradations des reptiles primaires : le *Protriton* et l'*Archegosaurus* sont des types très peu élevés, l'*Actinodon* est plus avancé, l'*Euchirosaurus* l'est plus encore, et le *Stereorachis* est une des créatures les plus parfaites qui aient été découvertes dans les terrains primaires.

*Protriton et Pleuronoura.* — En 1875[1] j'ai appelé l'attention des paléontologistes sur des quadrupèdes d'une petitesse

FIG. 255. — *Protriton petrolei*, grandeur naturelle, vu sur le ventre. — Permien de Millery, près Autun. Collection du Muséum.

extrême, que l'on trouve dans le permien des environs d'Autun. Ils ont l'apparence de toutes jeunes salamandres qui auraient une queue très courte ; je les ai décrits sous le nom

1. *Sur la découverte de batraciens proprement dits dans le terrain primaire* (*Comptes rendus de l'Acad. des sciences*, 15 févrior 1875, *et Bulletin de la Soc. géol. de France*, 3e série, vol. III, séance du 29 mars 1875, pl. VII et VIII).

de *Protriton*[1] *petrolei*. Je représente dans la figure 255 un des

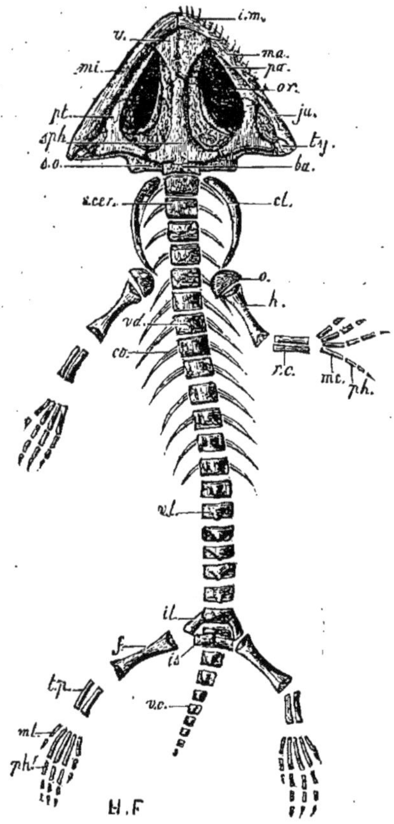


FIG. 256. — Essai de restauration d'un squelette de *Protriton petrolei*, grandi 3 fois, supposé vu sur la face ventrale. On n'a mis qu'un des côtés de la mâchoire inférieure *m. i.* pour laisser mieux voir la disposition des os de la tête : *i. m.* inter-maxillaire garni de dents; *m.* maxillaire: *v.* vomer; *pa.* palatin; *ju.* jugal; *sph.* sphénoïde; *pt.* ptérygoïde; *ba.* basilaire. On aperçoit sur le second plan les orbites *or.*, les tympaniques *ty.*, et les sus-occipitaux *s. o.*; *v. ce.* vertèbres cervicales; *v. d.* vertèbres dorsales; *v. l.* vertèbres lombaires; *v. c.* vertèbres caudales; *co.* côtes; *cl.* clavicule; *o.* omoplate; *h.* humérus; *r. c.* radius et cubitus; *mc.* métacarpiens; *ph.* phalanges; *il.* iliaque; *is.* ischion; *f.* fémur; *t. p.* tibia et péroné; *mt.* métatarsiens; *ph'.* phalanges des pattes de derrière. — Permien des environs d'Autun.

1. *Pro*, avant; *Triton*, salamandre aquatique. Le terrain qui renferme le *Protriton* est exploité pour en tirer du pétrole.

plus grands sujets que je connaisse[1]. Je joins un essai de restauration entrepris d'après ce que j'ai observé dans différents échantillons (fig. 256).

Jusqu'à présent, l'époque primaire paraissait avoir été caractérisée par des reptiles distincts des batraciens actuels; on les avait décrits sous les noms, tantôt de labyrinthodontes[2], tantôt de ganocéphales[3], tantôt de stégocéphales[4]. Il m'a semblé que le *Protriton*, comme aussi un petit fossile d'Allemagne, l'*Apateon*[5], et un autre des États-Unis, le *Raniceps*[6], ne différaient pas autant des batraciens. Voici les raisons qui m'ont frappé : pour tous les paléontologistes, le principal caractère des labyrinthodontes est d'avoir les os placés derrière les yeux (post-orbitaires, post-frontaux, sus-temporaux) si développés qu'ils s'unissent pour former un toit continu; chez les batraciens, ces os sont très réduits ou supprimés, de sorte que les cavités des yeux sont relativement si grandes qu'il en résulte une forme de tête très différente. Dans le *Protriton*, les os situés en arrière des yeux sont bien moins développés que chez les labyrinthodontes[7], et les orbites ont une gran-

1. Cet animal est notablement plus fort que les *Protriton* qui ont été trouvés par M. François Delille et dont j'ai donné la figure en 1875.

2. Λαβύρινθος, labyrinthe; ὀδών, dent. Ce nom a été donné par Hermann de Meyer, parce que les labyrinthodontes du trias, qui ont été étudiés les premiers, ont des dents d'une structure compliquée où les plis de dentine prennent un aspect labyrinthiforme.

3. Γάνος, éclat; κεφαλή, tête. *Le nom de cet ordre*, dit M. Owen, *est tiré des plaques osseuses sculptées et polies extérieurement ou ganoïdes qui protégeaient toute la tête. Ces plaques comprennent les post-orbitaires et les sus-temporaux qui couvrent d'un toit les fosses temporales.* M. Owen a réservé le nom de ganocéphales aux labyrinthodontes où la notocorde est persistante.

4. Στέγη, toit; κεφαλή, tête. M. Cope comprend sous ce nom les labyrinthodontes, les ganocéphales et les petits reptiles du houiller américain que M. Dawson a nommés microsauriens (μικρὸς, petit; σαῦρος, lézard).

5. Le docteur Gergens crut que l'*Apateon* était une petite salamandre; Hermann de Meyer supposa qu'il y avait là une erreur, et, pour rappeler que ce fossile avait donné lieu à une méprise, il le nomma *Apateon* (ἀπατεών, trompeur).

6. *Rana*, grenouille; *ceps*, en composition pour *caput*, tête. Wyman a rangé le *Raniceps* parmi les batraciens.

7. Le *Loxomma*, qu'on a cru devoir classer parmi les labyrinthodontes, fait exception par la grandeur de ses cavités orbitaires.

deur qui rappelle l'apparence des batraciens. Un autre caractère important des labyrinthodontes, c'est la forme bizarre de leur ceinture thoracique, avec un grand entosternum sur lequel s'appuient des clavicules (épisternum), élargies en avant (fig. 258 et 264) ; or je n'ai pas su voir d'entosternum ossifié chez les *Protriton*, et les clavicules n'ont point l'élargissement qui est si remarquable dans les labyrinthodontes. Ce qui distingue encore les labyrinthodontes, ce sont des côtes très grandes, compliquées; au contraire, chez le *Protriton*, le système costal est simplifié comme chez la plupart des batraciens. Enfin, les labyrinthodontes des temps primaires ont eu sous le ventre un système d'écailles tout à fait curieux (voy. fig. 258 et 268), au lieu qu'à en juger par sa fossilisation, le corps du *Protriton* a été aussi nu que celui des batraciens. C'est pourquoi le *Protriton* m'a paru un reptile, dans lequel ne se sont pas encore accusées les divergences qui ont caractérisé le groupe des labyrinthodontes; j'ai pensé qu'il s'écartait moins du type commun des reptiles anallantoïdiens actuels, et notamment des salamandres.

A côté de quelques traits de ressemblance avec l'état jeune des salamandres, le *Protriton* montre des différences. Une des plus apparentes consiste dans la brièveté de la queue. Parmi les échantillons de Millery, qui m'ont été communiqués par M. Pellat, j'en ai remarqué un (fig. 257) qui est long de 51 millimètres, dont la queue est proportionnément plus longue; elle compte 16 vertèbres, sur les premières desquelles on voit des côtes. Autour du squelette, la pierre a pris une teinte plus foncée, comme s'il y avait eu une peau plus résistante que dans le *Protriton*. J'ai inscrit ce fossile sous le nom de *Pleuronoura* [1].

1. Πλευρὸν, côte; οὐρὰ, queue. *Les reptiles de l'époque permienne aux environs d'Autun* (*Bull. de la Soc. géol. de France*, séance du 16 décembre 1878). Au moment où je livre ces lignes à l'impression, M. Stanislas Meunier vient de donner au Muséum un second échantillon de *Pleuronoura* du permien d'Autun avec une longue queue.

Les petits reptiles qui ont l'aspect de salamandres ne sont pas rares aux environs d'Autun. Les premiers *Protriton* que j'ai vus ont été découverts par MM. Roche, Loustau, François Delille; à peine les ai-je décrits, que MM. l'abbé Duchêne, Durand, Pellat, Chanlon en ont retrouvé un grand nombre à la base de la couche du permien de Millery, appelée le

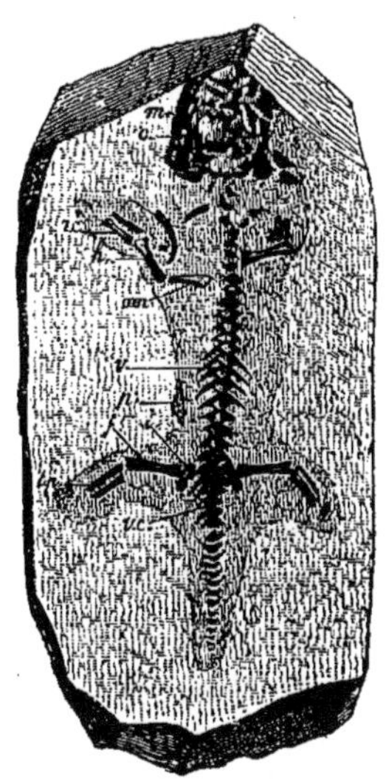

FIG. 257. — *Pleuronoura Pellati*, vu sur le dos, grandeur naturelle : *o.* orbite; *m.* mandibule; *c.* clavicule; *om.* omoplate; *h.* humérus; *r. c.* radius et cubitus; *v.* vertèbres avec leurs côtes bien visibles; *v. c.* vertèbres caudales avec côtes; *i.* iliaque; *f.* fémur; *t. p.* tibia et péroné; on voit en *p.*, et tout autour du squelette, la limite d'une teinte plus foncée due sans doute au corps de l'animal. — Permien de Millery, près d'Autun. Collection de M. Pellat.

boghead; M. Bernard Renault et M. Tarragonet m'en ont remis des spécimens très bien conservés du boghead de Margennes; MM. Roche et Jutier en ont découvert à Dracy-Saint-Loup, dans des couches permiennes, qui sont à 2000 mètres plus bas que celles de Millery. Ces créatures, qui se sont tant multipliées et ont vécu si longtemps, ont dû offrir bien des variations.

Par une heureuse coïncidence, on a également trouvé dans les schistes bitumineux du permien de la Bohême et de la Saxe, une multitude de petites bêtes qui rappellent les nôtres; l'une d'elles, notamment, décrite sous le nom de *Branchiosaurus*[1], ressemble au *Protriton* et surtout au *Pleuronoura;* le *Melanerpeton*[2] *pusillum* en paraît aussi très voisin. M. Fritsch a fait sur les fossiles de la Bohême un ouvrage accompagné de belles figures[3]. M. Geinitz[4] a publié dernièrement, en collaboration avec M. Deichmüller, un supplément à son magnifique travail sur le Dyas, et il y a décrit plusieurs reptiles de la Saxe, qui se rapprochent de ceux de la Bohême. M. Credner[5] s'est occupé aussi des reptiles permiens de la Saxe.

On ne peut manquer d'être frappé de la remarque que les petits fossiles d'apparence salamandriforme se trouvent dans les mêmes terrains où l'on rencontre les labyrinthodontes. Ainsi, l'*Apateon* a été recueilli dans des couches semblables à celles de Lébach, où l'*Archegosaurus* abonde; dans le terrain de Dracy-Saint-Loup, près d'Autun, on voit, à côté des *Protriton*, l'*Actinodon* et l'*Euchirosaurus;* en Bohême et en Saxe, MM. Fritsch, Geinitz et Deichmüller ont découvert, outre le *Branchiosaurus*, des animaux tels que le *Dawsonia* et le *Melanerpeton pulcherrimum*[6], qui semblent des labyrinthodontes. En présence de ces coïncidences, il est naturel de penser que, parmi les petits fossiles d'aspect salamandriforme, il doit y en avoir qui représentent l'état jeune

1. Ainsi appelé parce que les savants allemands ont vu qu'il avait des branchies en arrière de la tête comme l'*Archegosaurus*. Je suppose que c'est le même genre que le *Pleuronoura*.

2. Μέλας, noir; ἑρπετὸν, reptile. Ce genre a été d'abord découvert dans les couches carbonifères de l'Irlande.

3. Voyez le grand ouvrage de M. Fritsch, intitulé : *Fauna der Gaskohle und der Kalksteine der Permformation Böhmens*, in-4°, Prague, 1879.

4. Geinitz und Deichmüller, *Nachträge zur Dyas II*, in-4° avec planches, 1882.

5. Credner, *Die Stegocephalen (Labyrinthodonten) aus dem Rothliegenden des Plauen'schen Grundes bei Dresden (Zeitschrift der deutschen geologischen Gesellschaft*, 33e vol., p. 298. Berlin, 1881).

6. Cet animal paraît assez différent du *Melanerpeton pusillum;* il a un entosternum et un épisternum comme les vrais labyrinthodontes.

des labyrinthodontes. Mais il n'est pas toujours facile de distinguer les différences dues à l'âge et les différences spécifiques chez des animaux qui ont pu être sujets à des métamorphoses, comme le sont plusieurs des batraciens actuels.

Ainsi, l'*Apateon* d'Allemagne et la plupart des *Protriton*, découverts jusqu'à présent aux environs d'Autun, sont d'une extrême petitesse (de 26 à 45 millimètres, y compris la queue); le *Pleuronoura*, les *Branchiosaurus salamandroides* et *gracilis*, le *Melanerpeton pusillum* sont encore bien petits, car ils ne dépassent guère 70 millimètres. On peut supposer que cette ténuité provient de ce que c'étaient des individus très jeunes. Mais il serait possible aussi que ce fussent des animaux adultes; car, s'il est vrai que les êtres ont été soumis à la loi d'évolution, on doit admettre qu'ils ont, dans les temps primaires, présenté en partie les caractères de ceux de l'époque actuelle à l'état d'enfance, ou même à l'état d'embryon; par conséquent, il faut s'attendre à trouver dans les terrains anciens, non seulement des êtres très simples, mais aussi des êtres très petits.

Dans le *Protriton*, l'espace orbitaire me paraît avoir été plus grand que dans le *Branchiosaurus* [1], et il est encore un peu plus grand dans le *Branchiosaurus* que chez les labyrinthodontes, tels que l'*Archegosaurus* et l'*Actinodon*. Est-ce parce que les os en arrière du crâne (post-orbitaire, post-frontal [2], sus-squameux) se sont agrandis pendant la vie des individus? Est-ce parce qu'ils se sont agrandis pendant la série des développements des espèces?

Je n'ai pas vu d'entosternum ossifié dans le *Protriton* [3];

1. Surtout si l'on juge le *Branchiosaurus* par la restauration que M. Fritsch en a donnée.

2. Comme M. Fritsch l'a reconnu, il y avait un post-frontal chez les petits reptiles salamandriformes; seulement il était extrêmement mince dans le *Protriton*.

3. Sur la plaque du *Pleuronoura* que j'ai figurée, j'ai remarqué une petite empreinte ovale dont je n'ai pas osé parler, parce qu'elle m'a paru trop problématique; elle a à peu près l'aspect de l'entosternum que M. Credner a attribué au *Branchiosaurus*.

MM. Fritsch et Credner en ont observé de très rares exemples dans le *Branchiosaurus;* chez l'*Archegosaurus*, l'*Actinodon*, le *Dawsonia*, cet os est devenu très grand, sólide, losangique au lieu d'être ovale. Les clavicules sont étroites dans le *Protriton*, le *Pleuronoura* d'Autun, le *Branchiosaurus* de Bohême, larges chez les vrais labyrinthodontes, dans la partie qui s'insère sur l'entosternum. Sont-ce là des progrès d'ossification qui indiquent des différences d'âge ou des différences spécifiques?

Le *Protriton* avait le corps tout nu, avec une peau très molle; le *Pleuronoura* avait une peau plus consistante; M. Fritsch a trouvé un spécimen de *Branchiosaurus* avec une peau écailleuse; les écailles de la peau du ventre s'accusent bien chez de petits sujets de Dracy-Saint-Loup, que j'attribue aux genres *Euchirosaurus* ou *Actinodon*. Ces variations nous font-elles assister à des changements de croissance individuelle ou à des changements dans l'évolution des espèces?

Il n'est pas aisé de répondre à ces questions; néanmoins, je suis porté à croire que les différences ne sont pas uniquement dues à l'âge des individus. Par exemple, le *Protriton* que j'ai représenté dans la page 253 (fig. 255) est presque aussi grand que le *Pleuronoura;* je n'ai donc pas de raison de supposer que ses différences avec le *Pleuronoura* proviennent de ce qu'il est plus jeune; d'autant plus que, d'après l'inspection des salamandres actuelles, la brièveté de la queue ne me paraît pas être un caractère embryonnaire. Il est également difficile de penser que les *Protriton* sont de jeunes individus d'*Actinodon*, d'*Euchirosaurus* ou d'*Archegosaurus*, attendu que leurs vertèbres semblent plus ossifiées.

Toutes ces questions sont d'un grand intérêt, car elles nous font bien sentir les ressemblances que les évolutions spécifiques ont pu avoir avec les évolutions individuelles. Mais on ne doit les traiter qu'avec la plus grande réserve, car aux difficultés que je viens de signaler se joint celle qui résulte de l'état, le plus souvent imparfait, dans lequel se trouvent des créatures chétives enfouies dans des terrains d'une immense antiquité.

*Archegosaurus.* — De même que le *Protriton*, le *Pleuronoura*, le *Branchiosaurus* simulent à quelques égards l'état jeune du genre *Archegosaurus*, l'*Archegosaurus* simule par ses vertèbres et les os de ses membres l'état jeune des genres *Actinodon* et *Euchirosaurus*, dont je parlerai plus loin. Des petits squelettes, découverts à Dracy-Saint-Loup par M. Roche, à côté des individus adultes d'*Actinodon* et d'*Euchirosaurus*, ont une étonnante ressemblance avec l'*Archegosaurus;* je suppose néanmoins que ce sont des jeunes, soit de l'*Actinodon*, soit de l'*Euchirosaurus*, attendu qu'on n'a pas encore découvert à Autun d'*Archegosaurus* adulte. Ces ressemblances sans doute sont des indices d'une filiation, ou tout au moins d'une unité de plan dans le développement des quadrupèdes anciens.

L'*Archegosaurus*[1] se trouve dans le permien de Lébach (Prusse rhénane); il a été étudié par Goldfuss et Hermann de Meyer. Les recherches du docteur Jordan ont amené la découverte d'un grand nombre d'échantillons; plusieurs musées en possèdent, et, notamment, le Muséum de Paris en a une instructive collection. On voit, dans la page suivante, le dessin de l'un d'eux (fig. 258); sa tête forme un triangle très allongé; ses inter-maxillaires *i. m.* et ses maxillaires *m.* portent de nombreuses dents pointues qui annoncent des mœurs carnassières. Le ventre est couvert de petites écailles *éc.* minces, aciculées. La ceinture thoracique a une curieuse disposition, sur laquelle des avis très divers ont été émis; selon moi, la grande pièce médiane *ent.* est l'entosternum des lézards et des tortues; les deux pièces *cl.* qui s'appuient sur *ent.* sont les clavicules, c'est-à-dire les homologues des épisternum des tortues et des grands os arqués de la ceinture thoracique des

1. Ἀρχηγὸς, qui est à la tête; σαῦρος, lézard.

poissons; les pièces *s. cl.* sont les sus-claviculaires, homologues de ceux des poissons, qu'on appelle quelquefois des sus-sca-

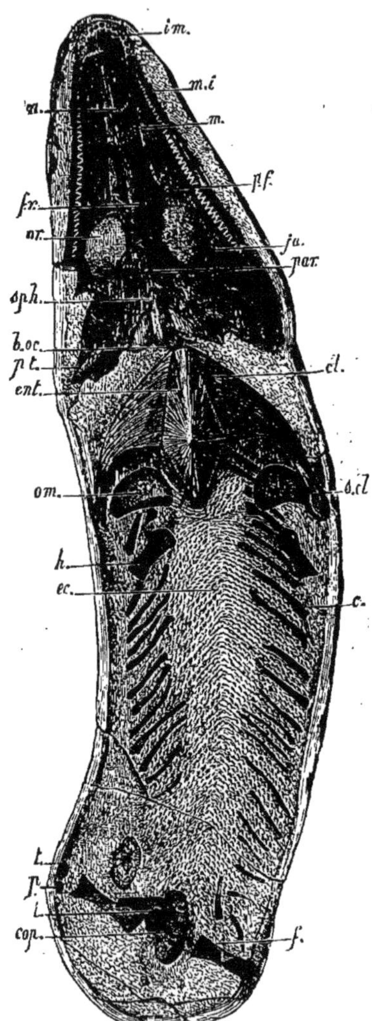


Fig. 258. — *Archegosaurus Dechenii*, aux 2/5 de grandeur, vu sur la face ventrale; les os de la face inférieure du crâne, étant en partie brisés, laissent voir le dessous de ceux de la face supérieure. L'artiste s'est aidé pour ce dessin de l'empreinte et de la contre-empreinte : *i. m.* inter-maxillaire avec de fortes dents; *m.* maxillaire et *m. i.* mâchoire inférieure avec nombreuses dents pointues; *n.* nasal; *fr.* frontal; *p. f.* préfrontal; *or.* orbite; *ju.* jugal; *par.* pariétal; *sph.* sphénoïde; en arrière duquel est un prolongement *b. oc.* qui représente le basi-occipital; *c.* côtes; *ent.* entosternum sur lequel s'appuient des côtes sternales; *cl.* clavicule (épisternum); *s. cl.* sus-claviculaire; *om.* omoplate; *h.* humérus; *i.* iliaque; *f.* fémur; *t.* et *p.* traces du tibia et du péroné; *cop.* coprolite dans sa position naturelle près de l'anus; la face inférieure du corps est couverte d'écailles fines *éc.* disposées en rangées qui forment des chevrons. La queue a été détruite. — Dans un nodule du permien inférieur de Lébach, Prusse rhénane. Collection du Muséum.

pulaires, et homologues peut-être aussi de l'épine de l'omoplate des mammifères; *om.* sont les parties plates des omoplates. Il y a deux paires de membres, sensiblement égaux, tournés en arrière, servant à la natation; leurs os avaient leurs extrémités cartilagineuses ; ils étaient d'une grande simplicité; les éléments osseux envahissaient imparfaitement leurs cartilages, de sorte que leur tissu était peu dense et facile à comprimer; c'est pour cette raison qu'en passant à l'état fossile, ils se sont souvent déformés.

La colonne vertébrale offre une disposition très intéressante pour l'étude de la formation du type vertébré ; elle est au premier abord difficile à comprendre, parce qu'elle est restée dans un état en partie cartilagineux, et que ses éléments, n'étant pas

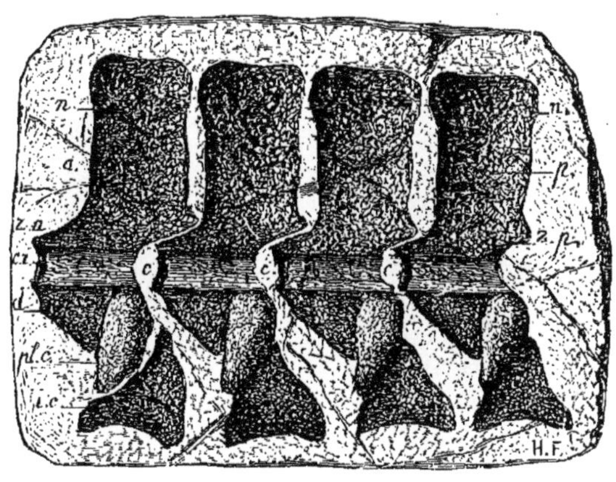


FIG. 259. — Portion de colonne vertébrale d'un *Archegosaurus*, brisée de telle sorte que les vertèbres sont partagées en deux moitiés latérales; on a représenté ici la moitié droite vue en dedans, aux 3/4 de grandeur, en s'aidant pour la restaurer des parties osseuses restées dans la moitié gauche : *n.* neurépine ; *a.* côté antérieur; *p.* côté postérieur; *c.* trou de conjugaison ; *c. r.* canal rachidien; *z. a.* zygapophyse antérieure; *z. p.* zygapophyse postérieure; *d.* diapophyse; *pl. c.* pleurocentrum; *i. c.* pièce inférieure du centrum (hypocentrum). — Permien de Lébach. Collection du Muséum.

soudés, ont été disjoints dans la fossilisation. Mais je pense que les naturalistes pourront en avoir une idée exacte en examinant la figure que j'en donne, d'après un de nos échantillons du Muséum (fig. 259); on y voit quatre vertèbres brisées verticalement; les arcs neuraux sont distincts des centrum, chaque centrum est formé d'une pièce inférieure *i. c.* et de deux pièces latérales *pl. c.*; on comprendra encore mieux cette disposition une fois qu'on aura regardé (p. 271, fig. 270) la figure d'une des vertèbres de l'*Euchirosaurus* qui, étant dans un état d'ossification plus avancé, se sont mieux conservées à l'état fossile. Les parties *d.* qui s'aperçoivent au-dessous du conduit de la moelle épinière sont les avances des arcs neuraux qui ont servi à l'insertion des côtes; ce sont des diapophyses qui n'appartiennent pas au centrum.

*Actinodon.* — Les schistes permiens des environs d'Autun, qu'on exploite pour le pétrole, renferment de nombreux coprolites (fig. 260). Leur forme indique qu'ils proviennent d'ani-

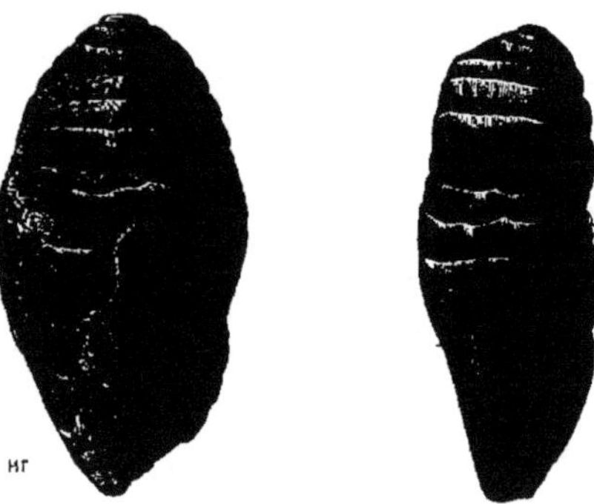

Fig. 260. — Coprolites qui proviennent peut-être de l'*Actinodon Frossardi;* grandeur naturelle; dans celui de gauche, on voit des écailles de *Palæoniscus.* — Permien de Dracy-Saint-Loup, près Autun. Collection du Muséum.

maux dont l'intestin avait des valvules spirales comme chez les squales actuels et les *Ichthyosaurus* secondaires; les écailles de *Palæoniscus* qui y sont contenues apprennent que ces animaux étaient des carnivores. On connaît maintenant plusieurs reptiles qui ont pu faire ces coprolites. Le premier qui ait été découvert est l'*Actinodon*[1]; M. Frossard l'a trouvé à Muse et m'a confié le soin de le décrire. La figure 261 représente la

1. Ἀκτὶς, ῖνος, rayon; ὀδὼν, dent. J'ai proposé ce nom pour rappeler que l'*Actinodon* se distingue des labyrinthodontes du trias par la texture de ses dents qui ne présentent pas de circonvolutions.

face inférieure de sa tête; des dents pointues garnissent les mandibules, les inter-maxillaires, les maxillaires, les palatins; le vomer, outre deux grandes dents, est couvert de dents en carde comme chez certains poissons. Dans le crâne qui est

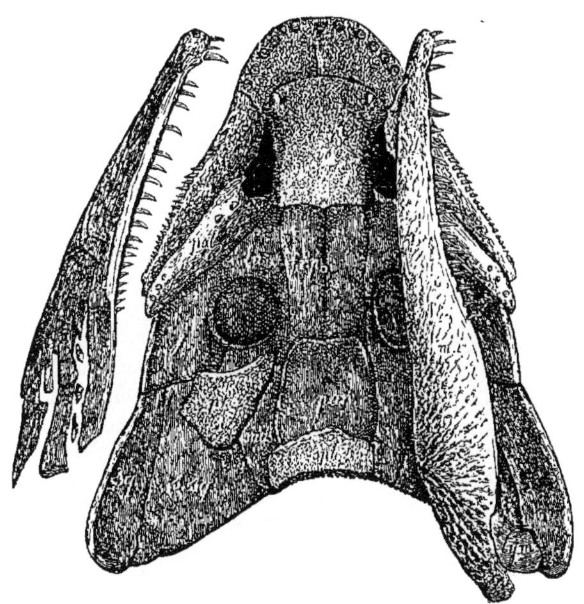

Fig. 261. — Crâne de l'*Actinodon Frossardi*, vu en dessous aux 2/5 de grandeur; on a légèrement modifié la position des os pour les rendre plus compréhensibles. Ce dessin a été fait d'après une pièce trouvée par M. Frossard, mais les inter-maxillaires ont été ajoutés d'après un échantillon du musée d'Autun: *m.* maxillaire; *m. i.* mâchoire inférieure; *vo.* vomer avec des dents en carde; *pal.* palatin; *pt.* ptérygoïde; *sph.* sphénoïde. On a marqué par une teinte plus foncée les os de la paroi supérieure du crâne rendus visibles par l'aplatissement et la disparition d'une partie des os de la face inférieure: *fr. p.* frontal principal; *la.* lacrymal ou préfrontal; *par.* pariétal avec un trou vers le milieu; *j.* jugal; *sq.* squameux; *s.sq.* sus-squameux; *mas.* mastoïde; *tym.* tympanique. — Schiste bitumineux du permien de Muse, près Autun. Collection de M. Frossard.

dessiné ici, les os placés en arrière sont brisés; mais j'ai d'autres échantillons dans lesquels le sphénoïde, les ptérygoïdes et le basilaire sont en bon état; on y remarque deux condyles occipitaux; l'aspect est à peu près le même que dans la pièce d'*Euchirosaurus* dont on verra la gravure page 270 (fig. 269).

La figure 262 montre un crâne d'*Actinodon* avec ses os sculptés comme ceux des crocodiles, ses deux orifices nasaux placés en avant, et ses orbites en arrière desquels les sus-temporaux, sus-squameux et les post-orbitaires sont développés de telle sorte que le crâne forme un toit continu ; on a ici un

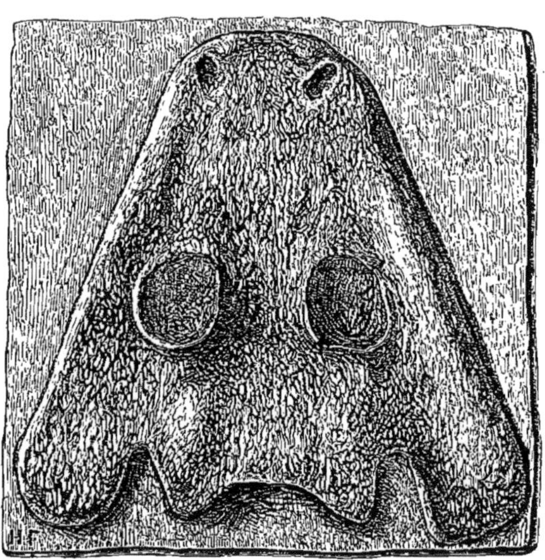

FIG. 262. — Crâne de l'*Actinodon brevis*[1] vu en dessus, aux 3/4 de grandeur. — Permien de Dracy-Saint-Loup. Donné au Muséum par M. Roche.

bon exemple de la disposition qui a fait imaginer pour les labyrinthodontes les noms de ganocéphales et de stégocéphales.

J'ai représenté (fig. 263) un des singuliers os en forme de selle de cheval qui constituent la partie inférieure du centrum des vertèbres.

Les pièces de la ceinture thoracique que M. Frossard a trou-

1. Je crois que ce crâne indique une espèce différente de l'*Actinodon Frossardi*. Il est notablement plus petit, quoique ses os très bien soudés semblent annoncer un animal adulte. Il est plus large que long, au lieu que l'*Actinodon Frossardi* est plus long que large ; la partie médiane de son bord postérieur ne forme pas une profonde concavité comme dans l'*Actinodon Frossardi* ; par ce dernier caractère, il se rapproche du grand crâne (fig. 269) que j'attribue à l'*Euchirosaurus*.

vées sont excellentes pour l'étude (fig. 264), car elles sont libres et jouent les unes sur les autres dans leur position naturelle : on voit en *ent.* un entosternum plus large et plus sculpté que dans l'*Archegosaurus ;* sur ses bords antérieurs s'appuient des clavicules (épisternum) dirigées, non en arrière comme

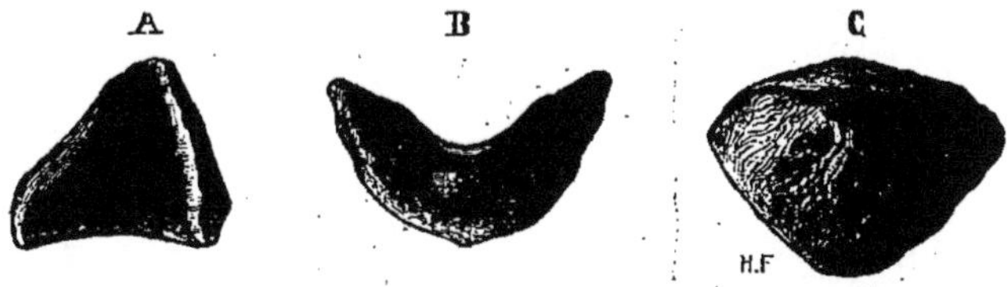


FIG. 263. — Hypocentrum ou partie inférieure du centrum d'une vertèbre d'*Actinodon Frossardi*, grandeur naturelle. A. vu de côté; B. vu sur la face postérieure; C. vu en dessous. — Permien de Muse, Saône-et-Loire. Collection de M. Frossard.

chez l'*Archegosaurus*, mais sur les côtés ; ces pièces ont un prolongement qui s'articule par glissement avec des os *s. cl.* allongés, plats, en forme de rames, que j'appelle des sus-clavi-

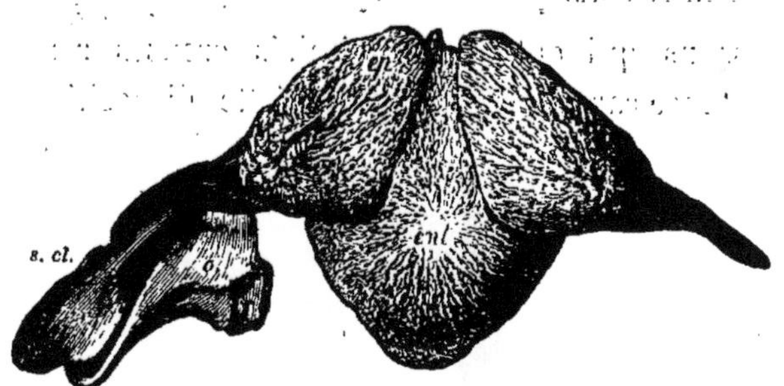


FIG. 264. — Ceinture thoracique de l'*Actinodon Frossardi*, vue sur la face ventrale, aux 2/5 de grandeur : *ent.* entosternum recouvert par les deux clavicules ou épisternum *ép.*; *s. cl.* sus-claviculaire; *o.* omoplate. — Permien de Muse. Collection de M. Frossard.

culaires; ils sont peut-être les homologues des acromions des omoplates dans les mammifères; en *o.* on voit une omoplate plus développée que dans l'*Archegosaurus*, avec un épaississement sur le côté interne, dans la partie où adhérait le coracoïde et où s'articulait l'os du bras.

Quelques pièces des membres sont représentées dans les

figures 265 et 266 ; elles sont très simples ; on croirait voir des os de fœtus de mammifères ou plutôt des os comme ceux

Fig. 265. — Patte de devant de l'*Actinodon Frossardi*, aux 2/5 de grandeur; les deux os de l'avant-bras sont restés croisés comme ils l'étaient sans doute à l'état vivant; on ne voit pas d'os du carpe. — Permien de Muse. Collection de M. Frossard.

Fig. 266. — Pièces qui sont supposées pouvoir être un fémur et un tibia de l'*Actinodon Frossardi*, aux 2/5 de grandeur. — Permien de Muse. Collection de M. Frossard.

des poissons qui ont des extrémités creuses remplies par une substance cartilagineuse molle. Cette disposition annonce

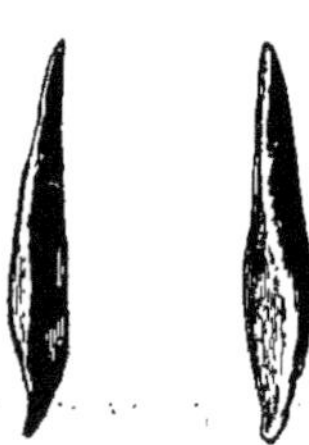

Fig. 267. — Ecailles ventrales d'*Actinodon Frossardi*, grandeur naturelle. — Permien de Dracy-Saint-Loup.

une grande infériorité, car c'est principalement à l'extrémité des os que les muscles et les ligaments s'insèrent chez les animaux supérieurs. Elle paraît indiquer des membres qui n'avaient que des mouvements généraux ; plusieurs de leurs os devaient avoir entre eux les mêmes genres de rapports que ceux de la colonne vertébrale.

Il y avait sur le ventre, entre les membres de devant et de derrière, des écailles d'une forme singulière; elles variaient suivant leur place; quelques-unes (fig. 267) étaient très pointues.

FIG. 268. — Fragment d'une portion ventrale de l'*Actinodon Frossardi*, avec les écailles, grandeur naturelle. Pour faire ce dessin, on s'est servi de l'empreinte et de la contre-empreinte. Permien de Dracy-Saint-Loup.

Leur disposition était sans doute la même que dans l'*Archegosaurus;* comme leur dimension est notablement plus grande, il est plus facile de s'en rendre compte. On a représenté ici (fig. 268), de grandeur naturelle, un échantillon qui a été donné au Muséum par M. Jutier, ingénieur en chef des mines; les écailles sont placées par rangées qui sont disposées en chevrons. Elles sont très longues, minces, étroites. Celles qu'on remarque en avant montrent leur pointe acérée qui s'enfonçait dans la peau. A droite, en arrière, sont deux centrum de vertèbres, vus sur le côté ventral; pour les rendre apparents, on a enlevé les écailles qui les recouvraient.

*Euchirosaurus.* — Les recherches qui ont été faites dans le permien d'Autun ont amené la découverte de nombreux ossements différents de ceux de l'*Actinodon Frossardi*; je réunis

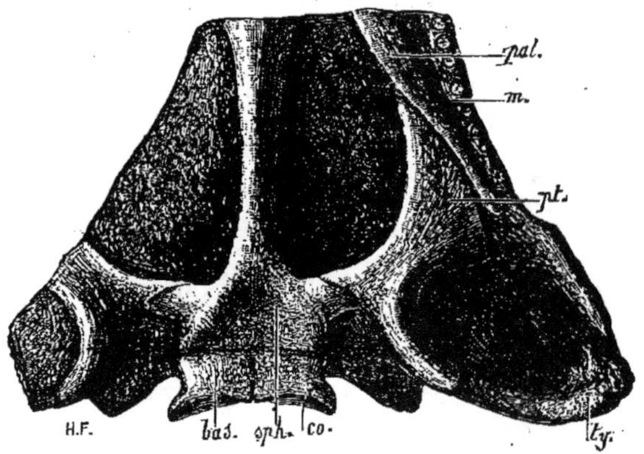


FIG. 269. — Partie postérieure du crâne de l'*Euchirosaurus Rochei?* vu en dessous, aux 2/3 de grandeur : *bas.* basilaire avec doubles condyles occipitaux *c.o.*; *ty.* tympanique; *sph.* sphénoïde; *pt.* ptérygoïde; *pal.* palatin; *m.* maxillaire. — Permien de Dracy-Saint-Loup. Donné au Muséum par M. Jutier.

leur description sous un même nom, celui d'*Euchirosaurus*, en prévenant que c'est là un rapprochement tout à fait provisoire; comme les os ont été trouvés par différentes personnes, à différentes places, à différentes époques, il est difficile de décider quels sont ceux qui doivent aller ensemble. Lorsque Cuvier a classé les pièces fossiles du gypse de Paris, il a pu attribuer chacune à son espèce, parce qu'il a eu pour se guider les êtres de la nature actuelle qui ont des affinités avec ceux des temps tertiaires. Mais l'examen des animaux récents ne peut jeter qu'une lumière bien affaiblie sur des créatures d'une aussi immense antiquité que celles des temps permiens.

Parmi les pièces dont la détermination m'embarrasse, je citerai d'abord une portion de crâne dont on voit ici la face inférieure (fig 269). Ce crâne ressemble beaucoup à celui de l'*Actinodon Frossardi* pour la disposition du sphénoïde, du ptérygoïde et de ses doubles condyles occipitaux, concaves au lieu d'être convexes; mais il est plus grand, proportionnément

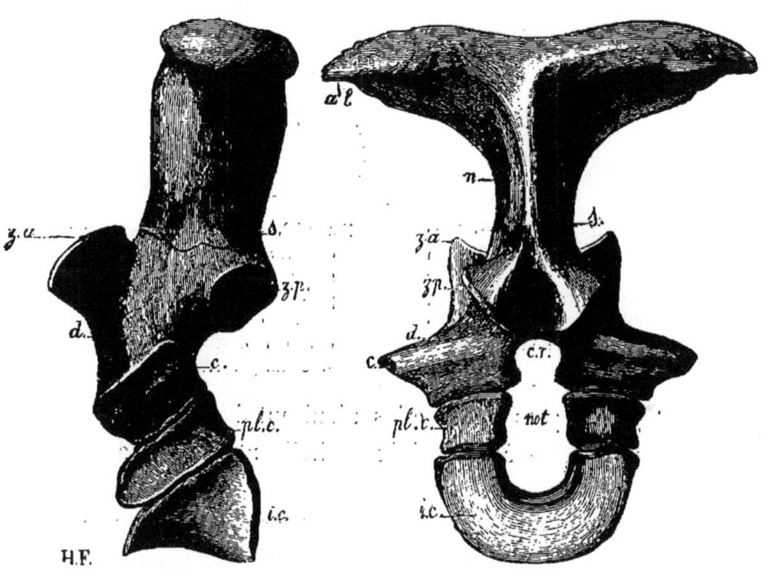


Fig. 270. — Restauration d une vertèbre d'*Euchirosaurus Rochei*, vue de profil et vue sur la face postérieure, de grandeur naturelle : *n.* neurépine avec de larges expansions latérales *al.*; *s.* suture de la neurépine avec les neurapophyses; *z. a.* zygapophyse antérieure; *z. p.* zygapophyse postérieure; *d.* diapophyse; *c.* facette d'articulation de la côte; *c. r.* canal rachidien; *pl. c.* pleurocentrum; *i. c.* pièce inférieure du centrum; *not.* vide qui était rempli par la notocorde. — Permien inférieur d'Igornay.

plus élargi; sa portion postérieure est bien moins excavée dans le milieu, et, si je ne suis pas trompé par de fausses apparences de sa paroi supérieure dues à des compressions, les yeux paraissent avoir été placés plus en avant que chez l'*Actinodon*.

La figure 270 présente un essai de restauration de vertèbres que MM. Roche ont trouvées dans le permien d'Igornay et de Dracy-Saint-Loup ; je les attribue provisoirement à l'*Euchirosaurus*. Tout est singulier dans ces vertèbres. Leur neurépine, au lieu d'avoir la forme d'une apophyse épineuse, se dilate transversalement, produisant de grandes avances latérales (fig. 270, *al.*, fig. 276, *n.*) ; je ne connais dans nos pays aucun animal vivant ou fossile qui offre une pareille conformation [1]. Ces expansions latérales ne sont pas également développées dans tous les échantillons ; les figures 271 et 272 offrent un exemple de leur diversité [2]; je n'ai pas de moyens de décider si ces variations sont génériques ou si elles résultent de ce que les vertèbres appartiennent à des régions différentes de la colonne vertébrale.

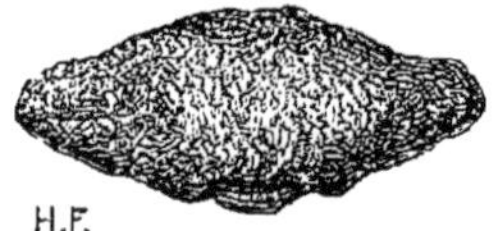


FIG. 271. — Neurépine de vertèbre d'*Euchirosaurus Rochei*, vue en dessus, de manière à montrer son élargissement transversal, aux 2/3 de grandeur. — Permien de Dracy-Saint-Loup. Donné au Muséum par M. Roche.

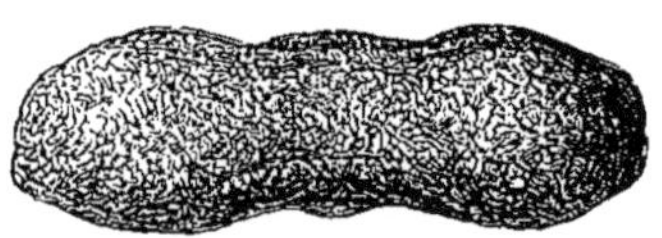

FIG. 272. — Neurépine de vertèbre d'un *Euchirosaurus*, vue en dessus, montrant un élargissement plus grand que dans la figure précédente, aux 2/3 de gr. — Permien d'Igornay. Donné au Muséum par M. Roche.

Non seulement les centrum ne sont pas soudés aux arcs neuraux, mais encore ils sont composés de trois parties non soudées entre elles, et, comme ces parties ont été en général isolées dans la fossilisation, elles offrent des énigmes aux paléontologistes; je n'oublierai jamais la singulière impression que je ressentis la première fois que je dégageai du schiste où elles étaient cachées, ces pièces [3] qui nous font saisir sur le

1. Les vertèbres d'un reptile permien du Texas signalées par M. Cope sous le nom d'*Epicordylus* marquent une tendance vers la disposition des neurépines d'*Euchirosaurus* (*Proceedings of the amer. philosophical Society*, vol. XVII, p. 515, 1878).

2. Il y a des vertèbres qui n'ont pas ces expansions latérales; celles-là proviennent peut-être de l'*Actinodon*.

3. Elles m'ont été prêtées par M. Vélain qui les avait reçues de M. Roche.

fait la manière dont la vertèbre s'est constituée : je vis d'abord (fig. 273) des morceaux lisses en dessous, rugueux en dessus qui me rappelaient ceux que j'avais autrefois observés dans l'*Actinodon* (fig. 263); ils représentent l'ossification isolée de la partie inférieure du centrum, et, pour cette raison, on

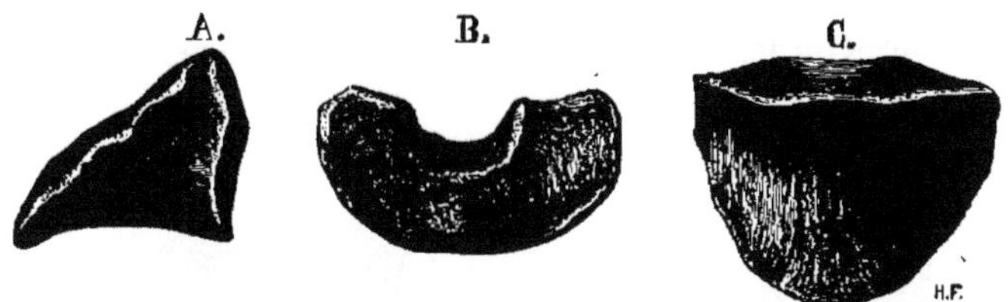


Fig. 273. — Hypocentrum d'une vertèbre d'*Euchirosaurus Rochei*, grandeur naturelle. A. vu de côté; B. vu sur la face postérieure; C. vu en dessous. — Permien inférieur d'Igornay, Saône-et-Loire. Collection de la Sorbonne.

peut les appeler hypocentrum [1]. Je remarquai ensuite d'autres rudiments d'ossification (fig. 274) qui avaient une facette articulaire en dessus, et je m'aperçus que cette facette correspon-

Fig. 274. — Pleurocentrum d'*Euchirosaurus Rochei*, de grandeur naturelle. A. vu de côté; B. vu en dessus, montrant sa facette d'articulation avec la neurapophyse de l'arc neural. — Permien inférieur d'Igornay. Collection de la Sorbonne.

dait parfaitement avec une facette placée de chaque côté au dessous des arcs neuraux des vertèbres (fig. 275, *cen.*); j'ai donné à ces petits os le nom de pleurocentrum [2] pour indiquer qu'ils forment les parties latérales du centrum.

1. Ὑπὸ, sous; κέντρον, centrum ou corps de vertèbre. Le nom inter-vertébral employé par Hermann de Meyer et celui d'inter-centrum employé par M. Cope n'ont pas eu, dans la pensée de ces savants auteurs, la même signification que j'attache au nom d'hypocentrum. Selon moi, l'hypocentrum est la partie fondamentale du centrum, tandis que l'inter-vertébral ou l'inter-centrum a été regardé comme une pièce distincte du centrum, intercalée entre deux vertèbres consécutives.

2. Πλευρὸν, côté; κέντρον, centrum de vertèbre.

En mettant ces pièces en connexion, on a une vertèbre comme celle de la figure 270 où la partie centrale devait être à l'état cartilagineux; la notocorde n'était pas encore complètement envahie par l'ossification. Ainsi, à la fin des temps primaires, c'est-à-dire au moment où vont commencer les vertébrés secondaires à vertèbres complètement ossifiées, il y avait des vertébrés où les éléments des vertèbres, agencés ensemble,

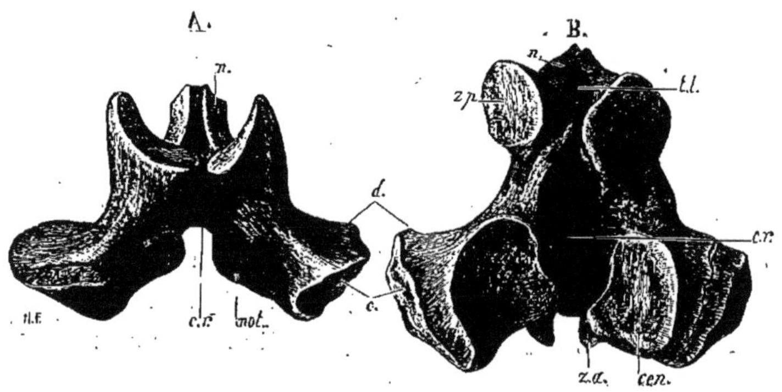


Fig. 275. — Arc neural de vertèbre d'*Euchirosaurus Rochei*, de grandeur naturelle. A. vu en avant; B. vu en dessous : *n.* neurapophyse; *c. r.* canal rachidien; *t. l.* trou pour l'attache d'un ligament; *z. a.* zygapophyse antérieure; *z. p.* zygapophyse postérieure; *d.* diapophyse; *c.* facette d'insertion de la côte; *cen.* facette articulaire en rapport avec le pleurocentrum; *not.* place où la notocorde n'était pas ossifiée. — Permien inférieur d'Igornay. Collection de la Sorbonne.

ne manquaient plus que d'un peu de carbonate et de phosphate de chaux pour que leur ossification fût achevée.

Ce qui rend cette constatation plus saisissante pour le naturaliste, qui tâche de surprendre les secrets de l'évolution des anciens êtres, c'est que ce n'est pas là un fait isolé; l'*Actinodon* devait être dans le même cas. La colonne vertébrale de l'*Archegosaurus* (fig. 259) offrait une disposition analogue; mais l'ossification était moins avancée, et les pleurocentrum n'avaient pas des facettes articulaires en rapport avec les arcs neuraux; il y avait plus de cartilage. M. Cope a découvert dans le permien du Texas de nombreux animaux qui semblent avoir été à peu près aux mêmes stades d'évolution que ceux de nos pays. Il a notamment fait connaître le *Trimerorachis*[1], dont les vertèbres avaient, comme dans l'*Archegosaurus*,

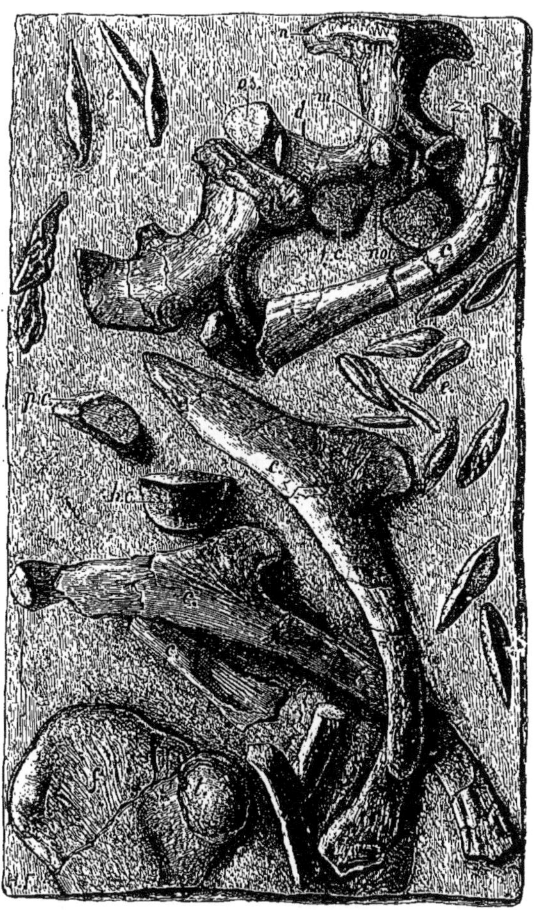

FIG. 276. — Portion d'un bloc de schiste renfermant plusieurs pièces de l'*Euchirosaurus Rochei*, à 1/2 grandeur; j'ai noté dans l'arc neural d'une des vertèbres : *n.* neurépine; *m.* trou de la moelle; *not.* place de la notocorde; *z.* zygapophyse; *d.* diapophyse; *f. c.* facette en rapport avec le pleurocentrum. On voit en *o. s.* un os supplémentaire qui unissait la diapophyse avec la côte; *c.* côtes; *h. c.* hypocentrum; *p. c.* pleurocentrum; *f.* fémur; *t.* sa tête; *é.* écailles. — Permien de Dracy-Saint-Loup, Saône-et-Loire. Recueilli par MM. Roche et donné par eux au Muséum.

1. Τρεῖς, trois; μέρος, partie; ῥάχις, colonne vertébrale. Il faut ranger les recherches de M. Cope sur les reptiles primaires parmi les plus curieuses découvertes de cet éminent naturaliste.

l'*Actinodon*, l'*Euchirosaurus* de l'ancien monde, leur centrum formé de trois parties; seulement ces parties étaient si incomplètement développées qu'elles ne formaient qu'une écorce autour de la notocorde. Dans le même terrain, M. Cope a signalé sous le nom de *Rachitomus* [1] d'autres vertèbres où l'ossification était au même degré que dans l'*Euchirosaurus*.

J'ai représenté dans la page précédente (fig. 276) une partie d'un bloc qui me paraît intéressant, parce que les os, ayant été trouvés à côté les uns des autres, il est vraisemblable qu'ils appartiennent à un même individu; je suppose que ce reptile était l'*Euchirosaurus*. On y voit des arcs neuraux, un hypocentrum, un pleurocentrum comme ceux dont je viens de parler, et en même temps des côtes que leurs larges expansions ne rendent pas moins singulières que les vertèbres. On y remarque plusieurs écailles qui se distinguent de celles de l'*Actinodon* par leur plus grande largeur; de semblables écailles se sont retrouvées sur plusieurs autres morceaux; j'en représente ici qui sont isolées et vues de grandeur naturelle (fig. 277).

FIG. 277. — Écailles d'*Euchirosaurus Rochei*, grandeur naturelle. — Permien de Dracy-Saint-Loup. Coll. du Muséum.

La pièce d'après laquelle j'ai proposé le nom d'*Euchirosaurus* [2] est un humérus d'un aspect bizarre, fort différent de tout ce qu'on a découvert dans nos pays; M. Cope m'a dit qu'il en avait vu d'assez semblables dans le permien du Texas. Cet os (fig. 278) indique une plus grande bête que les autres quadrupèdes de nos formations primaires; il a $0^{m},120$ de long; il est très trapu; il atteint $0^{m},085$ de largeur. Sa portion proximale est développée d'arrière en avant, tandis que sa portion distale

1. Ῥάχις, colonne vertébrale; τόμος, section.
2. Εὔχειρος, qui est adroit de ses mains; σαῦρος, lézard.

s'étale transversalement dans la région de l'épitrochlée. Il porte plusieurs apophyses très saillantes comme chez les animaux fouisseurs. Deux d'entre elles forment la terminaison inférieure d'une forte crête deltoïde; un peu au-dessous de celle qui est placée sur le bord externe, il y en a une autre qui est située au-dessus de l'épicondyle ; j'ignore si ce sont des attaches de muscles ou bien si elles représentent les rudiments d'une arcade pour le passage d'un vaisseau. Notre collection renferme

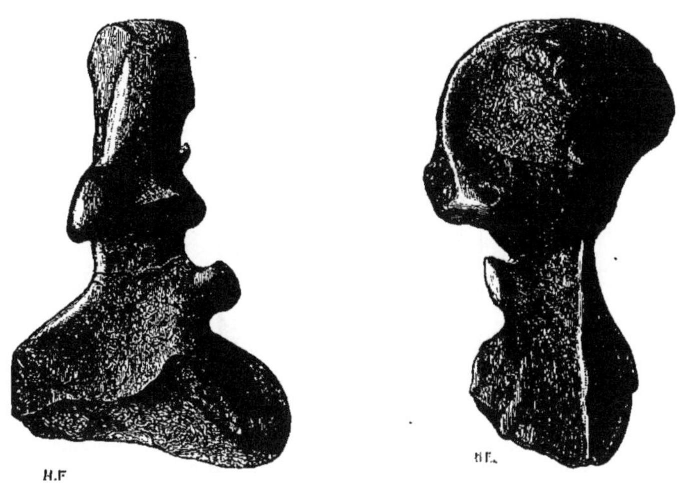

Fig. 278. — Humérus d'*Euchirosaurus Rochei*, vu de face et de côté, à 1/2 grandeur. — Permien inférieur d'Igornay. Donné par M. Roche au Muséum.

des os de l'avant-bras de l'*Euchirosaurus;* malheureusement nous n'avons pas de pièces de sa main qui nous aide à saisir la signification de son singulier humérus.

On voit dans la figure 276 la moitié proximale d'un fémur trapu comme l'humérus, avec une très large dilatation trochantérienne qui rappelle un peu la disposition de certaines tortues et des mammifères amphibies.

Les recherches de MM. Roche, Jutier, Chanlon ont mis à jour plusieurs autres os qui ont beaucoup de ressemblance avec ceux de l'*Actinodon* découvert à Muse par M. Frossard ; mais ils sont notablement plus grands ; je donne ici la figure d'un entosternum (fig. 279) et d'une plaque de schiste où l'on voit l'omoplate en connexion avec un petit coracoïde, la clavicule (épisternum) et un fragment de sus-claviculaire (fig. 280). Je n'ose décider si ces pièces proviennent d'un grand *Actinodon* ou d'un *Euchirosaurus*. Quel que soit le genre auquel il faille les rapporter, elles sont précieuses, parce qu'elles nous permettent de mieux déterminer les homologies des os de la ceinture

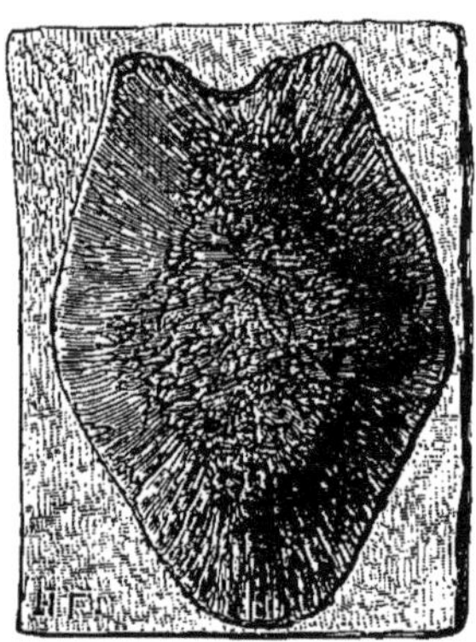

FIG. 279. — Entosternum d'un *Euchirosaurus?* vu sur la face ventrale, aux 2/5 de grandeur; on remarque de chaque côté de sa partie supérieure une dépression correspondant à l'appui des clavicules (épisternum). — Permien de Dracy-Saint-Loup. Collection du Muséum.

thoracique des labyrinthodontes. Comme jusqu'à présent je n'avais observé que trois pièces de chaque côté de la ceinture thoracique, il m'avait paru naturel de supposer que ces pièces étaient l'omoplate, la clavicule et le coracoïde. Aujourd'hui, je connais quatre pièces; en regardant les échantillons représentés dans la figure ci-contre (fig. 280) et dans la figure du *Stereorachis* (fig.281), je constate que l'os regardé d'abord comme un coracoïde est une omoplate au bord de laquelle le coracoïde est attaché; il résulte de là que je ne peux appeler omoplate l'os *s. cl.* de l'*Archegosaurus* (fig. 258) et de l'*Actinodon* (fig. 264) qui s'articule par glissement avec la clavicule (épisternum) *cl.*;

je suppose que cet os est une pièce qui manque dans beaucoup de reptiles; ce serait peut-être l'homologue de l'hyosternum des tortues, du sus-claviculaire des poissons et de l'épine

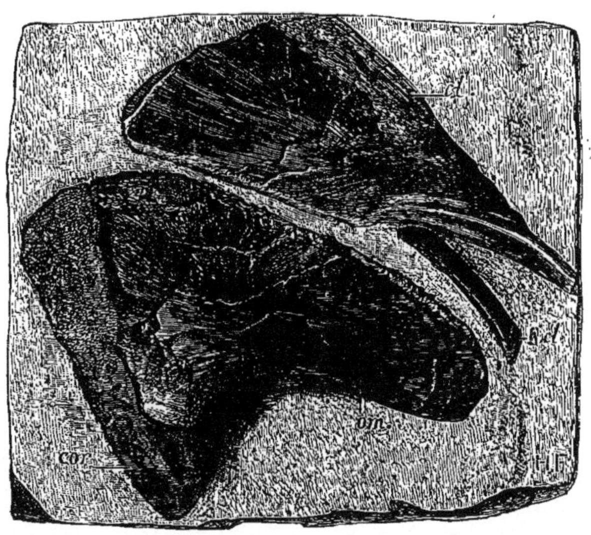


Fig. 280. — Os de la ceinture thoracique d'un *Euchirosaurus?* aux 2/5 de grandeur : *cl.* clavicule (épisternum); *s. c.* sus-claviculaire ; *om.* omoplate ; *cor.* coracoïde. — Permien de Dracy-Saint-Loup. Collect. du Muséum.

de l'omoplate des mammifères, qui, ici, ne serait pas soudée à l'omoplate.

*Stereorachis.* — Le Muséum de Paris doit à la générosité de MM. Roche un bloc remarquable du permien inférieur d'Igornay, où sont réunis de nombreux ossements d'un même reptile; j'ai proposé de l'inscrire sous le nom de *Stereorachis Rochei.* J'ai représenté une partie de ce bloc dans la figure 281, et plusieurs pièces isolées dans les figures 282, 283 et 284.

Le *Stereorachis* est une preuve frappante de l'inégalité avec laquelle l'évolution s'est produite, car on le trouve dans le même gisement que l'*Euchirosaurus*, et pourtant c'était un type bien plus perfectionné.

Les deux mandibules ont été conservées; l'une d'elles se voit dans la figure 281 aux 2/5 de grandeur; la mâchoire supérieure est représentée dans la figure 282 aux 2/3 de grandeur ; malheureusement, les deux dents les plus fortes sont

Fig. 281. — Portion d'un bloc[1] qui a été recueilli par M. Roche; on y trouve réunis plusieurs os du *Stereorachis dominans*, dessinés aux 2/5 de grandeur : *ent.* entosternum; *cl.* clavicule ou épisternum; *om.* omoplate; *cor.* coracoïde; *c.* côtes; *m.* mandibules; *v. l.* vertèbre vue latéralement; *v. p.* vertèbre vue sur la face postérieure; *cop.* coprolite. — Permien d'Igornay. Donné au Muséum par MM. Roche.

brisées ; mais, telles qu'elles sont, elles indiquent que le *Stereorachis* devait être une bête redoutable. Les dents ont une insertion thécodonte[2]. Un coprolite qu'on aperçoit dans la figure

1. Ce morceau qui est d'une extrême dureté et plusieurs autres échantillons figurés dans le présent ouvrage ont été dégagés avec beaucoup de talent par un artiste du Muséum, M. Stahl.

2. Θήκη, gaine; ὀδὼν, dent. Cela veut dire que chaque dent est enfoncée dans un alvéole spécial.

281, *cop.* renferme des écailles de *Palæoniscus* qui montrent que le *Stereorachis* mangeait des poissons.

Les vertèbres (fig. 281 et 283) contrastent avec celles de l'*Archegosaurus* (fig. 259), de l'*Actinodon* (fig. 263) et de l'*Euchirosaurus* (fig. 270) ; j'ai dit que, dans ces animaux, leurs éléments n'étaient pas encore soudés, et qu'une partie de la notocorde subsistait à l'état cartilagineux. Dans le *Stereorachis*, les vertèbres étaient complètement ossifiées ; c'est pour marquer

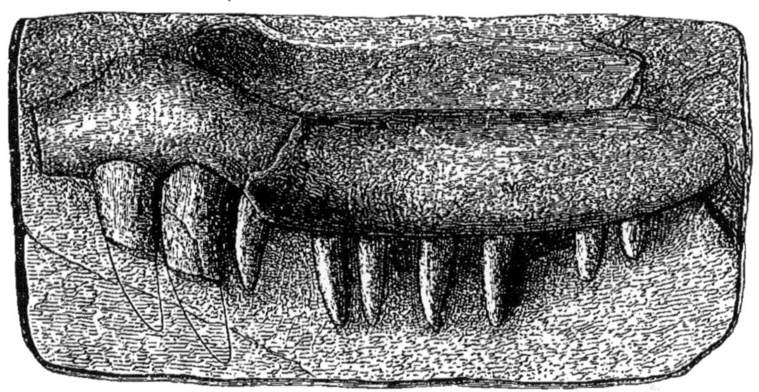

Fig. 282. — Mâchoire supérieure du *Stereorachis dominans*, vue sur la face externe, aux 2/3 de grandeur; on a complété au trait la partie des dents qu'on suppose avoir été brisée. — Permien d'Igornay. Collection du Muséum.

le progrès de solidification réalisé par ce reptile que j'ai proposé le nom de *Stereorachis*[1]. On voit dans la figure 283 une vertèbre dessinée de grandeur naturelle, et, à côté, la coupe verticale d'un centrum. Quoique les vertèbres soient solidifiées, on pourra remarquer dans la coupe ci-jointe que leur centrum est biconcave comme chez les poissons et les *Ichthyosaurus ;* c'est là un reste d'infériorité.

Le bloc représenté dans la figure 281 montre un entoster-

1. Στερεὸς, solide ; ῥάχις, colonne vertébrale ou rachis. Régulièrement, ce mot devrait s'écrire *Stereorhachis ;* mais, comme l'usage est d'écrire rachis, et non rhachis, je crois pouvoir mettre *Stereorachis*. C'est pour la même raison que j'ai écrit *Rachitomus*, *Trimerorachis*.

num *ent.*, qui est large en avant, rétréci en arrière ; il est entouré de côtes ; il y a, près de cet os, une grande clavicule *cl.*, arquée comme chez les poissons et le *Protriton ;* elle s'appuie sur une omoplate *om.* qui porte à son bord interne le coracoïde *cor.* L'os le plus curieux du groupe découvert par M. Roche est

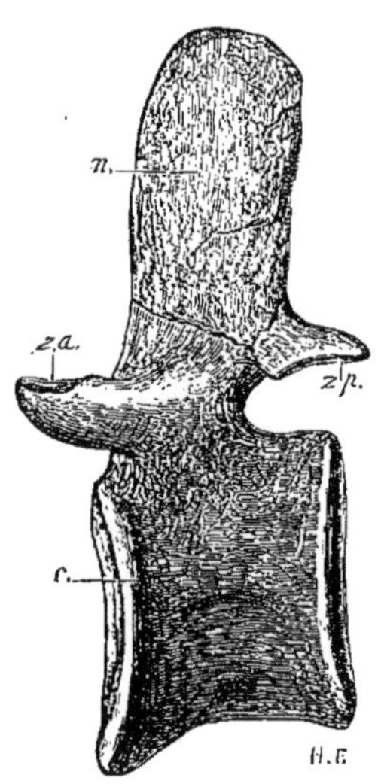


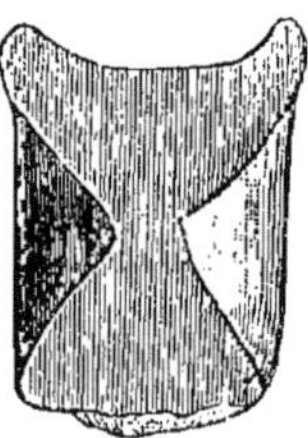

FIG. 283. — Vertèbre de *Stereorachis* vue de côté, grandeur naturelle. Toutes ses parties sont soudées : *n.* neurépine non bifurquée ; *z. a.* zygapophyse antérieure ; *z. p.* zygapophyse postérieure ; *c.* face antérieure du centrum. On a représenté à côté une coupe verticale du milieu d'un centrum pour montrer sa forme biconcave.

l'humérus qui est dessiné à part figure 284. Ainsi que M. Richard Owen l'a déjà constaté sur des humérus de reptiles triasiques, l'humérus du *Stereorachis* offre la singularité d'avoir quelques traits de ressemblance avec celui des mammifères monotrèmes. Comme dans les monotrèmes, sa partie proximale se porte d'arrière en avant, sa partie distale s'élargit extraordinairement de gauche à droite par suite du développement de l'épitrochlée et de l'épicondyle ; on voit aussi, comme dans ces animaux, une perforation pour le passage d'une artère. Les humérus de plusieurs reptiles actuels ont un petit trou au-dessus de l'épicondyle. Il y a déjà longtemps, un savant russe, Kutorga, avait signalé dans le permien de l'Oural un humérus qui avait à la fois une perforation près du bord interne, comme chez le lion, et près du bord externe, comme chez les lacertiens; il l'avait attribué à un mammifère, et l'avait inscrit sous le nom de *Brithopus*[1]. Les importantes recherches de M. Owen sur les

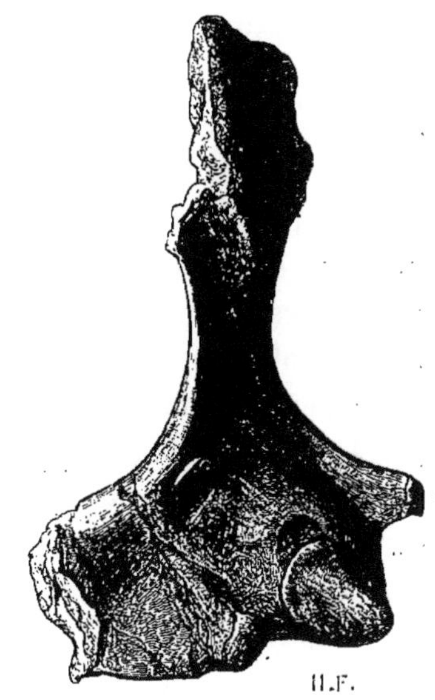


Fig. 284. — Humérus de *Stereorachis dominans* vu sur la face antérieure, à 1/2 grandeur. — Permien inférieur d'Igornay.

reptiles triasiques de l'Afrique australe tels que le *Cynodraco*, le *Platypodosaurus* et celles de M. Cope sur les reptiles permiens du Texas ont montré que de nombreux quadrupèdes des temps anciens ont eu leur humérus perforé[2].

On voit dans le bloc de la figure 281 plusieurs écailles; on

1. Βριθύς, lourd; πούς, pied. Kutorga, *Beiträge zur Kenntniss der organischen Ueberreste des Kupfersandsteins am westlichen Abhange des Urals*, in-8°, 1838. — En 1842, Fischer de Waldheim a reconnu que l'os attribué par Kutorga à un mammifère provenait d'un reptile auquel il a donné le nom d'*Eurosaurus*. Le nom de *Brithopus* proposé par Kutorga a la priorité ; il doit donc être préféré.

2. Ces animaux ont été décrits par M. Owen sous le nom de thériodontes, et par M. Cope sous les noms de pélycosauriens et de théromorphes.

en a représenté deux à part de grandeur naturelle dans la figure 285. Ces écailles ont l'aspect de piquants, elles sont plus étroites, plus aiguës et proportionnément plus petites que dans l'*Actinodon* et surtout dans l'*Euchirosaurus ;* peut-être pouvaient-elles se redresser et servir d'armes défensives. L'*Ophiderpeton*, dont les caractères ont été mis en lumière par M. Huxley et M. Fritsch, avait aussi des écailles en forme d'épines.

FIG. 285. — Écailles en forme d'épines du *Stereorachis dominans*, grandeur naturelle. — Permien d'Igornay.

La présence dans le permien inférieur d'un quadrupède aussi perfectionné que le *Stereorachis dominans* entraîne pour les évolutionnistes la pensée de tout un monde de quadrupèdes qui devront être découverts dans les époques carbonifère et dévonienne. Déjà on a constaté dans les couches houillères des quadrupèdes d'une organisation assez avancée. Ainsi, dès 1863, M. Dawson a publié au Canada un livre intitulé : *The air-breathers of the coal period*, où il a fait connaître plusieurs reptiles, notamment une petite bête, appelée *Hylonomus*[1], à vertèbres bien ossifiées, qui aurait été capable de respirer hors de l'eau, de grimper et de sauter dans les arbres.

M. Huxley a signalé dans le houiller de la Grande-Bretagne divers reptiles, parmi lesquels on peut citer l'*Anthracosaurus*[2], animal long de deux mètres, trouvé dans une houillère du bassin de Glascow. M. Atthey a figuré une vertèbre bien ossifiée de ce grand reptile[3].

En 1844, le docteur King a vu dans le houiller de Greensburg en Pensylvanie des empreintes d'un énorme animal[4]; les traces

1. Ὕλη, forêt; νομὸς, demeure, parce que M. Dawson l'a trouvé dans un tronc d'arbre.

2. Ἄνθραξ, αχος, charbon ; σαῦρος, lézard.

3. *Annals and Magazine of natural history*, 4e série, vol. XVIII, pl. X, fig. 4, 1876.

4. Ces empreintes ont été décrites sous le nom de *Batrachopus* (βάτραχος, grenouille ; ποῦς, pied). Charles Lyell en a parlé dans ses *Éléments de géologie* (traduction française, vol. II, p. 136).

des pas de derrière mesuraient près d'un pied de long, et par conséquent dépassaient en grandeur celles des labyrinthodontes triasiques. Ces empreintes indiquent une bête qui avait une respiration aérienne, car, d'après leur mode de fossilisation, il est évident qu'elles ont été faites par un quadrupède marchant sur l'argile molle d'un rivage, que cette argile s'est desséchée au soleil et s'est crevassée. Ensuite du sable a dû recouvrir l'argile, et enfin le sable se sera changé en grès. Ainsi a pu se conserver la preuve de l'existence de quelque géant resté inconnu ; enfoncée dans la nuit des temps géologiques, cette créature est perdue pour nous, comme tant d'autres qui se sont épanouies sous le seul regard de Dieu et dont l'homme n'aura jamais la vision.

Des empreintes de pas de reptiles encore plus anciens[1] ont été observées par Lea dans la Pensylvanie à 520 mètres plus bas que celles de Greensburg ; on a pensé qu'elles pourraient appartenir au dévonien.

*Remarques générales.* — Si insuffisantes que soient ces études, elles offrent quelques enseignements pour l'histoire de l'évolution. Quand on voit les vertèbres incomplètement formées dans l'*Archegosaurus* et même dans l'*Actinodon* et l'*Euchirosaurus*, qui, à certains égards, sont des êtres assez perfectionnés, on ne peut se défendre de l'idée que l'on surprend le type vertébré en voie de formation, au moment où va s'achever l'ossification de la colonne vertébrale. Et, lorsque l'on considère les os des membres de l'*Archegosaurus* et de l'*Actinodon*, avec leurs extrémités creuses, autrefois remplies par du cartilage, ne pouvant exécuter que des mouvements généraux, il est naturel de croire qu'ils indiquent des animaux dont l'évolution n'était pas terminée. M. Dawson, en faisant les découvertes de reptiles que j'ai citées dans une page précédente, a été frappé de l'état imparfaitement ossifié de leurs os; voilà ce qu'il a dit de l'*Hy-*

1. Elles sont citées sous le titre de *Sauropus* (σαῦρος, lézard; ποῦς, pied).

*lonomus : « Rien n'est plus remarquable dans le squelette de cette créature que le contraste entre les formes parfaites et belles de ses os et leur condition imparfaitement ossifiée, circonstance qui soulève la question de savoir si ces spécimens ne représentent pas les jeunes de quelques reptiles de plus grande taille*[1]. »

Comme le savant paléontologiste du Canada, je crois que ces os représentent un état de jeunesse ; seulement je suppose qu'il faut distinguer dans les animaux fossiles deux sortes de jeunesse : la jeunesse des individus, et la jeunesse de la classe à laquelle ils appartiennent. A l'époque primaire, la classe des reptiles était jeune, plusieurs de ses types étaient peu avancés dans leur évolution ; c'est pour cela que, même dans les individus adultes, quelques-uns de leurs caractères pouvaient refléter ceux des reptiles actuels à l'état jeune ou même à l'état embryonnaire ; ce sont là des applications des idées qui ont été mises en avant par Louis Agassiz sur les rapports de l'embryogénie et de la paléontologie.

L'examen des reptiles primaires permet encore de faire une addition à nos remarques précédentes sur la question de l'archétype. La persistance de la notocorde, le faible développement du cerveau, l'imperfection des membres portent à croire que l'*Archegosaurus* et l'*Actinodon* se rapprochaient des êtres que l'on peut supposer avoir été les prototypes reptiliens. S'il en est ainsi, nous sommes sollicités à nous faire une question analogue à celle que nous a suggérée l'étude des poissons : les prototypes des reptiles ont-ils réalisé l'idée qu'on s'est faite de l'archétype ? Comme pour les poissons, je réponds : les reptiles primaires n'ont pas réalisé l'idée de l'archétype ; car l'archétype du reptile devrait avoir pour axe une colonne vertébrale, et la paléontologie nous apprend que plusieurs des anciens reptiles, de même que les anciens poissons, ont eu les centrum de leurs vertèbres incomplètement ossifiés. Dans l'ar-

1. *Air-breathers of the coal period*, p. 42, in-8°, Montréal, 1863.

chétype du reptile, les membres auraient dû procéder des vertèbres; or il est vraisemblable que les membres des reptiles ont été formés avant les vertèbres, puisqu'ils sont déjà très perfectionnés chez l'*Euchirosaurus* dont les vertèbres sont encore incomplètement ossifiées. Dans l'archétype reptilien, les côtes devraient être une dépendance des vertèbres ; mais, s'il en est ainsi, comment se fait-il qu'elles aient dans l'*Euchirosaurus* un grand développement, alors que les vertèbres sont incomplètement formées. Dans l'archétype reptilien, les mandibules devraient s'attacher à la vertèbre frontale, et, au contraire, chez l'*Actinodon* et l'*Archegosaurus*, elles s'attachent tout en arrière du crâne. Dans l'archétype reptilien, le crâne devrait être composé de vertèbres encore peu modifiées et très reconnaissables; or, dans l'*Actinodon* et l'*Euchirosaurus*, quoiqu'il y ait des condyles occipitaux, on ne peut pas dire qu'il y ait une vertèbre occipitale. En vérité, rien ne ressemble moins à une réunion de vertèbres que le crâne d'un *Archegosaurus* ou d'un *Actinodon ;* quand d'une part je vois l'occipital, le pariétal, les frontaux, les temporaux si complètement développés, si solides, si brillants, qu'ils ont fait imaginer le nom de ganocéphales, quand d'autre part je constate l'état rudimentaire des vertèbres, je ne peux croire que le crâne des premiers reptiles ait été le résultat d'une simple extension des vertèbres. Chez les reptiles des époques plus récentes, on trouve un peu plus de tendance vers la forme que l'on a attribuée à l'archétype; par exemple, dans le varan, le basilaire forme le centrum d'une vertèbre crânienne bien reconnaissable, et même le sphénoïde peut être considéré comme le centrum d'une seconde vertèbre crânienne. Il est probable que les vertèbres du crâne se sont formées tardivement dans les temps géologiques, lorsque le cerveau des animaux, ayant pris plus de développement, a eu besoin d'être mieux protégé.

Ceux mêmes des reptiles primaires où l'on observe des caractères d'infériorité n'établissent pas de liens entre la classe des reptiles (allantoïdiens ou anallantoïdiens) et celle des poissons. Ainsi l'*Archegosaurus* qui, d'après l'état de sa colonne vertébrale et des os de ses membres, paraît un type assez rudimentaire, s'éloignait des poissons par plusieurs caractères, notamment par son grand sternum, ses côtes sternales, son membre de devant avec un long humérus, un radius, un cubitus, des doigts distincts et son membre de derrière avec un fort fémur soutenu par un large bassin. Le *Protriton* et le *Pleuronoura* étaient aussi très différents des poissons. Ce sont là des faits d'une importance considérable sur lesquels je vais revenir dans mon résumé général.

---

# RÉSUMÉ

La paléontologie est à la fois grandeur et misère : grandeur, parce que nous tâchons d'embrasser l'ensemble du monde organique, et misère, parce que, pour faire l'histoire des êtres fossiles, nous sommes réduits le plus souvent à des morceaux isolés que les injures du temps ont défigurés. Plusieurs choses, qui aujourd'hui sont incompréhensibles, cesseront de l'être pour nos successeurs moins ignorants que nous.

Je vais essayer de résumer les quelques remarques que m'a suggérées l'état actuel de nos connaissances des êtres primaires.

*Enchaînements du monde animal dans les temps primaires.* — Il est difficile de douter qu'il y ait eu des enchaînements entre les êtres cambriens et les êtres siluriens, entre ceux-ci et les êtres dévoniens, entre ceux-ci et les êtres carbonifères, entre ceux-ci et les êtres permiens, entre ceux-ci et les êtres que nous rencontrerons en abordant l'étude des temps secondaires. Un éminent paléontologiste qui vient de publier un livre sur quelques-unes des grandes questions de l'histoire des êtres fossiles, y a écrit ces mots : « *Toutes les époques se relient l'une à l'autre, non par des êtres préservés d'une manière exceptionnelle, mais par des faunes et des flores entières*[1]. »

Les foraminifères primaires ressemblent singulièrement aux foraminifères actuels. Plusieurs de leurs genres se sont continués depuis les temps carbonifères jusqu'à nos jours. Non seulement leurs espèces passent les unes aux autres, mais on a de la peine à établir des démarcations nettes entre les familles, soit qu'on prenne la texture, soit qu'on prenne le mode de groupement pour base de classification.

Il est arrivé pour les polypes la même chose que pour les foraminifères; autrefois on les rangeait d'après leur mode de groupement, et on a reconnu que ce mode offrait des séparations peu tranchées. Aujourd'hui on classe leurs familles d'après les caractères de leur structure intime, et on aperçoit également des transitions entre ces familles : il y a passage des tubuleux aux tabulés, des tabulés aux rugueux, des rugueux aux madréporaires bien cloisonnés. Il n'est pas aisé non plus de placer une démarcation nette entre les formes des polypiers anciens et celles des polypiers récents.

Malgré leur apparente diversité, la plupart des crinoïdes se laissent ramener à un type commun.

L'étude des oursins n'a pas encore révélé des transitions entre les paléchinides primaires et les nééchinides; pourtant il n'est pas impossible de comprendre comment, par la soudure et l'atrophie d'une partie de leurs pièces, leur changement a pu s'opérer.

Les travaux de M. Davidson ont appris que les espèces des brachiopodes passent les unes aux autres. Même il n'est pas toujours facile d'établir des barrières entre les genres des familles différentes. Les lingules, les cranies, les discines, les térébratules, les rhynchonelles prouvent que la nature des anciens jours présente quelques traits de ressemblance avec celle d'aujourd'hui.

1. Briart, *Principes élémentaires de paléontologie*, p. 426, gr. in-12, Mons, 1883.

Les mollusques des temps primaires ont aussi plusieurs types qui les unissent à ceux de notre époque. La multitude des variations que M. Barrande a constatées dans les céphalopodes, notamment dans les *Orthoceras* et les *Cyrtoceras*, a montré que la forme spécifique a souvent été quelque chose d'éphémère, d'insaisissable. Quoiqu'il ne semble pas difficile de concevoir comment les céphalopodes à calotte dite initiale sont devenus des céphalopodes à nucléus sphérique, il faut avouer que leur passage n'a pas encore été observé ; mais les caractères du siphon, des cloisons, de l'ouverture et de la courbure des coquilles ont offert des transitions.

Comme les mollusques, les trilobites ont donné une preuve frappante de la simplicité des moyens par lesquels la nature produit les apparences les plus diverses. On a vu que les différences provenant de leurs métamorphoses individuelles surpassaient leurs différences spécifiques.

Si bizarres que soient les mérostomes anciens, les genres *Belinurus* et *Prestwichia* les ont rattachés aux limules des temps actuels. Les ostracodes, les insectes des jours primaires ont, dit-on, ressemblé à ceux de notre époque.

Plusieurs poissons nous ont offert des caractères qui tendent à faire considérer ces fossiles comme représentant l'état jeune de la classe des poissons.

Quelques-uns des reptiles primaires, qui ont eu des vertèbres incomplètement ossifiées et des os des membres avec des extrémités restées cartilagineuses, sont également difficiles à comprendre, s'ils ne représentent pas l'état jeune de la classe des reptiles.

Ainsi l'étude patiente des faits semble révéler des enchaînements entre les êtres des âges passés. A la fin de sa vie, ayant eu le temps de beaucoup observer et de beaucoup méditer, le grand géologue d'Omalius d'Halloy[1] a écrit : « *J'ai peine à croire que l'Être tout-puissant, que je considère comme*

1. *Sur le transformisme* (*Bull. de l'Ac. roy. de Belgique*, 2e série, vol. XXXVI, n° 12, décembre 1873).

*l'auteur de la nature, ait, à diverses époques, fait périr tous les êtres vivants, pour se donner le plaisir d'en créer de nouveaux, qui, sur les mêmes plans généraux, présentent des différences successives, tendant à arriver aux formes actuelles.* » Ce langage me paraît celui du bon sens; l'examen des fossiles primaires porte à admettre des passages d'espèce à espèce, de genre à genre, de famille à famille.

Mais, pour rester dans la vérité tout entière, il faut ajouter que l'état actuel de la science ne permet guère d'aller plus loin; il ne laisse point percer le mystère qui entoure le développement primitif des grandes classes du monde animal. Nul homme ne sait comment ont été formés les premiers individus de foraminifères, de polypes, d'étoiles de mer, de crinoïdes, d'oursins, de blastoïdes, de cystidés, de brachiopodes, de lamellibranches, de gastropodes, de céphalopodes, d'ostracodes, de trilobites, de décapodes, d'arachnides, de myriapodes, d'insectes, de poissons, de reptiles, etc. Les fossiles primaires ne nous ont pas encore fourni de preuves positives du passage des animaux d'une classe à ceux d'une autre classe. Dans le cambrien inférieur de Saint-David, on voit déjà des polypes, des échinodermes, des mollusques, des crustacés. Dans le silurien, il y a des oursins, des crinoïdes, des stellérides qui ne semblent pas se lier beaucoup plus intimement que ceux de l'époque actuelle. J'avoue que, lorsque j'ai commencé à étudier les reptiles du permien, qui, à certains égards, présentent des caractères d'infériorité, je m'attendais à leur trouver des rapports avec les poissons; mais j'ai constaté tout le contraire, car ces fossiles, par le développement extrême de leurs membres de devant et de derrière, comme par leur ceinture thoracique et pelvienne, se montrent aussi différents que possible des poissons.

Ces faits qui mettent en lumière la séparation de la plupart des classes du monde animal dans des temps très reculés, ne doivent pas, je pense, étonner les zoologistes. Les plus habiles observateurs se refusent à admettre une série linéaire unique commençant à la monade, se continuant tour à tour sous la forme de polype, d'échinoderme, de mollusque, d'annelé, d'articulé, de poisson, de reptile, d'oiseau, de mammifère et finissant à l'homme. Quoique les mammifères soient les plus perfectionnés des vertébrés, l'étude de leur développement embryogénique ne nous apprend pas qu'ils aient passé par l'état poisson et par l'état oiseau. La paléontologie marche d'accord avec l'embryogénie, quand elle croit découvrir que, dans les temps géologiques, il n'y a pas eu un seul enchaînement, mais plusieurs enchaînements d'êtres dont le développement s'est poursuivi d'une manière indépendante.

*Développement progressif.* — Quelle que soit la manière dont nous supposions que les évolutions des êtres se sont produites, il paraît bien probable que ces évolutions ont marqué un progrès successif dans le cours des âges géologiques. Nous ignorons ce qui s'est passé avant l'époque cambrienne; mais, depuis cette époque, l'histoire des êtres révèle des progrès.

Dans les temps siluriens, les animaux sont devenus plus nombreux et plus variés qu'à l'époque cambrienne. Les polypes, les échinodermes et les céphalopodes ont pris une extension inconnue auparavant. A côté des trilobites, ont apparu les crustacés mérostomes, et même la fin de l'époque silurienne a vu quelques poissons. Mais, dans toute la première moitié de cette immense époque, il n'y avait encore ni poissons, ni mérostomes; les rois des Océans n'étaient que des trilobites ou des céphalopodes.

La plupart des animaux trouvés dans les terrains primaires, et notamment dans les terrains siluriens, semblent avoir été mieux organisés pour se défendre que pour attaquer, comme si, dans les anciens jours du monde, les êtres, plus rares qu'aujourd'hui, eussent eu plus besoin d'être conservés. Ainsi certains rugueux avaient des opercules; les cystidés étaient logés dans des boîtes, et même la plupart des crinoïdes proprement dits, au lieu d'avoir leurs viscères libres comme les crinoïdes secondaires, les avaient enveloppés dans une boîte qui rappelait la disposition des cystidés; les brachiopodes devaient ouvrir faiblement leurs valves; *Maclurea* et plusieurs ptéropodes avaient un couvercle; chez les céphalopodes, l'ouverture était souvent contractée. J'ai fait remarquer qu'à en juger d'après les analogies des êtres actuels, les anciens mollusques prosobranches n'ont pas été des carnivores. Si, au lieu d'êtres chétifs, protégés par une coquille ou une carapace, se cachant dans les sédiments qui ont formé les schistes primaires, il y eût eu à l'origine des êtres plus puissants pour l'attaque que pour la défense, peut-être la vie ne se serait pas développée sur notre planète, et il y aurait le néant là où elle s'épanouit féconde et diversifiée.

Les êtres siluriens devaient composer un monde silencieux. Sans doute ils n'étaient pas sans beauté; je pense bien que les Verneuil, Salter, Barrande, Hall, dont la vie a été vouée à leur étude, ont éprouvé en face d'eux une incessante admiration. Cependant il y a loin de la calme nature des jours siluriens à la nature si animée dont nous contemplerons les épanouissements dans les époques géologiques plus récentes.

Les temps dévoniens marquent un grand progrès dans le monde organique, car ils correspondent au développement des vertébrés; il est vrai que ces vertébrés ne sont que des poissons, et encore beaucoup de ces poissons sont-ils d'étranges créatures, très différentes des poissons actuels.

Les temps carbonifères et permiens ont été témoins de nouveaux progrès. A côté des trilobites et des mérostomes qui diminuent, les crustacés supérieurs, tels que les décapodes, font leur apparition. Les insectes, les myriapodes, les arachnides deviennent nombreux. Les vertébrés ne sont plus représentés seulement par des poissons; en France, comme en Allemagne, en Russie, en Angleterre, en Amérique, les reptiles se multiplient. Mais, à part quelques genres de la fin des temps primaires, ils n'ont pas la diversité et la force que nous admirerons dans les temps secondaires.

On n'a pas trouvé de restes d'oiseaux et de mammifères dans les terrains primaires; les vertébrés à sang chaud y manquent, ou tout au moins doivent être rares. C'est là une grande infériorité, car les animaux à sang chaud sont ceux qui ont les fonctions les plus actives; or l'activité donne en partie la mesure de la puissance d'un être. En outre, au point de vue esthétique, les mammifères aux formes si variées, les oiseaux si riches de plumage, jouent dans la nature les premiers rôles; supposons nos campagnes sans le chant des oiseaux, sans les cris des mammifères, nous les trouverions plus tristes; les forêts des jours primaires ne valaient pas nos bocages d'aujourd'hui où les oiseaux donnent de si beaux concerts. Et puis, sans vouloir affirmer sous quelle forme l'intelligence des bêtes a été éveillée à l'origine, nous pouvons supposer que c'est par la sensibilité, car, chez l'homme lui-même, les philosophes reconnaissent que la sensibilité est la faculté primordiale; elle précède le raisonnement. Or la sensibilité des créatures primaires devait être moins développée que celle des êtres des époques plus récentes; les oiseaux qui couvent, les mammifères qui allaitent paraissent plus aimer leurs petits que les autres animaux; dans les temps où ils n'existaient pas, le plus fort de tous les amours, l'amour maternel, devait avoir bien peu de manifestations.

Lorsque nous descendrons le cours de la vie géologique, nous assisterons à d'autres progrès : nous verrons dans l'époque secondaire le règne des reptiles; à l'époque tertiaire, le règne des oiseaux et des mammifères; à l'époque quaternaire, le règne de l'homme. Ainsi, prise dans son ensemble, l'histoire du monde révèle un développement progressif.

*Épanouissements propres aux temps primaires.* — Tout en admettant que, dans son ensemble, l'histoire du monde présente le spectacle d'un progrès, il faut se garder de croire que toutes les classes se sont développées d'une manière continue pendant la durée des temps géologiques. On a vu que les ptéropodes, les céphalopodes, les ostracodes, les branchiopodes, les mérostomes, les insectes ont atteint, à l'époque primaire, une grande perfection et une taille plus considérable que dans l'époque actuelle. Un des résultats les plus curieux des études paléontologiques a été de montrer que chacune des époques du monde a eu ses épanouissements particuliers ; elle a eu des êtres qui ont été faits pour elle ; avec elle, leur règne a commencé ; avec elle, leur règne a fini. On s'en rendra compte en jetant les yeux sur le tableau ci-dessous où j'ai indiqué la marche qu'a suivie le développement d'une partie des animaux primaires ; j'ai représenté chaque groupe par un rameau que j'ai fait plus ou moins fourni, selon que le développement a été plus ou moins grand.

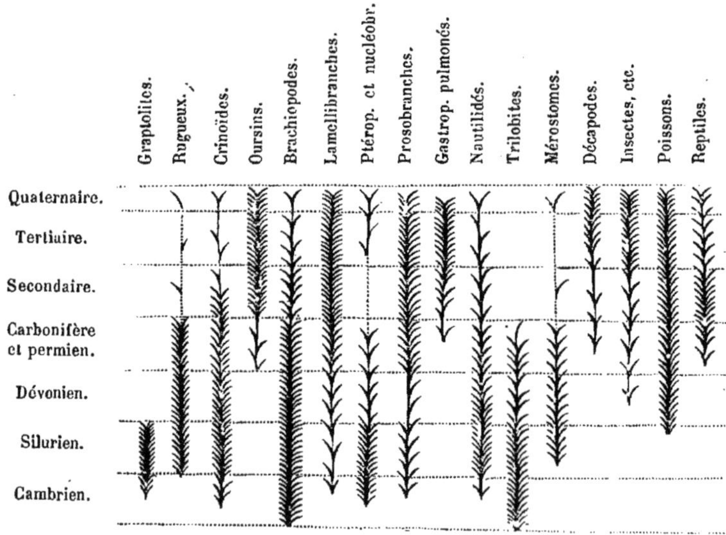


On voit dans ce tableau combien les graptolites ont été éphémères ; j'ai rappelé que, nés dans le cambrien, ils n'ont pas dépassé le silurien ; quelques-uns des polypes hydraires des époques plus récentes ont pu en provenir, mais alors ils ont cessé d'être des graptolites, de sorte qu'on doit dire que la forme graptolite est restée confinée aux anciennes époques. Les rugueux ont eu leur extension dans les temps primaires; il est vraisemblable que plusieurs ont été la souche des coralliaires de la période secondaire, puisqu'ils se lient à eux d'une manière insensible, mais sans doute tous n'ont pas servi de progéniteurs. Quelques-uns des tabulés des terrains anciens, tels que l'*Heliolites*, paraissent être les ancêtres des alcyonaires actuels; au contraire la *Michelinia*, l'*Halysites* et plusieurs autres sont restés spéciaux aux formations primaires. L'ouvrage d'Angelin sur les crinoïdes met admirablement en relief la diversité de ces animaux à l'époque silurienne; assurément tant de richesse de formes n'a pas été nécessaire pour aboutir aux espèces actuelles dont les derniers dragages ont révélé l'existence. Il faut dire la même chose des brachiopodes primaires; certains d'entre eux se sont continués avec ou sans changements jusqu'à nos jours, mais l'immense majorité des genres d'orthisidés, de productidés et de spiriféridés a été sans influence sur les quelques brachiopodes de nos mers. Les ptéropodes et les nucléobranches primaires ont pu être les ancêtres de ceux qui sont venus après eux; néanmoins, ils ont tellement changé qu'on ne risque pas de confondre les genres anciens avec les genres nouveaux. Sauf le *Nautilus*, aucune forme de la famille nautilidé, qui a eu jadis une extrême fécondité, n'est représentée de nos jours. Les trilobites, dont les variations ont attesté une si étonnante plasticité pendant les temps cambriens et siluriens, ont diminué dans le carbonifère, et leur dernière espèce a été trouvée dans le permien. Les mérostomes ne sont plus représentés aujourd'hui que par le genre limule; ce n'est pas pour produire ce survivant isolé que se sont épanouies dans les temps primaires tant de singulières créatures des groupes xiphosuridé et euryptéridé. Je crois que plusieurs des poissons anciens ont été les prototypes des poissons actuels; mais quelques-uns d'entre eux, tels que le *Pterichthys*, le *Cephalaspis*, le *Coccosteus* forment une population étrange confinée dans les temps primaires. Les reptiles labyrinthodontes caractérisent la fin du primaire et le commencement du secondaire.

Ces fossiles qui ont été spéciaux à certaines périodes de l'histoire de la terre rendent de précieux services aux géologues pour la détermination des terrains. Ils méritent bien le nom de médailles de la Création que Mantell leur a donné, car ils indiquent exactement les époques géologiques.

*Inégalité dans l'évolution.* — Il ressort de ce que nous venons de dire qu'il y a eu de grandes inégalités dans le développement des êtres des temps anciens. Ces inégalités ne confirment pas l'idée d'une lutte pour la vie, dans laquelle la victoire serait restée aux plus forts, aux mieux doués. La paléontologie nous montre que le contraire a pu avoir lieu. Plusieurs êtres ont été comme des rois de passage; ils sont devenus des personnalités saillantes qui ont donné à leur époque une physionomie propre; de même qu'on dit le siècle de Charlemagne, le siècle de Louis XIV, on peut dire l'âge de *Paradoxides*, l'âge de *Slimonia*, l'âge de *Pterichthys* et de *Coccosteus*, l'âge de *Megalichthys*, l'âge d'*Euchirosaurus*. Ce sont quelquefois les êtres qui ont été les plus spécialisés et les plus parfaits dans leur genre qui se sont éteints le plus vite. *Paradoxides* du cambrien, *Slimonia* du silurien, *Pterichthys* du dévonien ont marqué le summum de divergence auquel leur type devait atteindre. Ils ne pouvaient donc plus produire de formes nouvelles, et, comme le propre de la plupart des créatures est de changer ou de mourir, ils sont morts.

A côté de ces êtres de passage offrant les formes extrêmes, il y en a eu d'autres dont la personnalité était moins accusée, créatures mixtes, représentant dans le monde animal le juste milieu; parmi ceux-là, on trouve les types qui ont persisté davantage. De même qu'il y a de nos jours des formes cosmopolites qu'on rencontre dans tous les pays du monde, il y a eu des formes qu'on pourrait appeler panchroniques[1], car elles ont été de toutes les époques. Elles ont constitué comme un réservoir permanent duquel sont sortis, à chaque instant des temps géologiques, des êtres destinés à prendre une place plus ou moins élevée.

Il se pourrait que la moindre longévité des genres qui, dans leur classe, présentent le plus grand perfectionnement, ait eu quelquefois sa cause dans ce perfectionnement même. Plus les organismes sont compliqués, plus il y a de chance pour qu'une de leurs parties se modifie; par conséquent ils doivent ressentir davantage les changements de milieu, et marquer l'heure avec plus de délicatesse au grand calendrier des temps géologiques. La force de longévité des êtres inférieurs réside en partie dans leur faiblesse; ils nous rappellent la fable du chêne et du roseau. Comme le roseau, les chétives créatures des temps géologiques se sont pliées devant les bouleversements du globe, et ainsi se sont conservées, pendant que tombaient les puissants du monde organique.

Il faut, du reste, convenir que nous ne pouvons expliquer que bien imparfaitement la cause de l'inégalité dans les évolutions des animaux, car nous voyons dans une même classe et dans une même époque des êtres qui sont à des états différents de développement : par exemple, j'ai dit que, dans le terrain permien d'Igornay, on rencontre à la fois l'*Actinodon*, dont les vertèbres ont encore les pièces de leur centrum distinctes, et le *Stereorachis*, où les centrum sont en un seul morceau. Les brachiopodes nous offrent de curieux exemples d'inégalité dans la persistance des genres : les lingules, les cranies, les rhynchonelles se sont continuées à travers tous les temps géologiques sans changements notables, tandis que les *Pentamerus*, les *Productus* et bien d'autres genres n'ont pas dépassé l'époque primaire. On trouve, à côté de types tout à fait spéciaux aux temps primaires, des types voisins de nos

1. Πᾶν, tout; χρόνος, temps.

nautiles et de nos limules qui ont eu la singulière destinée d'assister aux changements du monde organique, depuis le temps des trilobites jusqu'au temps actuel.

La difficulté que nous avons à comprendre les causes de telles inégalités dans les évolutions des anciens êtres n'est pas une raison pour nier ces évolutions, car les métamorphoses embryogéniques dont nous sommes les témoins chaque jour ne sont pas moins inégales que les évolutions paléontologiques : les coléoptères changent peu, pendant que les papillons passent par de grandes métamorphoses; les crapauds et les grenouilles commencent sous la forme de têtards, tandis que les salamandres, en venant au monde, diffèrent peu des salamandres adultes; beaucoup de gastropodes marins (prosobranches) subissent des modifications considérables, au lieu que les jeunes colimaçons, dès leurs premiers développements, sont colimaçons.

Si toutes les créatures avaient changé également vite dans les temps géologiques, celles qui nous ont été transmises par les âges passés seraient toutes aujourd'hui des êtres élevés; il y aurait ainsi plus d'animaux supérieurs que d'animaux inférieurs, plus de mangeurs que de bêtes à manger; l'harmonie du monde organique serait depuis longtemps rompue. En outre, l'inégalité dans l'évolution est une des causes de la variété des spectacles que présente l'histoire du monde; à toutes les époques, sauf sans doute au début, il y a eu des êtres au premier stade de leur évolution, d'autres qui ont atteint au second stade, d'autres au troisième, d'autres à des stades plus élevés; c'est de ces inégalités que résulte en partie la merveilleuse beauté de la nature dans tous les temps géologiques.

FIN

# LISTE ALPHABÉTIQUE

## DES ANIMAUX PRIMAIRES CITÉS DANS CE VOLUME

(*Les noms des synonymes sont en italique.*)

---

A

O



P

PAGES.

V



X



Z



FIN DE LA LISTE ALPHABÉTIQUE DES ANIMAUX PRIMAIRES.

RF

# TABLE DES MATIÈRES

## LES ENCHAINEMENTS DU MONDE ANIMAL DANS LES TEMPS GÉOLOGIQUES

## CHAPITRE III

### TERRAINS PRIMAIRES



## CHAPITRE IV

### FOSSILES PRIMAIRES



## CHAPITRE V

## CHAPITRE IX



Différences des céphalopodes primaires et actuels. — Règne des nautilidés. — Ammonitidés. — Modifications du siphon, des cloisons, de l'ouverture de la coquille, de sa courbure. — Nucléus des céphalopodes. — L'auteur voit dans l'étude des céphalopodes des preuves en faveur de la doctrine de l'évolution. — Il fait cependant remarquer que M. Barrande, qui a plus étudié que personne les céphalopodes, est défavorable à cette doctrine.

## CHAPITRE X



Difficulté de l'étude des vers pour les paléontologistes. — Importance des crustacés dans les temps primaires. — Ostracodes. — Leur règne à l'époque silurienne. — Branchiopodes. — Cirrhipèdes. — Trilobites. — Ils sont communs dès les temps cambriens. — Étonnantes variations d'aspect obtenues par la simple modification de quelques parties de leur carapace. — Découvertes de M. Walcott. — Agnostidés. — Trilobites proprement dits. — Les différences provenant des développements individuels, qui ont été constatées par M. Barrande, affectent l'apparence de différences génériques. — Mérostomes. — Les curieux travaux de M. Henry Woodward montrent la liaison des formes allongées des euryptérides avec la forme raccourcie des limules actuels. — Les euryptérides s'enchaînent-ils également avec les scorpions ? — Les édriophthalmes et les podophthalmes ont été comparativement rares. — Arachnides et myriapodes dans le houiller. — Insectes dès l'époque dévonienne.

## CHAPITRE XI



Leur apparition à la fin de l'époque silurienne. — Poissons cartilagineux. — Placodermes. — Groupe *Scaphaspis*. — Groupe *Cephalaspis*. — *Pterichthys*. — *Coccosteus*. — Ganoïdes. — Dipnoés. — Particularités des poissons anciens. — Ils présentent à certains égards des caractères d'infériorité. — Les prototypes des poissons ne réalisent pas l'idée de l'archétype.

## CHAPITRE XII



FIN DE LA TABLE DES MATIÈRES

MOTTEROZ, Adm.-Directeur des Imprimeries réunies, A, rue Mignon, 2.

# ADDITIONS ET CORRECTIONS

Page 1. — Je dois ajouter à la liste des personnes, qui m'ont procuré des fossiles intéressants, mon savant collègue du Muséum, M. Édouard Bureau.

Page 42. — Au lieu de *May-Hik*, lire *May-Hill*.

Page 48. — Il ressort des discussions qui ont eu lieu cette année à Paris, dans le Comité de la nomenclature géologique, que le permien doit être divisé en deux étages principaux : l'inférieur est l'étage autunien ou étage des schistes bitumineux d'Autun ; le supérieur est l'étage des schistes du Mansfeld, que M. Renevier a appelé le thuringien.

Page 51. — Au lieu de *onctions*, lire *fonctions*.

Page 62. — Plusieurs savants, et notamment M. Dewalque, ont depuis longtemps observé les récifs de polypiers qui ont été formés dans la mer dévonienne de la Belgique. En 1882, M. Dupont a fait paraître un nouveau mémoire accompagné de planches, où il a donné une description détaillée de ces récifs.

Page 83. — A la 14me ligne, au lieu de *polypiers*, il faut lire *polypes*. M. de Lacaze-Duthiers, qui a fait tant de beaux travaux sur les polypes, a constaté que les actinies ont d'abord 2 loges, puis 4, puis 6, 8, 10, 12, etc. Mais il n'a pas encore eu occasion d'observer cette progression dans la formation des premières cloisons calcaires des polypes à polypiers.

Page 88. — Au lieu de *Cariocystites*, lisez *Caryocystites*.

Page 117. — Au lieu de *erruginea*, lisez *ferruginea*.

Page 128. — Au lieu de πέντ, lisez πέντε.

Page 212. — La *Revue scientifique* du 1er juillet 1882 a mentionné un travail de M. Ray Lankester destiné à mettre en lumière les liens des limules avec les arachnides.

Page 220. — La lamproie n'est pas le seul poisson cartilagineux dont on trouve des espèces dans les eaux douces et salées. M. Vaillant m'a dit qu'il y a des pastenagues qui sont propres au haut Amazone ; M. Sauvage a signalé une scie dans le Mé-Kong.

Page 282. — Dans la figure 283, la coupe verticale du corps de la vertèbre du Stereorachis a été placée sens dessus dessous.

Page 284. — M. Dawson vient de publier, dans les *Philosophical Transactions of the royal Society*, un second mémoire sur les animaux trouvés dans les arbres des houillères de la Nouvelle-Écosse.

BIBLIOTHÈQUE NATIONALE R.F. IMPRIMÉS

BIBLIOTHEQUE NATIONALE DE FRANCE

www.ingramcontent.com/pod-product-compliance
Ingram Content Group UK Ltd.
Pitfield, Milton Keynes, MK11 3LW, UK
UKHW020103200726
13856UKWH00002B/347